Sécurité
Wi-Fi

CHEZ LE MÊME ÉDITEUR

Du même auteur

D. MALES, G. PUJOLLE. – **WI-FI par la pratique**.
N°11409, 2e édition, 2004, 420 pages.

G. PUJOLLE. – **Les Réseaux Édition 2005**.
N°11437, 5e édition, 2004, 1 120 pages.

G. PUJOLLE. – **Cours réseaux et télécoms**.
N°11330, 2004, 570 pages.

K. AL AGHA, G. PUJOLLE, G.VIVIER. – **Réseaux de mobiles et réseaux sans fil**.
N°11018, 2001, 490 pages.

Autres ouvrages sur les réseaux

F. IA, O. MÉNAGER. – **Optimiser et sécuriser son trafic IP**.
N°11274, 2004, 396 pages.

J.-L. MONTAGNIER. – **Réseaux d'entreprise par la pratique**.
N°11258, 2004, 588 pages.

J.-L. MÉLIN. – **Qualité de service sur IP**.
N°9261, 2001, 368 pages.

P. MÜHLETHALER. – **802.11 et les réseaux sans fil**.
N°11154, 2002, 304 pages.

N. AGOULMINE, O. CHERKAOUI. – **Pratique de la gestion de réseau**.
N°11259, 2003, 280 pages.

J.-F. BOUCHAUDY. – **TCP/IP sous Linux**.
Administrer réseaux et serveurs Internet/intranet sous Linux.
N°11369, 2003, 920 pages.

D. L. SHINDER, T. W. SHINDER – **TCP/IP sous Windows 2000**.
N°11184, 2001, 540 pages.

Autres ouvrages sur la sécurité

L. LEVIER, C. LLORENS. – **Tableaux de bord de la sécurité réseau**.
N°11273, 2003, 360 pages.

S. MCCLURE, J. SCAMBRAY, G. KURTZ. – **Halte aux hackers**.
N°25486, 4e édition, 2003, 762 pages.

T. AUTRET, L. BELLEFIN, M.-L. LAFFAIRE. – **Sécuriser ses échanges électroniques avec une PKI**.
Solutions techniques et aspects juridiques. N°11045, 2002, 350 pages.

solutions
réseaux

GUY **PUJOLLE**

Sécurité Wi-Fi

Avec la collaboration de

Marc Loutrel, Pascal Urien,

Patrick Borras et Didier Plateau

de **UCOPIA** Communications,

et la contribution de

Olivier Salvatori

EYROLLES

ÉDITIONS EYROLLES
61, bd Saint-Germain
75240 Paris Cedex 05
www.editions-eyrolles.com

Table des matières

Avant-propos

Les réseaux Wi-Fi forment une catégorie de réseaux de première importance pour les environnements domestiques, d'entreprise et d'opérateurs de télécommunications. Dans un réseau domestique, l'utilisateur final peut déployer facilement plusieurs machines derrière son accès ADSL et se déplacer chez lui tout en restant connecté. Dans l'entreprise, il est possible de recouvrir tous les locaux avec un nombre de points d'accès adéquat et d'accéder au réseau intranet puis Internet par ce biais. Les opérateurs de télécommunications peuvent mettre en place des points d'accès dans des lieux de passage fréquentés, ou hotspots, et permettre ainsi aux hommes d'affaires de se connecter à leur entreprise ou à Internet.

Grâce à Wi-Fi, le nomadisme s'implante rapidement. Il est aisé de se connecter chez soi puis de son bureau voire, dans la même journée, de l'aéroport, d'une entreprise visitée, d'une gare, depuis un train, puis de nouveau chez soi. Il n'est de la sorte plus nécessaire de rechercher une prise de connexion et de configurer son ordinateur pour accéder aux services. Un tel environnement est appelé Internet ambiant, car la connexion peut se faire de partout, à tout moment et à haut débit.

Tout cela semble promettre à Wi-Fi une carrière longue et prospère. Deux handicaps majeurs, les failles de sécurité et la difficulté d'assurer une qualité de service, viennent toutefois tempérer cet optimisme. Les problèmes concernant la qualité de service ont de multiples causes, notamment parce que le système est difficile à contrôler, que les cartes de connexion changent de vitesse lorsque le client s'éloigne ou se rapproche du point d'accès, que des interférences peuvent dégrader la qualité de la transmission, etc. Nous ne nous penchons pas directement sur ces problèmes dans cet ouvrage centré sur la sécurité, mais nous en faisons mention lorsqu'ils impliquent la sécurité. Précisons tout de même que l'amélioration offerte par l'extension IEEE 802.11e, qui arrive sur le marché, permet de traiter des priorités entre clients.

La raison principale des problèmes de sécurité de Wi-Fi tient à ce que les signaux radio qui traversent l'air entre les cartes de communication et les points d'accès peuvent être écoutés. Un attaquant peut se faire passer pour l'utilisateur, copier et modifier les données, etc. Une autre grande cause de ces difficultés provient d'erreurs de conception des solutions qui ont été commercialisées au début de l'essor de Wi-Fi.

Si la sécurité proposée par l'ensemble des produits du marché a longtemps été faible, des solutions supplémentaires ont cependant été rapidement mises en œuvre par les constructeurs mais à un coût souvent élevé. Ces solutions vont de chiffrements spécifiques à des authentifications fortes en passant par l'utilisation de cartes à puce et de tunnels sécurisés. Les organes de normalisation ont également réagi en proposant de nouvelles normes, plus ou moins adaptées aux besoins des utilisateurs et plus ou moins compatibles avec les produits déjà en vente.

L'objectif de cet ouvrage est d'examiner les attaques dont font l'objet les réseaux Wi-Fi et les parades qui peuvent être mises en place. Sont également détaillés de nouveaux standards, disponibles à court terme, qui vont changer radicalement la donne. Il est aujourd'hui possible de rendre un réseau Wi-Fi parfaitement sécurisé, à condition de prêter une extrême attention aux propositions et solutions mises en œuvre, qui n'ont pas toujours la rigueur nécessaire pour assurer efficacement la sécurité du réseau. Les dangers, avantages et inconvénients de chacune de ces solutions de sécurité Wi-Fi sont analysés et commentés.

Le monde du sans-fil s'élargit très vite, et Wi-Fi pourrait n'être qu'une des pièces d'un immense puzzle pour former l'Internet ambiant de demain. Les organes de normalisation tels que l'IEEE et l'ETSI, pour ne citer que les deux plus importants du domaine, travaillent à la normalisation de réseaux sans fil personnels de petite dimension, avec Bluetooth, ZigBee, UWB ou HiperPAN, métropolitains, avec 802.16 (WiMax) ou Hiper-MAN, et de grande taille, avec 802.20 (Wi-Mobile) ou les technologies 3G et 4G.

Les solutions de sécurité présentées dans cet ouvrage sont plus spécifiquement dédiées à Wi-Fi. Elles peuvent toutefois s'adapter à ces autres réseaux sans fil dans des conditions plus ou moins analogues. Nous examinons brièvement ces possibilités au chapitre 10.

La société UCOPIA Communications a été fondée en 2002 dans le but de fournir une sécurité de très haut niveau dans les réseaux Wi-Fi, associée à la gestion des utilisateurs nomades des réseaux d'entreprise. Où qu'ils soient connectés, ces derniers ont la possibilité d'atteindre leur entreprise de façon sécurisée depuis n'importe quelle cellule Wi-Fi. Ils peuvent aussi accéder aux applications dont ils ont besoin en mode nomade, toujours avec une bonne garantie de fonctionnement.

L'expérience acquise par UCOPIA au cours de ses premières années d'existence est au cœur de l'ouvrage. Tous ses auteurs ont travaillé d'une façon ou d'une autre chez UCOPIA Communications et ont souhaité mettre l'expérience et la compétence acquises au service des lecteurs.

L'ouvrage s'adresse à tous ceux qui souhaitent découvrir en profondeur la sécurité dans les réseaux sans fil et plus particulièrement dans les réseaux Wi-Fi, qu'ils soient étudiants de master et d'école d'ingénieur ou ingénieurs chargés de la sécurité des réseaux sans fil.

1

Introduction
à la sécurité réseau

Au départ la sécurité n'était pas un problème réseau mais un problème de la machine exécutant un programme. La sécurité est devenue un problème réseau avec l'avènement de la distribution des données et donc l'apparition d'applications distribuées sur plusieurs points reliés entre eux par un réseau. La porte d'entrée des attaquants est devenue l'accès réseau des machines supportant l'application distribuée. Cette dernière est constituée d'un ensemble d'entités logicielles autonomes, qui produisent, consomment et échangent des informations.

À l'origine, les blocs logiciels des applications sont logés dans un même système informatique, constituant de fait leur média de communication, parfois dénommé *gluware*. Le bus système permet le transfert des informations stockées en mémoire. Les modules logiciels sont quant à eux réalisés par des processus gérés par le système d'exploitation. La sécurité est uniquement dépendante des caractéristiques de ce dernier en matière de gestion des droits utilisateur, d'isolement des processus, etc.

Dans une deuxième période, une application distribuée est répartie entre plusieurs systèmes informatiques reliés entre eux par des liens de communication supposés sûrs, tels que modems ou liaisons dédiées. L'émergence d'Internet permet de concevoir des systèmes distribués à l'échelle planétaire. Ces derniers sont caractérisés par des composants logiciels répartis sur des systèmes informatiques hétéroclites, un réseau peu sûr, un nombre d'utilisateurs important, etc.

Les réseaux de communication transportent les données produites et consommées par ces systèmes distribués. Ils offrent deux types de services fondamentaux, le transfert de fichiers, c'est-à-dire d'un ensemble de données prédéfinies, et la diffusion d'information, variant dans le temps, en mode flux. La première catégorie comporte des services tels que le courrier électronique (POP, SMTP, etc.), le Web (HTTP) et diverses méthodes d'échange d'information (FTP, NNTP, etc.). La seconde regroupe les protocoles relatifs au multimédia et à la téléphonie sur IP, par exemple RTP, H.323 et SIP. Les fournisseurs de services gèrent un ensemble de serveurs qui stockent les données et les applications de leurs clients (base de données, messageries, fichiers, etc.).

La sécurité sur Internet est devenue un paramètre critique. Elle doit tenter de concilier des contraintes *a priori* antinomiques, telles que la nécessité économique d'utiliser Internet et les limitations de cet usage par la piraterie informatique et l'espionnage.

La dernière période est marquée par l'apparition de l'Internet ambiant, dans lequel la connexion s'établit par le biais de réseaux sans fil qui permettent à un attaquant d'écouter facilement les informations. L'Internet ambiant désigne l'existence de plusieurs réseaux en tout point du globe auxquels l'utilisateur peut se connecter et demander une qualité de service.

Le sujet de cet ouvrage est la sécurisation des réseaux sans fil, autrement dit de l'Internet ambiant, où les clients sont nomades ou mobiles. Le nomadisme désigne le fait de se connecter à des endroits différents mais sans connexion pendant le déplacement, tandis que la mobilité implique une continuité dans la communication, même pendant le déplacement.

Les services de base de la sécurité

Classiquement, la sécurité s'appuie sur cinq services de base : l'identification, l'authentification, la confidentialité, l'intégrité des données et la non-répudiation.

Les sections qui suivent décrivent brièvement ces concepts de base.

L'identification

L'utilisateur d'un système ou de ressources quelconques possède une identité, sorte de clé primaire d'une base de données, qui détermine ses lettres de crédits (credentials) et ses autorisations d'usage.

Cette identité peut être vérifiée de multiples manières, par exemple par la saisie d'un compte utilisateur (login) ou au moyen de techniques biométriques telles que empreinte digitale ou vocale, schéma rétinien, etc.

L'authentification

L'authentification a pour objectif de vérifier l'identité des processus communicants. Plusieurs solutions simples sont mises en œuvre pour cela, comme l'utilisation d'un identificateur (login) et d'un mot de passe (password), d'une méthode de défi fondée sur une fonction cryptographique et d'un secret partagé. L'authentification peut s'effectuer par un numéro d'identification personnel, comme le numéro inscrit dans une carte à puce, ou code PIN (Personal Identification Number).

Des techniques d'authentification beaucoup plus sophistiquées, comme la vérification d'une identité par prise d'empreinte digitale ou rétinienne, se sont développées de façon industrielle au début des années 2000. Les mécanismes permettant cette vérification sont cependant assez complexes, si bien que cette solution ne peut être utilisée que dans des contextes particuliers, comme un centre de recherche de l'armée.

L'authentification peut être simple ou mutuelle. Elle consiste essentiellement à comparer les données provenant de l'utilisateur qui se connecte à des informations stockées dans un site protégé. Les attaques sur les sites mémorisant les mots de passe représentent une part importante du piratage.

La confidentialité

La confidentialité désigne la garantie que les données échangées ne sont compréhensibles que par les deux entités qui partagent un même secret. Cette propriété implique la mise en œuvre d'algorithmes de chiffrement en mode flux, c'est-à-dire octet par octet, ou en mode bloc, par exemple par série de 8 octets.

Les algorithmes de chiffrement permettent de transformer un message écrit en clair en un message chiffré, appelé cryptogramme. Cette transformation se fonde sur une ou plusieurs clés.

Le chiffrement symétrique

Le chiffrement le plus simple est celui où une clé unique et secrète est partagée par les seuls émetteur et récepteur.

Les systèmes à clés secrètes sont caractérisés par une transformation f et une transformation inverse f^{-1}, qui s'effectuent à l'aide de la même clé. C'est la raison pour laquelle on appelle ce système « à chiffrement symétrique ». Cet algorithme est illustré à la figure 1.1.

Figure 1.1
Chiffrement symétrique

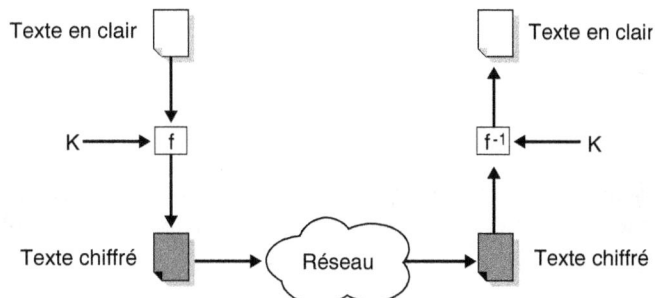

Le chiffrement asymétrique

Les algorithmes de chiffrement à clé publique sont asymétriques. Le destinataire est le seul à connaître la clé de déchiffrement. La sécurité s'en trouve accrue puisque même l'émetteur ne connaît pas cette clé. L'algorithme le plus classique et le plus utilisé est RSA (Rivest, Shamir, Adleman), qui utilise la quasi-impossibilité d'effectuer la fonction d'inversion d'une fonction puissance.

La clé permettant de déchiffrer le message et que seul le destinataire connaît est constituée de deux nombres, p et q, d'environ 250 bits chacun.

La clé publique est obtenue par la formule :

$n = pq$

Comme n est très grand, il est quasiment impossible de trouver toutes les factorisations possibles. La connaissance de n ne permet donc pas de déduire p ni q.

À partir de p et de q, on peut choisir deux nombres, e et d, tels que :

$ed = 1 \bmod (p-1)(q-1)$.

De même, la connaissance de e ne permet pas de déduire la valeur de d.

Soit M un message à chiffrer. L'algorithme de chiffrement du message est obtenu par :

$M^e \bmod n$

et l'algorithme de déchiffrement par :

$(M^e)^d$

La figure 1.2 illustre le fonctionnement de l'algorithme asymétrique.

Figure 1.2
*Chiffrement
asymétrique*

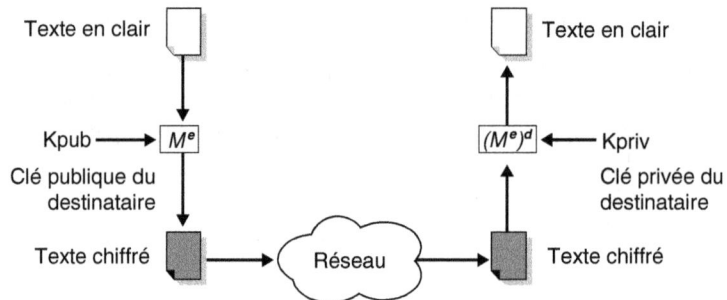

Autres algorithmes de chiffrement

Les algorithmes à sens unique sont ceux dont la transformation en sens inverse est quasiment impossible à effectuer dans un laps de temps admissible. Diffie-Hellman constitue un premier exemple de ce type d'algorithme.

Soit X et Y un émetteur et un récepteur qui veulent communiquer. Ils se mettent d'accord sur deux valeurs non secrètes, μ et p. L'émetteur X choisit une valeur a secrète et envoie à Y la valeur $x = \mu^a \bmod p$. De même, Y choisit une valeur b secrète et envoie à X une valeur $y = \mu^b \bmod p$. Si les valeurs μ et p sont suffisamment grandes, le fait de retrouver a ou b à partir de x ou y est à peu près impossible. X et Y décident que la clé commune est le produit ab et que le message chiffré est obtenu par $\mu^{ab} \bmod p$.

Le chiffrement permet que l'information ne soit lue que par le destinataire. Les techniques de chiffrement que l'on utilise sont toutes *a priori* violables, mais il faudrait pour cela une machine de calcul extrêmement puissante et qui puisse tourner pendant plusieurs années.

Les principaux algorithmes qui permettent de chiffrer une suite d'éléments binaires en la transformant en une nouvelle suite d'éléments binaires qui ne peut être lue sans la clé de déchiffrement sont les suivants :

- **DES (Data Encryption Standard).** 1977, à clés symétriques, le plus connu des algorithmes de chiffrement. Pour chaque bloc de 64 bits, le DES produit un bloc chiffré de 64 bits. La clé, d'une longueur de 56 bits, est complétée par un octet de détection d'erreur. De cette clé de 56 bits, on extrait de manière déterministe 16 sous-clés de 48 bits chacune. À partir de là, la transformation s'effectue par des sommes modulo 2 du bloc à coder et de la sous-clé correspondante. Cet algorithme est très utilisé dans les applications financières. Il est également utilisé dans un chaînage dit par bloc CBC (Cipher Block Chaining). Il existe de nombreuses variantes de l'algorithme DES, comme Triple DES, ou 3DES, qui utilise trois niveaux de chiffrement, ce qui implique une clé de chiffrement sur 168 bits.

- **RC4, RC5 (Ron's Code #4, #5).** 1987, à clés symétriques, propriétés de la société RSA Security Inc. Ils utilisent des clés de longueur variable pouvant atteindre 2 048 bits et sont surtout utilisés au niveau applicatif lorsqu'une application a besoin d'être fortement sécurisée. Ils demandent une puissance de calcul importante, qui ne pourrait être maintenue sur un flot continu à haut débit à des niveaux inférieurs de l'architecture.

- **IDEA (International Data Encryption Algorithm).** 1992, à clés symétriques, développé en Suisse et surtout utilisé pour la messagerie sécurisée PGP (Pretty Good Privacy).

- **Blowfish.** 1993, à clés symétriques.

- **AES (Advanced Encryption Standard).** 2000, à clés symétriques.

- **RSA (Rivest, Shamir, Adleman).** 1978, à clés asymétriques.

- **Diffie-Hellman.** 1996, à clés asymétriques.

- **El Gamal.** 1997, à clés asymétriques.

Ces techniques sont difficiles à mettre en œuvre dès que le débit d'une application, d'un flot ou d'un lien augmente. C'est la raison pour laquelle les techniques symétriques et asymétriques sont utilisées conjointement. Pour cela, on recourt à des clés de session, qui ne sont valables que pour une communication déterminée. Les informations de la session sont codées grâce à une clé secrète permettant de réaliser un chiffrement avec beaucoup moins de puissance qu'une clé asymétrique. Seule la clé secrète est codée par un algorithme de chiffrement asymétrique pour être envoyée au destinataire.

Les certificats

Une difficulté qui s'impose à la station d'un réseau qui communique avec beaucoup d'interlocuteurs est de se souvenir de toutes les clés publiques dont elle a besoin pour récupérer les clés secrètes de session. Pour cela, il faut utiliser un service sécurisé et fiable, qui délivre des certificats. Un certificat est constitué d'une suite de symboles (document M) et d'une signature. Le format de certificat le plus courant provient du standard X.509 v2 ou v3. La syntaxe utilisée est l'ASN.1.

Figure 1.3
Exemple de
certificat X.509

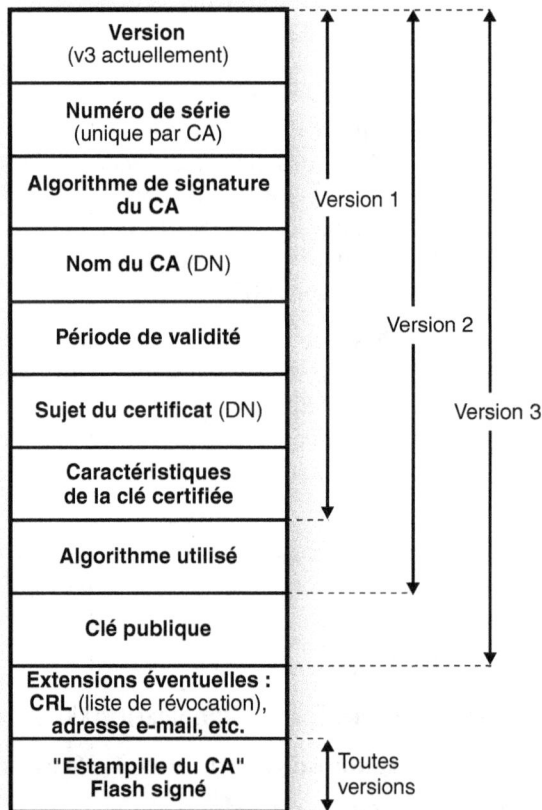

La composition d'un certificat X.509 est illustrée à la figure 1.3. Un certificat contient un numéro de série, qui est unique par autorité de certification, ou CA (Certificate Authority), l'algorithme de signature utilisé par le CA, le DN (Distinguished Name) de l'autorité signataire du certificat, la période de validité du certificat et de sa clé publique, le DN du titulaire de la clé publique (ce champ s'appelle *subject* en anglais), les caractéristiques de la clé publique ainsi que l'algorithme utilisé, la clé publique elle-même puis des extensions facultatives. Le certificat se termine par la signature de l'empreinte numérique de l'autorité de certification, ou estampille du CA.

La sécurité implique le partage de confiance entre les différents acteurs de la chaîne. Pour partager un secret, il faut avoir confiance dans les capacités des parties concernées à ne pas le divulguer. Les mécanismes à base de certificats supposent que l'on fasse confiance à l'entité qui produit les clés privées. Un organisme offrant un service de gestion de clés publiques est une autorité de certification appelée tiers de confiance. Cet organisme émet des certificats au sujet de clés permettant à une entreprise de les utiliser avec confiance.

L'intégrité des données

L'intégrité des données consiste à prouver que les données n'ont pas été modifiées. Elles ont éventuellement pu être copiées, mais aucun bit ne doit avoir été changé.

Pour garantir l'intégrité, une première possibilité consiste à chiffrer les données transportées dans un paquet. En effet, s'il est impossible pour le récepteur de les déchiffrer, c'est qu'elles ont été modifiées. Cette solution permet à la fois de garantir la confidentialité et l'intégrité.

Une seconde possibilité est offerte par les techniques de signature. Une signature, déterminée par l'ensemble des éléments binaires composant un message, est nécessaire pour en assurer l'intégrité. Le chiffrement joue le rôle de signature dans la première possibilité. Une signature plus simple que le chiffrement est suffisante dans le cas d'une demande d'intégrité uniquement. Pour cela, on utilise des fonctions de hachage, qui calculent une empreinte digitale qu'il suffit de vérifier au récepteur pour prouver que la suite d'éléments binaires n'a pas été modifiée. Le principe d'une fonction de hachage est illustré à la figure 1.4.

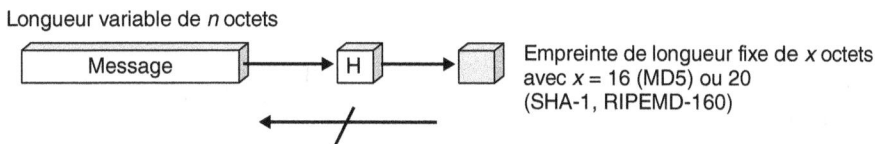

Figure 1.4
Fonction de hachage

Les plus célèbres techniques de hachage sont les suivantes :

- MD5 (Message Digest #5), de 1992, défini dans la RFC 1321. Ce sont des fonctions de Ron Rivest qui produisent des empreintes de 128 bits.

- SHA-1 (Secure Hash Algorithm), de 1993, pour les fonctions de hachage. Cette technique permet de réaliser une empreinte de 160 bits.

Pour que l'empreinte ne puisse être modifiée par hasard lors de la transmission, c'est-à-dire pour que le pirate ne puisse à la fois déterminer l'algorithme de hachage utilisé et recalculer une nouvelle valeur de l'empreinte sur la suite d'éléments binaires modifiée, une fonction de chiffrement doit être appliquée à la signature. La signature, ce que l'on appelle encore le code d'authentification du message, ou MAC (Message Authentication Code), peut être chiffrée (signature symétrique) ou associée à une clé secrète HMAC (Hashed Message Authentication Code).

La non-répudiation

Les services de non-répudiation consistent à empêcher le démenti qu'une information a été reçue par une station qui l'a réclamée. Ce service permet de donner des preuves, comme on peut le faire par télex. De manière équivalente, on peut retrouver la trace d'un appel téléphonique, de telle sorte que le récepteur de l'appel ne puisse répudier l'appel.

La fonction de non-répudiation peut s'effectuer à l'aide d'une signature à clé privée ou publique ou par un tiers de confiance certifiant que la communication a eu lieu. Dans ce cas, la signature consiste à chiffrer une empreinte du message avec la clé RSA privée de son auteur. La figure 1.5 donne un exemple de signature.

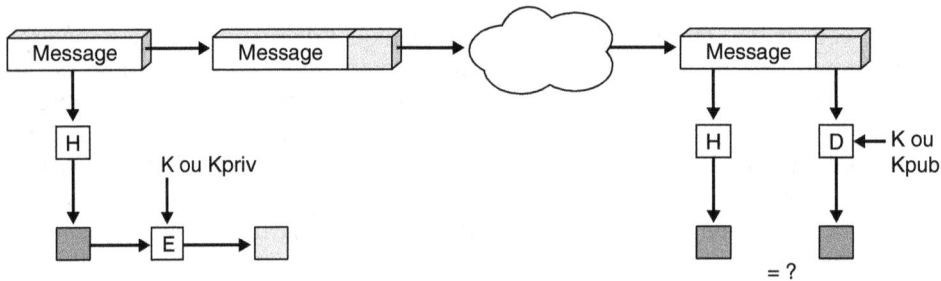

Figure 1.5
Exemple de signature

La signature fait partie de la panoplie de mécanismes indispensables à la transmission de documents dans un réseau. Elle a pour fonction d'authentifier l'émetteur. Celui-ci code le message de signature par une clé qu'il est le seul à connaître. La vérification d'une signature se fait par une clé publique.

En utilisant l'algorithme RSA, l'émetteur signe le message M :

M^e mod n

Le récepteur porte cette valeur à la puissance d pour vérifier que :

$(M^e)^d = M$

Si cette égalité se vérifie, la signature est authentifiée.

Les normes de sécurité

La sécurité dans les réseaux se plaçant dans un monde distribué, il faut que les entités qui appliquent les règles de sécurité suivent les mêmes règles du jeu. Comme il faut définir avec minutie ces règles du jeu, ce sont bien sûr les organismes de normalisation qui ont pris ce travail à leur charge. On trouve beaucoup de normes provenant de l'ISO (International Standardization Organization), qui représente les utilisateurs, de l'UIT (Union internationale des télécommunications), pour les opérateurs, ou de l'IETF (Internet Engineering Task Force), pour les équipementiers.

Ces normes portent sur diverses fonctions, dont les principales sont les suivantes :

• **Chiffrement.** La normalisation dans le domaine du chiffrement est quelque peu complexe, pour des raisons essentiellement politiques. De ce fait, l'ISO a supprimé ce type de normalisation de son cadre de travail à la suite de la publication des algorithmes DES (Data Encryption Standard) et est devenue une simple chambre d'enregistrement des algorithmes de chiffrement.

La première norme ISO du domaine, ISO 9979, se préoccupe des « procédures pour l'enregistrement des algorithmes cryptographiques ». Une vingtaine d'algorithmes sont aujourd'hui déposés à l'ISO ou chez d'autres organismes de normalisation. Des normes complémentaires, comme les procédures de chiffrement de messages (ISO 10126), les modes opératoires d'un algorithme de chiffrement par bloc de n bits (ISO 10116) ou les caractéristiques d'interfonctionnement avec la couche physique (ISO 9160) ont été publiées.

• **Bourrage.** Le mécanisme de bourrage de trafic consiste à envoyer de l'information en permanence en complément de celle déjà utilisée de façon à empêcher les fraudeurs de repérer si une communication entre deux utilisateurs est en cours ou non. Dans la normalisation de pratiquement tous les protocoles, une section est dédiée à la sécurisation par des méthodes de bourrage.

• **Authentification.** L'authentification utilise un mécanisme de cryptographie normalisé par la série de normes ISO 9798 à partir d'un cadre conceptuel défini dans la norme ISO 10181-2. Dans cette normalisation, des techniques de chiffrement symétrique et à clés publiques sont utilisées.

• **Intégrité.** L'intégrité est également prise en charge par l'ISO. Après avoir défini les spécifications liées à la normalisation de l'authentification dans la norme ISO 8730, cet organisme a décrit le principal mécanisme d'intégrité, le CBC (Cipher Block Chaining), dans la norme ISO 8731. La norme ISO 9797 en donne une généralisation. La norme ISO 8731 décrit un second algorithme, le MAA (Message Authenticator Algorithm).

• **Signature.** La signature numérique est un mécanisme appelé à se développer de plus en plus. Pour le moment, la normalisation s'adapte aux messages courts de 320 bits ou moins. C'est l'algorithme RSA (Rivest, Shamir, Adleman), du nom de ses inventeurs, qui est utilisé dans ce cadre (ISO 9796). Le gouvernement américain possède son propre algorithme de signature numérique, le DSS (Digital Signature Standard), qui lui a été délivré par son organisme de normalisation, le NIST (National Institute for Standards and Technology).

- **Gestion des clés.** La gestion des clés peut également être mise en œuvre dans les mécanismes de sécurité. Elle comprend la création, la distribution, l'échange, le maintien, la validation et la mise à jour de clés publiques ou secrètes. En matière d'algorithmes symétriques, la norme ISO 8732 fait référence. De même, la norme ISO 11166 fait référence pour les algorithmes asymétriques.

- **Sécurité applicative.** Les mécanismes de sécurité pour la messagerie électronique ont été définis par l'UIT-T dans la série de recommandations X.400. Cette série fournit la description des menaces et les clés d'utilisation de l'algorithme cryptographique RSA. Le second apport de l'UIT-T en matière de sécurité concerne les annuaires et fait l'objet de la recommandation X.509. Les annuaires électroniques peuvent également être le lieu de dépôt de clés publiques, et l'UIT-T a introduit des concepts de certificats de clés publiques et des mécanismes de gestion de ces certificats.

- **PKCS.** PKCS (Public-Key Cryptography Standards) est un ensemble de standards pour la mise en place des IGC (infrastructure de gestion des clés), ou KMI (Key Management Infrastructure). Coordonnés par RSA, ces standards définissent les formats des éléments de cryptographie. Les normes PKCS sont récapitulées au tableau 1.1.

Tableau 1.1 Normes PKCS

Norme PKCS	Intitulé	RFC équivalente
PKCS#1	RSA Cryptography Specifications Version 2	RFC 2437
PKCS#2	Incluse dans PKCS#1	
PKCS#3	Diffie-Hellman Key Agreement Standard Version 1.4	
PKCS#4	Incluse dans PKCS#1	
PKCS#5	Password-Based Cryptography Standard Version 2	
PKCS#6	Extended-Certificate Syntax Standard Version 1.5	
PKCS#7	Cryptographic Message Syntax Standard Version 1.5	RFC 2315
PKCS#8	Private-Key Information Syntax Standard Version 1.2	
PKCS#9	Selected Attribute Types Version 2.0	
PKCS#10	Certification Request Syntax Version 1.7 ou CSR (Certificate Signing Request)	RFC 2314

Tableau 1.1 Normes PKCS *(suite)*

Norme PKCS	Intitulé	Norme RFC équivalente
PKCS#11	Cryptographic Token Interface Standard Version 2.10	
PKCS#12	Personal Information Exchange Syntax Standard Version 1.0	
PKCS#13	Elliptic Curve Cryptography Standard Version 1.0	
PKCS#14	Pseudorandom Number Generation Standard Version 1.0	
PKCS#15	Cryptographic Token Information Format Standard Version 1.1	

La sécurité dans les réseaux sans fil

Avant d'entrer dans le vif du sujet de la sécurité dans les réseaux sans fil, introduisons le modèle de sécurité en couches, qui va nous permettre de bien comprendre où se placent les attaques et les algorithmes de sécurisation.

Le modèle de sécurité en couches

Un réseau assure le transport des messages échangés entre deux applications distantes. Dans le modèle ISO, les services déployés par le réseau sont classés en sept couches, physique, liaison, réseau, transport, session, présentation et application. Le modèle classique des réseaux TCP/IP ne comporte que cinq couches, physique (PMD + PHY), liaison/trame (MAC + LLC), réseau/paquet (IP), transport/message (UDP + TCP) et application. Dans cette section, nous ne prenons en compte que ce dernier modèle, qui est aujourd'hui le standard de fait pour l'échange d'information numérique. Ce modèle est illustré à la figure 1.6.

Figure 1.6
Modèle en couches de l'architecture TCP/IP

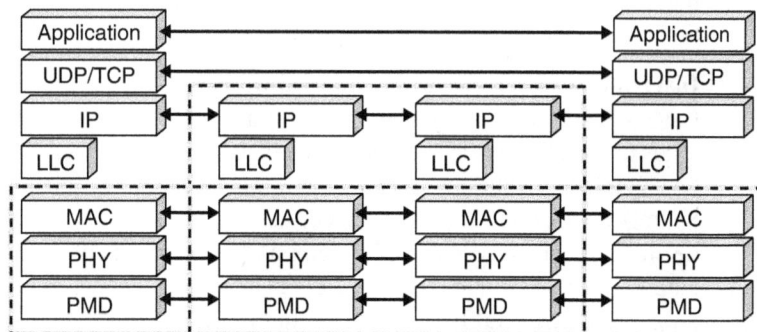

Des mécanismes tels que la confidentialité ou l'intégrité des données peuvent être supportés à tous les niveaux et sur les différents tronçons, ou arcs, qui composent le réseau. La gestion des clés cryptographiques peut être, par exemple, réalisée manuellement.

L'identification, l'authentification, la non-répudiation et les autorisations sont des procédures mises en œuvre dans le réseau d'accès, qui peut être sans fil, le réseau de transport IP et le réseau de destination, un intranet, par exemple. Ces services peuvent également être offerts au niveau applicatif.

Schématiquement, les infrastructures de sécurité des réseaux peuvent être classées en cinq catégories :

- **Chiffrement au niveau physique sur des liaisons point-à-point.** Dans la cryptographie optique (PMD), le saut de fréquence pseudo-aléatoire ou le chiffrement 3DES du flux d'octets (une méthode couramment déployée par les banques), les clés sont distribuées manuellement.

- **Confidentialité, intégrité des données, signature de trames MAC.** C'est la technique choisie par les réseaux sans fil 802.11. La distribution des clés est réalisée dans un plan particulier, décrit par la norme IEEE 802.1x. Dans ce cas, on introduit la notion de contrôle d'accès au réseau LAN, c'est-à-dire à la porte de communication avec la toile d'araignée mondiale. C'est une notion juridique importante, dont le rôle est d'interdire le transport des informations à des individus non authentifiés, et donc potentiellement criminels.

- **Confidentialité, intégrité des données, signature des paquets IP ou TCP.** C'est typiquement la technologie IPsec en mode tunnel. Un paquet IP chiffré et signé est encapsulé dans un paquet IP non protégé. En effet, le routage à travers Internet implique l'analyse de l'en-tête IP par les passerelles traversées. IPsec crée un tunnel sécurisé entre le réseau d'accès et le domaine du fournisseur de services. On peut déployer une gestion manuelle des clés ou des protocoles de distribution automatisés tels que ISAKMP (Internet Security Association and Key Management Protocol). La philosophie de ce protocole s'appuie sur la libre utilisation du réseau d'accès, qui ne va pas sans soulever des problèmes juridiques. Par exemple, si des criminels protègent leurs échanges de données, il est impossible aux réseaux traversés de détecter leur complicité dans le transport d'informations illégales.

- **Insertion d'une couche de sécurité additive.** Le protocole SSL (Secure Sockets Layer) fondé sur la cryptographie asymétrique assure la protection d'applications telles que la navigation Web ou la messagerie électronique. SSL conduit généralement une simple authentification entre serveur et client et négocie un secret partagé (Master Secret), à partir duquel sont dérivées des clés de chiffrement utilisées par l'algorithme de chiffrement négocié entre les deux parties. Dans le cas d'une session entre un navigateur et un serveur bancaire, le client authentifie son service bancaire. Une fois le tunnel sécurisé établi, le client s'authentifie à l'aide d'un login et d'un mot de passe. Il obtient alors une identité temporaire associée à un simple cookie.

- **Gestion de la sécurité par l'application elle-même.** Le protocole S-MIME, par exemple, réalise la confidentialité, l'intégrité et la signature des contenus critiques d'un message électronique.

Infrastructure de réseau sans fil sécurisée

La procédure d'authentification est la clé de voûte d'une infrastructure de réseau sans fil sécurisée. Deux choix sont possibles :

- L'utilisateur connaît ses clés d'authentification et les protège à l'aide de mots de passe. Par exemple, avec le logiciel libre OpenSSL, une clé privée RSA est chiffrée par un triple DES, dont les clés sont déduites d'une phrase.

- L'utilisateur ne connaît pas ses clés d'authentification, qui sont la propriété du prestataire de service. Une carte à puce, par exemple, réalise après renseignement d'un code PIN les calculs d'authentification.

Pour sécuriser une communication dans un réseau sans fil, il faut doter l'environnement d'un certain nombre de fonctions qui peuvent être prises en charge soit par l'infrastructure achetée pour réaliser le réseau lui-même, soit par de nouveaux éléments de réseau à ajouter. De façon plus précise, il faut intervenir auprès de quatre grands types d'éléments d'infrastructure, l'infrastructure qui permet l'authentification des clients et des équipements de réseau, le matériel et le logiciel nécessaires pour réaliser la sécurité sur l'interface radio, les éléments de réseau nécessaires pour filtrer les paquets et détecter les attaques, et enfin les machines nécessaires pour gérer les accès distants lorsque les utilisateurs se déplacent :

- **Infrastructure d'authentification.** La norme IEEE 802.1x recommande l'usage de serveurs RADIUS (Remote Authentication Dial-In User Server). L'authentification peut être conduite par un serveur situé dans le domaine visité ou à l'extérieur de ce dernier. Cette architecture établit un cercle de confiance, grâce auquel un message d'authentification est relayé par plusieurs serveurs liés les uns aux autres par des associations de sécurité.

- **Sécurité radio.** La sécurité radio vise à assurer la confidentialité, l'intégrité et la signature des paquets. Ces services sont délivrés par des protocoles tels que WEP (Wired Equivalent Privacy), TKIP (Temporal Key Integrity Protocol) ou CCMP (Counter-mode/CBC-MAC Protocol), normalisés par le comité IEEE 802. Ils utilisent des clés , déduites d'une clé maître, au terme de la procédure d'authentification.

- **Filtrage des paquets.** La fiabilité de cette opération repose sur la signature des paquets à l'aide des clés déduites de l'authentification. Grâce à ce mécanisme, les trames qui pénètrent dans le système de distribution sont sûres (pas de risque de *spoofing*). Des systèmes de filtrage (point d'accès ou portail) gèrent les privilèges des paquets IP (destruction des paquets illicites) et permettent de réaliser et de facturer des services de QoS (Quality of Service).

- **Accès aux services distants (roaming).** L'accès à des services distants peut être désigné de façon générique sous l'appellation de services VPN (Virtual Private Network). Par exemple, on peut mettre en œuvre des liens sécurisés interdomaines à l'aide des protocoles IPsec ou SSL.

Les attaques réseau dans les réseaux sans fil

Si l'écoute des ondes radio est de loin l'attaque la plus classique sur les réseaux sans fil, il en existe beaucoup d'autres. Cette section fait le tour de quelques-unes de ces attaques. Nous verrons à partir du chapitre 3 les principales parades qui peuvent être apportées dans les réseaux sans fil et les algorithmes et protocoles de sécurité mis en œuvre pour les arrêter.

Les attaques de sécurité réseau sont divisées en attaques passives et actives. Ces deux classes sont elles-mêmes divisées en d'autres types d'attaques, comme illustré à la figure 1.7.

Figure 1.7
Classification des attaques

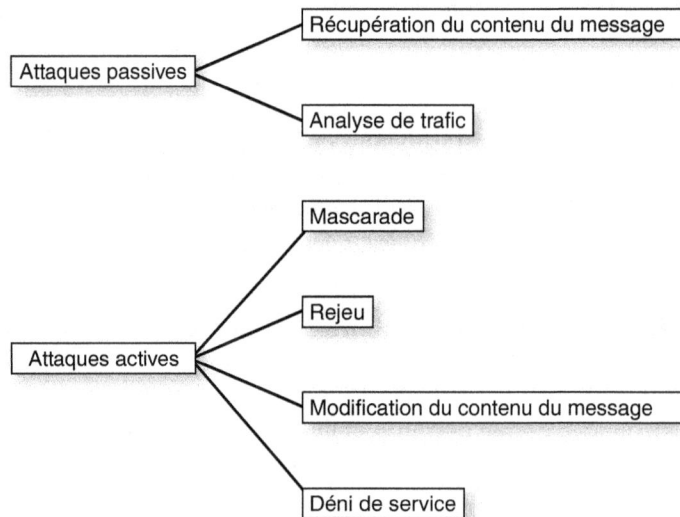

Les risques associés aux réseaux sans fil 802.11 sont le résultat de une ou plusieurs de ces attaques. Les conséquences de ces dernières incluent une perte d'information propriétaire, un coût légal et de recouvrement, une image ternie et la perte de services réseau.

Les attaques passives

Une attaque est dite passive lorsqu'un individu non autorisé obtient un accès à une ressource sans modifier son contenu. Les attaques passives peuvent être des écoutes ou des analyses de trafic, parfois appelées analyses de flot de trafic.

Ces deux attaques passives présentent les caractéristiques suivantes :

- **Écoute, ou eavesdropping.** L'attaquant écoute les transmissions pour récupérer le contenu des messages. Par exemple, une personne écoute les transmissions sur un réseau LAN entre deux stations ou écoute les transmissions entre un téléphone sans fil et une station de base.

- **Analyse de trafic.** L'attaquant obtient de l'information en surveillant les transmissions pour détecter des formes ou des modèles classiques dans la communication. Une quantité considérable d'information est contenue dans la syntaxe des flots de messages transitant entre des parties communicantes.

Les attaques actives

Une attaque est dite active lorsqu'un parti non autorisé apporte des modifications aux messages et flux de données ou de fichiers. Il est possible de détecter ce type d'attaque.

Les attaques actives peuvent prendre la forme d'un des quatre types suivants, seul ou en combinaison :

- **Mascarade.** L'attaquant usurpe l'identité d'un utilisateur autorisé et obtient ainsi certains privilèges d'accès.

- **Rejeu.** L'attaquant surveille les transmissions (attaque passive) et retransmet les messages à un utilisateur légitime.

- **Modification de message.** L'attaquant altère un message légitime en supprimant, ajoutant, modifiant ou réordonnant du contenu.

- **Déni de service.** L'attaquant prévient ou interdit l'usage normal ou la gestion des moyens de communication.

Ce dernier type d'attaque est une source de menace redoutable pour les solutions de sécurité logicielle, puisque la sécurité est facilement mise en cause en cas de modification malveillante des programmes chargés d'appliquer les protocoles et les règles de contrôle.

L'attaque par déni de service

L'attaque par déni de service est une des plus simples à mettre en œuvre et est généralement très difficile à parer dans les réseaux sans fil. Le déni de service est obtenu lorsque l'élément que l'on attaque est submergé de messages et ne peut répondre à la demande. Dans le cas classique, les pirates occupent un grand nombre de postes de travail et leur font émettre des flots ininterrompus de messages qui convergent vers l'élément attaqué. La parade est difficile puisque l'attaque peut être soudaine et qu'il est difficile de prévoir cette convergence.

Dans un réseau sans fil, un déni de service consiste à émettre un grand nombre de requêtes d'attachement vers le point d'accès jusqu'à le faire tomber. Il est pour le moment impossible d'empêcher un utilisateur d'émettre ce flot de requête, même s'il n'est pas autorisé à se connecter. À chaque requête, le point d'accès doit exécuter une suite d'instructions avant d'effectuer le refus. La seule parade connue consiste à déterminer le point d'où provient l'attaque et à lancer une intervention humaine de neutralisation.

De nombreuses attaques de déni de service peuvent s'effectuer par l'intermédiaire du protocole ICMP (Internet Control Message Protocol). Ce protocole est utilisé par les routeurs pour transmettre des messages de supervision permettant, par exemple, d'indiquer à un utilisateur la raison d'un problème. Une attaque par déni de service contre un serveur consiste à générer des messages ICMP en grande quantité et à les envoyer au serveur à partir d'un nombre de sites important.

Pour inonder un serveur, le moyen le plus simple est de lui envoyer des messages de type ping lui demandant de renvoyer une réponse. On peut également inonder un serveur par des messages de contrôle ICMP d'autres types.

Les attaques par TCP

Le protocole TCP travaille avec des numéros de port qui permettent de déterminer une adresse de socket, c'est-à-dire d'un point d'accès au réseau. Cette adresse de socket est formée par la concaténation de l'adresse IP et de l'adresse de port. À chaque application correspond un numéro de port, par exemple 80 pour une application HTTP.

Une attaque par TCP revient à utiliser un point d'accès pour lui faire faire autre chose que ce pour quoi il est défini. Un pirate peut ainsi utiliser un port classique pour entrer dans un ordinateur ou dans le réseau d'une entreprise. La figure 1.8 illustre une telle attaque. L'utilisateur ouvre une connexion TCP sur un port correspondant à l'application qu'il projette d'exécuter. Le pirate commence à utiliser le même port en se faisant passer pour l'utilisateur et se fait envoyer les réponses. Éventuellement, il peut prolonger les réponses vers l'utilisateur de telle sorte que celui-ci reçoive bien l'information demandée et ne se doute de rien.

Nous verrons dans la suite de ce livre comment les pare-feu essaient de parer ce genre d'attaque en bloquant certains ports. Rappelons que tout réseau sans fil doit être connecté au réseau intranet de l'entreprise par le biais d'un pare-feu contrôlant les attaques pouvant provenir d'un côté ou de l'autre. *A priori,* le pare-feu est plutôt censé protéger l'intranet d'attaques entrant par le réseau sans fil.

Figure 1.8
Attaque par le protocole TCP

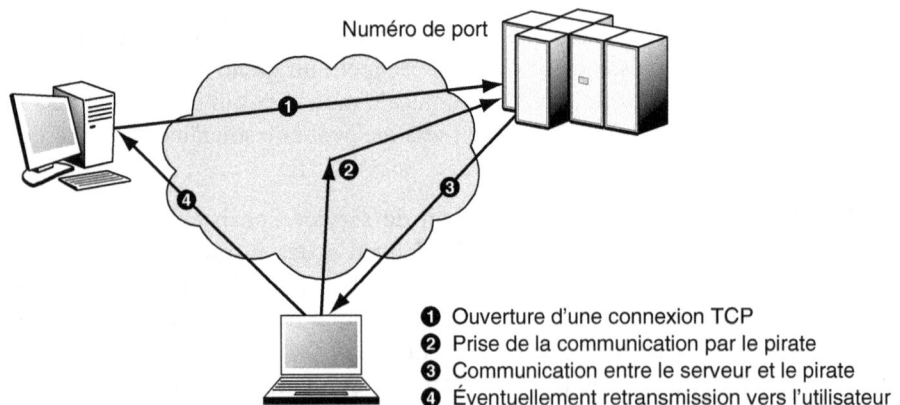

Numéro de port

❶ Ouverture d'une connexion TCP
❷ Prise de la communication par le pirate
❸ Communication entre le serveur et le pirate
❹ Éventuellement retransmission vers l'utilisateur

Les attaques par cheval de Troie

Dans l'attaque par cheval de Troie, le pirate introduit dans la station terminale un programme qui permet de mémoriser le login et le mot de passe. Ces informations sont envoyées vers l'extérieur par un message destiné à une boîte à lettres anonyme. Diverses techniques peuvent être utilisées pour cela, allant d'un programme qui remplace le gestionnaire de login jusqu'à un programme pirate qui espionne ce qui se passe dans le terminal.

Ce type d'attaque est assez classique dans les réseaux sans fil puisqu'un client peut s'immiscer, *via* le point d'accès, dans un PC et y installer un logiciel espion lui permettant de prendre la place de l'utilisateur.

Les attaques par dictionnaire

Beaucoup de mots de passe étant choisis dans le dictionnaire, il est très simple pour un automate de les essayer tous. De nombreuses expériences ont démontré la simplicité de cette attaque et ont mesuré que la découverte de la moitié des mots de passe des employés d'une grande entreprise pouvait s'effectuer en moins de deux heures.

Une solution simple pour remédier à cette attaque consiste à complexifier les mots de passe en leur ajoutant des lettres majuscules, des chiffres et des signes comme !, ?, &, etc.

L'attaque par dictionnaire est l'une des plus fréquentes dans les réseaux sans fil qui ne sont protégés que par des mots de passe utilisateur.

Conclusion

Nous avons passé en revue dans ce chapitre quelques éléments constitutifs de la sécurité : les attaques, les défenses et les éléments d'infrastructure. Toute la difficulté est de bien coordonner ces trois composantes : connaître le mieux possible toutes les attaques, déterminer les parades possibles et choisir l'infrastructure pour implanter les parades.

Une première difficulté consiste à évaluer les attaques potentielles sans rester sur la première étude et faire évoluer les défenses en fonction des nouveaux dangers. Par exemple, casser une clé de 128 bits était impossible il y a cinq ans, nécessitait une énorme machine il y a trois ans et ne demande plus qu'un gros serveur depuis peu. Il faut donc être capable de remettre en cause les options choisies et de vérifier sans cesse que de nouvelles attaques ne sont pas sans défense.

Le monde du sans-fil est encore plus complexe que le monde filaire puisque les signaux peuvent être écoutés sans que l'attaquant soit dérangé. Des attaques d'un type nouveau apparaissent, et le temps de prise de conscience de ces attaques est souvent long. Par exemple, dans les réseaux sans fil de type Wi-Fi, une attaque peut être réalisée suite à l'inattention d'un utilisateur, qui, pour se simplifier la vie, met sur sa prise Ethernet un point d'accès Wi-Fi de telle sorte qu'il puisse se connecter sans problème des différents points de son bureau. Un attaquant va pouvoir entrer dans le réseau de l'entreprise par le biais de ce point d'accès sans que quiconque puisse le détecter puisqu'il ne passe même pas par le pare-feu d'entrée du réseau intranet. Détecter un point d'accès pirate (Rogue Access Point) est très difficile et demande à l'entreprise une nouvelle attention que peu ont encore prise en compte.

Dans la suite de ce livre, nous commençons par nous pencher sur l'architecture d'un réseau Wi-Fi pour en comprendre les faiblesses en matière de sécurité. Nous examinons ensuite petit à petit toutes les solutions pouvant apporter de la sécurité aux réseaux d'entreprise.

2

Les réseaux sans fil

Les réseaux sans fil sont en plein développement du fait de la flexibilité de leur interface, qui permet à un utilisateur de changer facilement de place dans son entreprise ou dans des hotspots. Les communications entre équipements terminaux peuvent s'effectuer directement ou par le biais de stations de base. Les communications entre points d'accès s'effectuent de façon hertzienne ou par câble. Ces réseaux atteignent des débits de plusieurs mégabits par seconde, voire de plusieurs dizaines de mégabits par seconde.

Plusieurs gammes de produits sont actuellement commercialisées, et la normalisation en cours devrait introduire de nouveaux environnements. Les groupes de travail qui se chargent de cette normalisation sont l'IEEE 802.15, pour les petits réseaux personnels d'une dizaine de mètres de portée, ou WPAN, l'IEEE 802.11, pour les réseaux LAN (Local Area Network) sans fil, ou WLAN, IEEE 802.16, pour les réseaux MAN (Metropolitan Area Network) sans fil, ou WMAN, atteignant plus de dix kilomètres, et IEEE 802.20, pour les WAN (Wide Area Network) sans fil, ou WWAN, c'est-à-dire les très grands réseaux.

Les figures 2.1 et 2.2 illustrent les différentes catégories de réseaux suivant leur étendue et les normes existantes.

Dans le groupe IEEE 802.15, trois sous-groupes normalisent des gammes de produits en parallèle :

- IEEE 802.15.1, le plus connu, s'occupe de la norme Bluetooth, aujourd'hui largement commercialisée.

- IEEE 802.15.3, en charge de la norme UWB (Ultra-Wide Band), met en œuvre une technologie très spéciale consistant à émettre à une puissance extrêmement faible, sous le bruit ambiant, mais sur pratiquement l'ensemble du spectre radio, entre 3,1 et 10,6 GHz. Les débits atteints sont de l'ordre du gigabit par seconde sur une distance de 10 mètres.

• IEEE 802.15.4, en charge de la norme ZigBee, a pour objectif de promouvoir une puce offrant un débit relativement faible mais à un coût très bas.

Figure 2.1
*Grandes catégories
de réseaux sans fil*

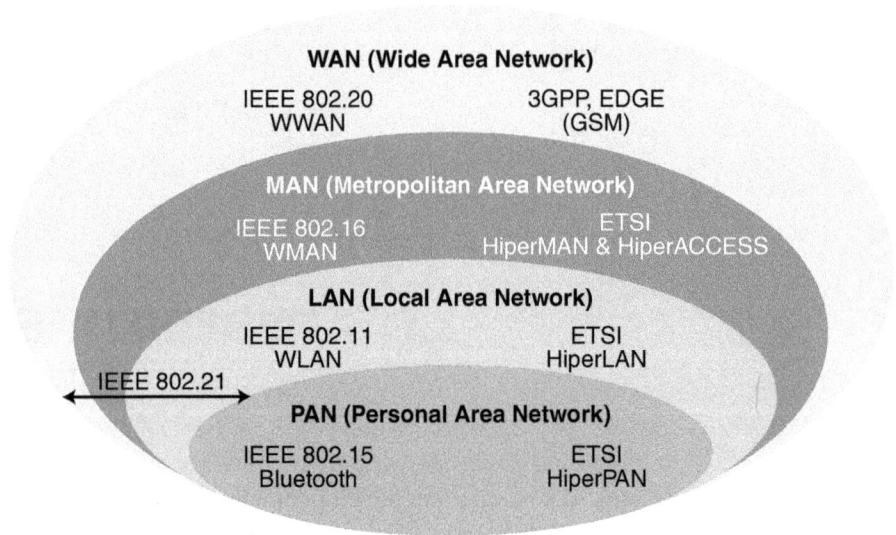

WAN (Wide Area Network)

IEEE 802.20   3GPP, EDGE
WWAN   (GSM)

MAN (Metropolitan Area Network)

IEEE 802.16   ETSI
WMAN   HiperMAN & HiperACCESS

LAN (Local Area Network)

IEEE 802.11   ETSI
WLAN   HiperLAN

IEEE 802.21

PAN (Personal Area Network)

IEEE 802.15   ETSI
Bluetooth   HiperPAN

Figure 2.2
*Principales normes
de réseaux sans fil*

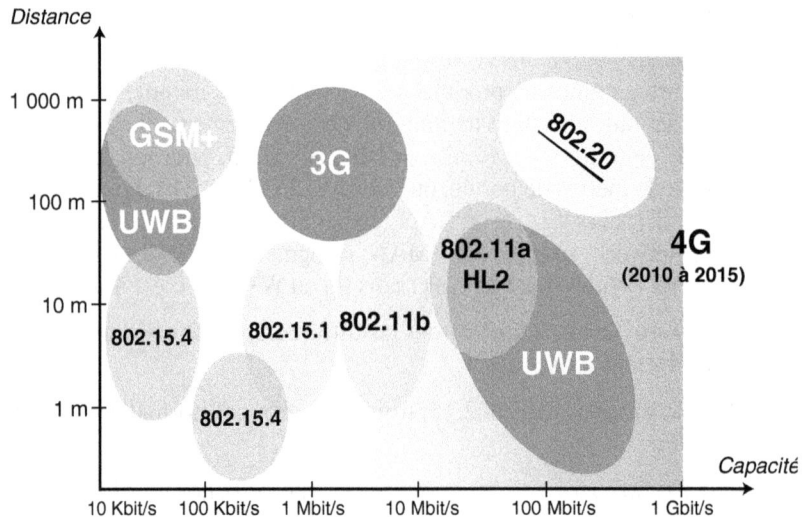

Du côté de la norme IEEE 802.11, dont les produits sont nommés Wi-Fi (Wireless-Fidelity), il existe aujourd'hui trois propositions, dont les débits sont de 11 Mbit/s (802.11b) et 54 Mbit/s (802.11a et g). Une quatrième proposition, IEEE 802.11n, devrait bientôt augmenter le débit, qui pourrait atteindre 320 Mbit/s.

L'objectif des réseaux 802.16 est de remplacer les modems ADSL, que l'on trouve dans les réseaux téléphoniques fixes, pour offrir à l'utilisateur final des débits importants, de l'ordre de quelques centaines de kilobits par seconde jusqu'à plusieurs mégabits par seconde. Ces réseaux constituent ce que l'on appelle la boucle locale radio.

Le consortium WiMax a été mis en place pour développer les applications de cette norme IEEE 802.16. Plusieurs normes sont proposées suivant la fréquence utilisée. Les prochaines années devraient apporter la possibilité de se connecter depuis l'antenne de l'opérateur à des mobiles, et non plus seulement à des téléphones fixes, comme aujourd'hui, ce qui donnerait naissance à des jonctions ADSL vers des mobiles.

Les réseaux étendus se sont principalement développés sous l'égide d'organismes internationaux, comme l'UIT. Les principaux standards développés à ce jour sont le GSM, le GPRS, EDGE, l'UMTS et le cdma2000. La norme IEEE équivalente est l'IEEE 802.20, ou MBWA (Mobile Broadband Wireless Access), que l'on appelle de plus en plus Wi-Mobile. Son objectif est de concurrencer les standards des opérateurs de téléphonie mobile grâce à un coût très bas.

Cet ouvrage s'intéresse plus particulièrement à la sécurité dans les réseaux 802.11, qui sont de loin les plus développés. Toutefois, comme les problèmes de sécurité et les solutions disponibles sont semblables dans tous ces réseaux, nous décrivons également brièvement dans ce chapitre les autres catégories de réseaux sans fil.

Les réseaux 802.11

La norme IEEE 802.11 a donné lieu à deux générations de réseaux sans fil Wi-Fi, ceux qui travaillent à la vitesse de 11 Mbit/s et ceux qui montent à 54 Mbit/s. Les premiers se fondent sur la norme IEEE 802.11b et les seconds sur les normes IEEE 802.11a et 802.11g. La troisième génération devrait atteindre 320 Mbit/s avec la norme IEEE 802.11n.

Les fréquences utilisées dans le réseau Wi-Fi de base se situent dans la gamme des 2,4 GHz. Dans cette solution de réseau local par voie hertzienne, les communications peuvent se faire soit directement de station à station, mais sans qu'une station puisse relayer automatiquement les paquets vers une autre station terminale, soit en passant par un point d'accès, ou AP (Access Point).

Ces deux solutions sont illustrées à la figure 2.3.

Le point d'accès est partagé par tous les utilisateurs qui se situent dans une même cellule. On a donc un système partagé, dans lequel les utilisateurs entrent en compétition pour accéder au point d'accès. Pour sérialiser les accès, il faut définir une technique d'accès au support physique. Cette dernière est effectuée par le biais d'un protocole de niveau MAC (Medium Access Control), comparable à celui d'Ethernet. Ce protocole d'accès, appelé CSMA/CA (Carrier Sense Multiple Access/Collision Avoidance), est le même pour tous les réseaux Wi-Fi. Son fonctionnement est illustré à la figure 2.4.

Figure 2.3
*Communications
dans un réseau
IEEE 802.11*

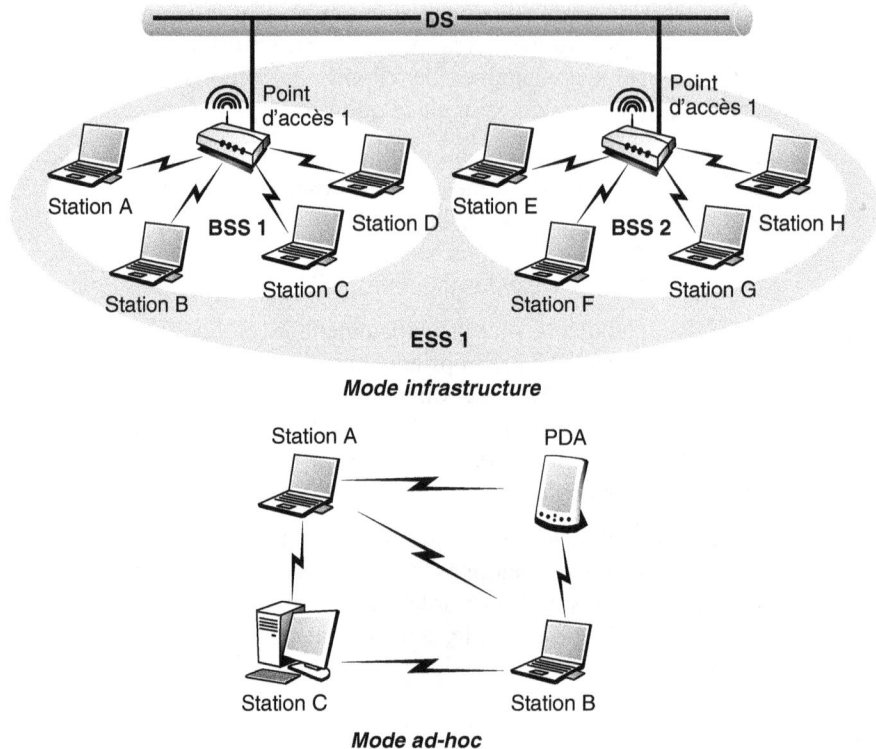

Mode infrastructure

Mode ad-hoc

De nombreuses options rendent sa mise en œuvre assez complexe. La différence entre le CSMA/CA hertzien et le CSMA/CD terrestre d'Ethernet réside dans la façon de gérer les collisions potentielles. Dans le CSMA/CD, l'émetteur continue à écouter le support physique et détecte si une collision se produit. Cette solution est impossible dans une émission hertzienne, un émetteur ne pouvant à la fois émettre et écouter.

Dans le protocole terrestre CSMA/CD, on détecte les collisions en écoutant la porteuse. Lorsque deux stations veulent émettre pendant qu'une troisième est en train de transmettre sa trame, cela mène à une collision. Dans le cas hertzien, le protocole d'accès permet d'éviter la collision en obligeant les deux stations à attendre un temps différent avant d'avoir le droit de transmettre. Comme la différence entre les deux temps d'attente est supérieure au temps de propagation sur le support de transmission, la station qui a le temps d'attente le plus long trouve le support physique déjà occupé et évite ainsi la collision, d'où son suffixe CA (Collision Avoidance).

Pour éviter les collisions, chaque station possède un temporisateur avec une valeur spécifique. Lorsqu'une station écoute la porteuse et que le canal est vide, elle transmet. Le risque qu'une collision se produise est extrêmement faible, puisque la probabilité que deux stations démarrent leur émission dans une même microseconde est quasiment nul. En revanche, lorsqu'une transmission a lieu et que deux stations ou plus se mettent à

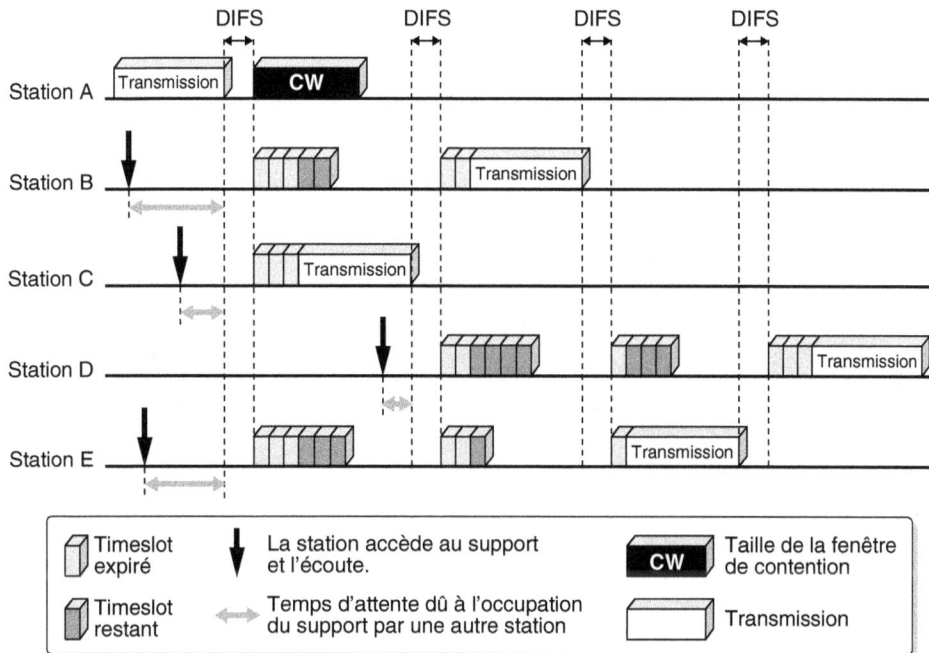

Figure 2.4
Fonctionnement du protocole CSMA/CA

l'écoute et persistent à écouter, la collision devient inévitable. Pour empêcher la collision, il faut que les stations attendent avant de transmettre un temps suffisant pour permettre de séparer leurs instants d'émission respectifs. On ajoute également un petit temporisateur à la fin de la transmission afin d'empêcher les autres stations de transmettre et de permettre au récepteur d'envoyer immédiatement un acquittement.

L'architecture d'un réseau Wi-Fi est cellulaire. Un groupe de terminaux munis d'une carte d'interface réseau 802.11 s'associent pour établir des communications directes et forment un BSS (Basic Service Set). Comme illustré à la figure 2.5, le standard 802.11 offre deux modes de fonctionnement, le mode infrastructure, avec des cellules BSS, et le mode ad-hoc, avec des cellules IBSS (Independent BSS). Le mode infrastructure permet de fournir aux différentes stations des services spécifiques sur une zone de couverture déterminée par la taille du réseau. Les réseaux d'infrastructure sont établis en utilisant des points d'accès jouant le rôle de station de base pour un BSS.

Lorsque le réseau est composé de plusieurs BSS, chacun d'eux est relié à un système de distribution, ou DS (Distribution System), par l'intermédiaire de leur point d'accès respectif. Un système de distribution correspond en règle générale à un réseau Ethernet utilisant du câble métallique. Un groupe de BSS interconnectés par un système de distribution forment un ESS (Extended Service Set), qui n'est pas très différent d'un sous-système radio de réseau de mobiles.

Figure 2.5
*Architecture
d'un réseau Wi-Fi*

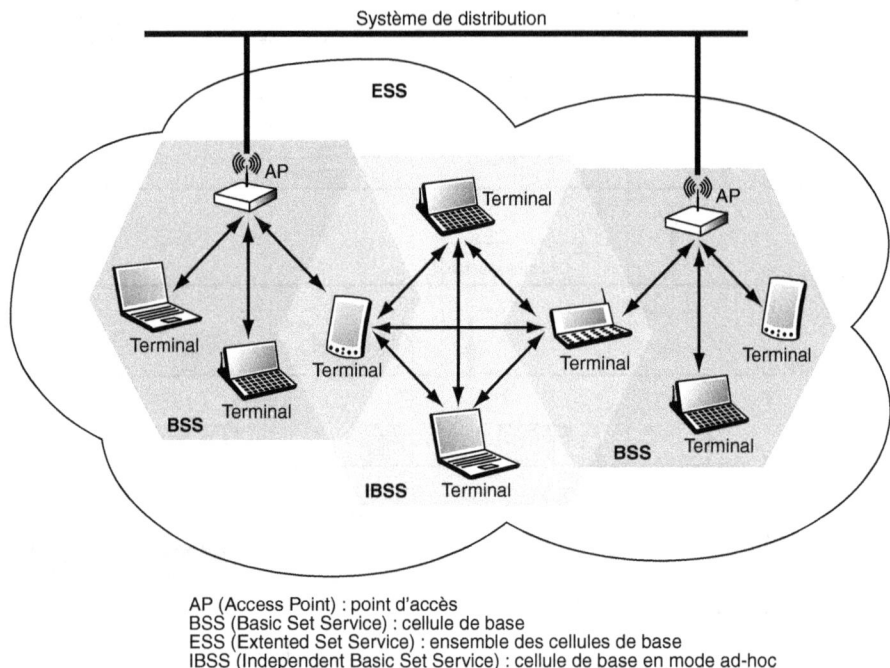

AP (Access Point) : point d'accès
BSS (Basic Set Service) : cellule de base
ESS (Extented Set Service) : ensemble des cellules de base
IBSS (Independent Basic Set Service) : cellule de base en mode ad-hoc

Le système de distribution est responsable du transfert des paquets entre les différentes stations de base. Dans les spécifications du standard, le DS est implémenté de manière indépendante de la structure hertzienne et utilise un réseau Ethernet métallique, mais il pourrait tout aussi bien utiliser des connexions hertziennes.

Sur le système de distribution qui interconnecte les points d'accès auxquels sont connectées les stations mobiles, il est possible de placer une passerelle d'accès vers un réseau fixe, tel qu'Internet. Cette passerelle permet de connecter le réseau 802.11 à un autre réseau. Si ce réseau est de type IEEE 802.*x*, la passerelle incorpore des fonctions similaires à celles d'un pont.

Un réseau en mode ad-hoc est un groupe de terminaux formant un IBSS, dont le rôle est de permettre aux stations de communiquer sans l'aide d'une quelconque infrastructure, telle qu'un point d'accès ou une connexion au système de distribution. Chaque station peut établir une communication avec n'importe quelle autre station dans l'IBSS, sans être obligée de passer par un point d'accès. Comme il n'y a pas de point d'accès, les stations n'intègrent qu'un certain nombre de fonctionnalités. Ce mode de fonctionnement permet de mettre en place facilement un réseau sans fil lorsqu'une infrastructure sans fil ou fixe fait défaut.

Pour qu'un signal soit reçu correctement, sa portée ne peut dépasser 50 m dans un environnement de bureau, 500 m sans obstacle et plusieurs kilomètres avec une antenne directive. En règle générale, les stations ont une portée maximale d'une vingtaine de mètres. Lorsqu'il y a traversée de murs porteurs, cette distance est plus faible.

La couche liaison de données

La couche liaison de données du protocole 802.11 est composée essentiellement de deux sous-couches, LLC (Logical Link Control) et MAC (Medium Access Control). La couche LLC utilise les mêmes propriétés que la couche LLC 802.2. Il est de ce fait possible de relier un WLAN à tout autre réseau local appartenant à un standard de l'IEEE. La couche MAC, quant à elle, est spécifique de 802.11.

Le rôle de la couche MAC 802.11 est assez similaire à celui de la couche MAC 802.3 du réseau Ethernet terrestre, puisque les terminaux écoutent la porteuse avant d'émettre. Si la porteuse est libre, le terminal émet, sinon il se met en attente. Cependant, la couche MAC 802.11 intègre un grand nombre de fonctionnalités que l'on ne trouve pas dans la version terrestre.

La méthode d'accès utilisée dans Wi-Fi est appelée DCF (Distributed Coordination Function). Elle est assez similaire à celle des réseaux traditionnels supportant le best-effort. Le DCF a été conçu pour prendre en charge le transport de données asynchrones, transport dans lequel tous les utilisateurs qui veulent transmettre des données ont une chance égale d'accéder au support.

Économie d'énergie

Les réseaux sans fil peuvent posséder des terminaux fixes ou mobiles. Le problème principal des terminaux mobiles concerne la batterie, qui n'a généralement que peu d'autonomie. Pour augmenter le temps d'activité de ces terminaux mobiles, le standard prévoit un mode d'économie d'énergie.

Il existe deux modes de travail pour le terminal :

• Continuous Aware Mode

• Power Save Polling Mode

Le premier correspond au fonctionnement par défaut : la station est tout le temps allumée et écoute constamment le support. Le second permet une économie d'énergie. Dans ce cas, le point d'accès tient à jour un enregistrement de toutes les stations qui sont en mode d'économie d'énergie et stocke les données qui leur sont adressées. Les stations qui sont en veille s'activent à des périodes de temps régulières pour recevoir une trame particulière, la trame TIM (Traffic Information Map), envoyée par le point d'accès.

Entre les trames TIM, les terminaux retournent en mode veille. Toutes les stations partagent le même intervalle de temps pour recevoir les trames TIM, de sorte à s'activer au même moment pour les recevoir. Les trames TIM font savoir aux terminaux mobiles si elles ont ou non des données stockées dans le point d'accès. Lorsqu'un terminal s'active pour recevoir une trame TIM et s'aperçoit que le point d'accès contient des données qui lui sont destinées, il envoie au point d'accès une requête, appelée Polling Request Frame, pour mettre en place le transfert des données. Une fois le transfert terminé, il retourne en mode veille jusqu'à réception de la prochaine trame TIM.

Pour des trafics de type broadcast ou multicast, le point d'accès envoie aux terminaux une trame DTIM (Delivery Traffic Information Map), qui réveille l'ensemble des points concernés.

IEEE 802.11b

Les réseaux 802.11b proviennent de la normalisation effectuée sur la bande des 2,4 GHz. La norme IEEE 802.11b s'est imposée comme standard, et plusieurs millions de cartes d'accès réseau Wi-Fi ont été vendues depuis le début des années 2000. Wi-Fi a d'abord été déployé dans les campus universitaires, les aéroports, les gares et les grandes administrations publiques et privées, avant de s'imposer dans les réseaux des entreprises pour permettre la connexion des PC portables et des équipements de type PDA.

Wi-Fi travaille avec des stations de base dont la vitesse de transmission est de 11 Mbit/s et la portée de quelques dizaines de mètres. Pour obtenir cette valeur maximale de la porteuse, il faut que le terminal soit assez près de la station de base, à moins d'une vingtaine de mètres. Il faut donc bien calculer, au moment de l'ingénierie du réseau, le positionnement des différents points d'accès. Si la station est trop loin, elle peut certes se connecter mais à une vitesse inférieure.

Aux États-Unis, treize fréquences sont disponibles dans la plage des 83,5 MHz que fournit la bande de fréquences dite ISM (Industrial, Scientific, and Medical). En Europe, lorsque la bande sera entièrement libérée, quatorze fréquences seront disponibles. Un point d'accès ne peut utiliser que trois fréquences au maximum, car l'émission demande une bande passante recouvrant quatre fréquences.

Les fréquences peuvent être réutilisées régulièrement. De la sorte, le nombre de machines que l'on peut raccorder dans une entreprise est très important et permet à chaque station terminale de se connecter à haut débit à son serveur ou à un client distant. Un plan de fréquences est décrit à la figure 2.6.

IEEE 802.11a et g

Les produits Wi-Fi provenant des normes IEEE 802.11a et g utilisent la bande des 5 GHz. La norme IEEE 802.11a a pour origine des études effectuées dans le cadre de la normalisation européenne HiperLAN (High Performance Local Area Network) de l'ETSI (European Telecommunications Standards Institute) concernant la couche physique. La couche MAC de 802.11b est en revanche conservée.

Les produits Wi-Fi 802.11a ne sont pas compatibles avec les produits 802.11b, les fréquences utilisées étant totalement différentes. Les fréquences peuvent toutefois se superposer si l'équipement qui souhaite accéder aux deux réseaux comporte deux cartes d'accès. Les produits Wi-Fi 802.11g travaillant dans la bande des 2,4 GHz sont pour leur part compatibles avec les produits 802.11b et se dégradent en 802.11b si un point d'accès 802.11b peut être accroché.

Figure 2.6
Plan de fréquences

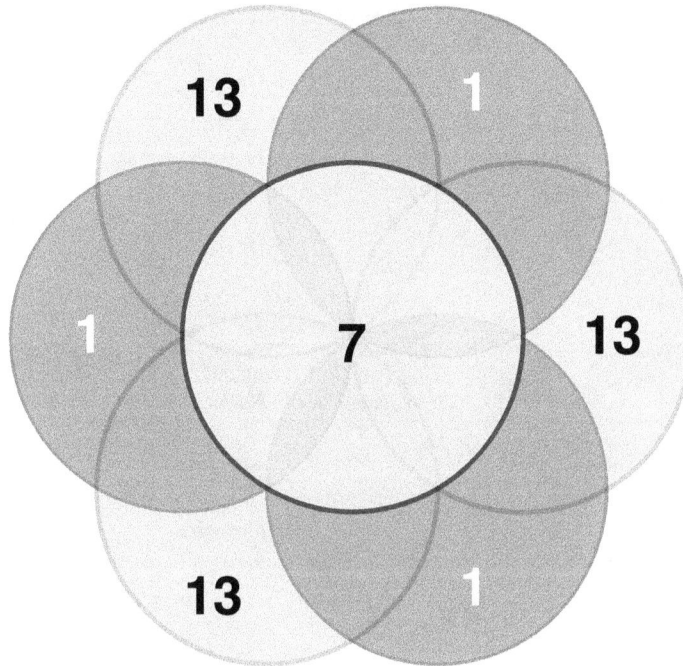

La distance maximale entre la carte d'accès et la station de base peut dépasser les 100 m, mais la chute du débit de la communication est fortement liée à la distance. Pour le débit de 54 Mbit/s, la station mobile contenant la carte d'accès ne peut s'éloigner que de quelques mètres du point d'accès. Au-delà, le débit chute très vite pour être approximativement équivalent à celui qui serait obtenu avec 802.11b à 100 m de distance.

En réalisant de petites cellules, de façon que les fréquences soient fortement réutilisables, et compte tenu du nombre important de fréquences disponibles en parallèle (jusqu'à 8), un réseau 802.11a permet à plusieurs dizaines de clients sur 100 m^2 de se partager plusieurs dizaines de mégabits par seconde. De ce fait, les réseaux 802.11a sont capables de prendre en charge des flux vidéo de bonne qualité.

La norme IEEE 802.11g a une tout autre ambition, puisqu'elle vise à remplacer la norme IEEE 802.11b sur la fréquence des 2,4 GHz, mais avec un débit supérieur, atteignant théoriquement 54 Mbit/s mais pratiquement nettement moins, plutôt de l'ordre d'une vingtaine de mégabits par seconde.

La qualité de service

La qualité de service est toujours un élément essentiel dans un réseau. Les réseaux 802.11 posent de nombreux problèmes pour obtenir de la qualité de service. Tout d'abord, le débit réel du réseau n'est pas stable et peut varier dans le temps. Ensuite, le réseau étant partagé, les ressources sont divisées entre tous les utilisateurs se trouvant dans la même cellule.

En ce qui concerne la première difficulté, les points d'accès Wi-Fi ont la particularité assez astucieuse de s'adapter à la vitesse des terminaux. Lorsqu'une station n'a plus la qualité suffisante pour émettre à 11 Mbit/s, elle dégrade sa vitesse à 5,5 puis 2 puis 1 Mbit/s. Cette dégradation est illustrée à la figure 2.7.

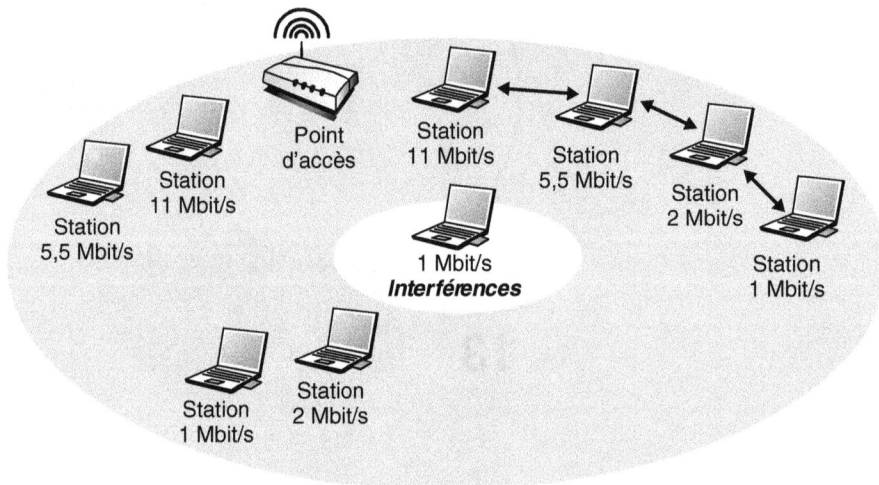

Figure 2.7
Dégradation de la vitesse d'accès dans un réseau 802.11b

Cette dégradation provient soit d'un éloignement, soit d'interférences. Cette solution permet de conserver des cellules assez grandes, puisque le point d'accès s'adapte. L'inconvénient est bien sûr qu'il est impossible de prédire le débit d'un point d'accès. On voit bien que si une station travaille à 1 Mbit/s et une autre à 11 Mbit/s, le débit réel du point d'accès est plus proche de 1 Mbit/s que de 11 Mbit/s. De plus, comme l'accès est partagé, il faut diviser le débit disponible entre les différents utilisateurs.

Le groupe de travail 802.11 a défini la norme IEEE 802.11e dans le but d'améliorer la qualité de service dans les réseaux Wi-Fi.

Cette extension permet de faire transiter plus facilement les applications à fortes contraintes temporelles, comme la parole téléphonique ou les applications multimédias. Pour cela, il a fallu définir des classes de services et permettre aux terminaux de choisir la bonne priorité en fonction de la nature de l'application transportée. La gestion des priorités s'effectue au niveau du terminal par l'intermédiaire d'une technique d'accès au support physique modifiée par rapport à celle utilisée dans la norme de base IEEE 802.11. Les stations prioritaires ont des temporisateurs d'émission beaucoup plus courts que les stations non prioritaires, ce qui leur permet de prendre l'avantage lorsque deux stations de niveaux différents essayent d'accéder au support.

WPAN et IEEE 802.15

Le groupe IEEE 802.15, intitulé WPAN (Wireless Personal Area Network), a été mis en place en mars 1999 dans le but de réfléchir aux réseaux d'une portée d'une dizaine de mètres. Son objectif est de réaliser des connexions entre les différents portables d'un même utilisateur ou de plusieurs utilisateurs. Un réseau 802.15 peut interconnecter un PC portable, un téléphone portable, un PDA ou tout autre terminal de ce type.

Trois groupes de services ont été définis, A, B et C. Le groupe A utilise la bande du spectre sans licence d'utilisation des 2,4 GHz. Il vise à garantir un faible coût de mise en place et d'utilisation. La taille de la cellule autour du point d'émission est de l'ordre du mètre. La consommation électrique doit être particulièrement faible pour permettre au terminal de tenir plusieurs mois sans recharge électrique. Le mode de transmission choisi est sans connexion. Le réseau doit pouvoir travailler en parallèle d'un réseau 802.11. Dans un même emplacement physique, il peut donc y avoir un réseau de chaque type, les deux pouvant éventuellement fonctionner de façon dégradée.

Le groupe B affiche des performances en augmentation, avec un niveau MAC pouvant atteindre un débit de 100 Kbit/s. Le réseau doit pouvoir interconnecter au moins seize machines. Il offre un algorithme de QoS (Quality of Sevice), qui autorise le fonctionnement de certaines applications, comme la parole téléphonique, qui demandent une qualité de service assez stricte. La portée entre l'émetteur et le récepteur atteint une dizaine de mètres, et le temps maximal pour se raccorder au réseau ne dépasse pas la seconde. Cette catégorie de réseau comporte des passerelles avec les autres catégories de réseaux 802.15.

Le groupe C introduit de nouvelles fonctionnalités importantes pour particuliers et entreprises, comme la sécurité de la communication, la transmission de la vidéo et la possibilité de roaming, ou itinérance, entre réseaux hertziens.

Pour réaliser ces objectifs, des groupements industriels se sont mis en place, comme Bluetooth. Bluetooth regroupe plus de 2 500 sociétés qui ont réalisé une spécification ouverte de connexion sans fil entre équipements personnels. Bluetooth est fondé sur une liaison radio entre deux équipements.

Le groupe de travail 802.15 s'est scindé en quatre sous-groupes :

- 802.15.1, pour satisfaire les contraintes des réseaux de catégorie C. Le choix de ce premier groupe s'est tourné vers Bluetooth, présenté en détail à la section suivante.

- 802.15.3, pour les contraintes posées par le groupe B, qui a débouché sur la proposition UWB (Ultra-Wide Band), qui devrait apparaître sur le marché en 2005.

- 802.15.4, pour les réseaux WPAN de catégorie A, qui a abouti à la proposition ZigBee d'un réseau bas débit à un coût extrêmement bas.

- 802.15.2, qui vise à résoudre les problèmes d'interférences avec les autres réseaux utilisant la bande des 2,4 GHz.

Bluetooth

Le Bluetooth Special Interest Group, constitué au départ par Ericsson, IBM, Intel, Nokia et Toshiba et rejoint par plus de 2 500 sociétés, définit les spécifications de Bluetooth.

C'est une technologie peu onéreuse, grâce à la forte intégration sur une puce unique de 9 mm sur 9 mm. Les fréquences utilisées sont comprises entre 2 400 et 2 483,5 MHz. On retrouve la même gamme de fréquences dans la plupart des réseaux sans fil utilisés dans un environnement privé, que ce dernier soit personnel ou d'entreprise. Cette bande ne demande pas de licence d'exploitation.

Plusieurs schémas de connexion ont été définis par les normalisateurs. Le premier d'entre eux correspond à un réseau unique, appelé piconet, qui peut prendre en charge jusqu'à huit terminaux, avec un maître et huit esclaves. Le terminal maître gère les communications avec les différents esclaves. La communication entre deux terminaux esclaves transite obligatoirement par le terminal maître. Dans un piconet, tous les terminaux utilisent la même séquence de saut de fréquence.

Un autre schéma de communication consiste à interconnecter des piconets pour former un scatternet, d'après le mot anglais *scatter,* qui signifie dispersion. Comme les communications se font toujours sous la forme maître-esclave, le maître d'un piconet peut devenir l'esclave du maître d'un autre piconet. De son côté, un esclave peut être l'esclave de plusieurs maîtres. Un esclave peut se détacher provisoirement d'un maître pour se raccrocher à un autre piconet puis revenir vers le premier maître, une fois sa communication terminée avec le second.

La figure 2.8 illustre des connexions de terminaux Bluetooth dans lesquelles un maître d'un piconet est esclave du maître d'un autre piconet et un esclave est esclave de deux maîtres. Globalement, trois piconets sont interconnectés par un maître pour former un scatternet.

Figure 2.8
*Schéma
de connexion
de terminaux
Bluetooth*

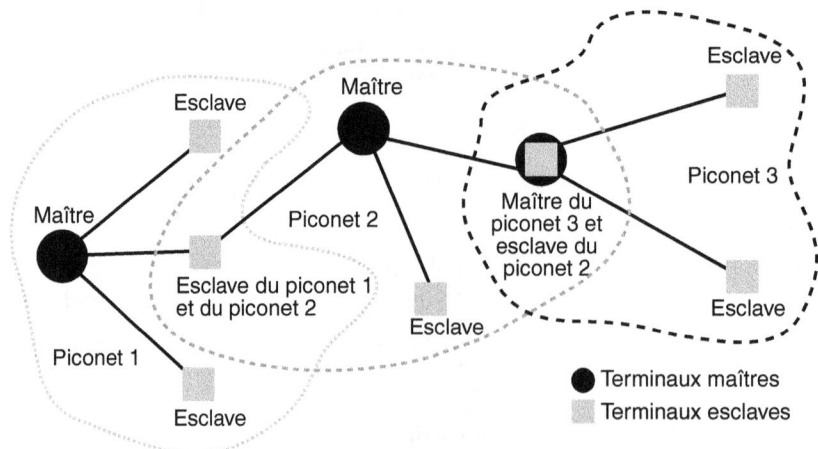

La communication à l'intérieur d'un piconet peut atteindre près de 1 Mbit/s. Comme il peut y avoir jusqu'à huit terminaux, la vitesse effective diminue rapidement en fonction du nombre de terminaux connectés dans une même picocellule. Un maître peut cependant accélérer sa communication en travaillant avec deux esclaves et en utilisant des fréquences différentes.

Le temps est découpé en tranches, ou slots, à raison de 1 600 slots par seconde. Un slot fait donc 625 µs de long, comme illustré à la figure 2.9. Un terminal utilise une fréquence sur un slot puis, par un saut de fréquence (Frequency Hop), il change de fréquence sur la tranche de temps suivante, et ainsi de suite.

Figure 2.9
Découpage en slots

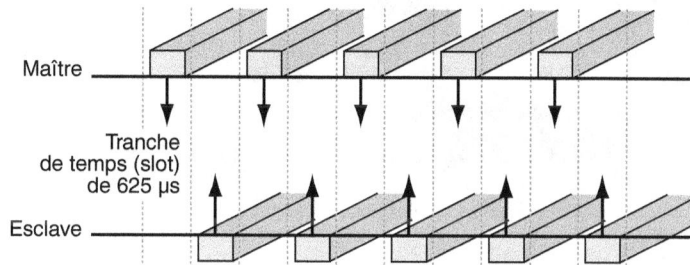

Un client Bluetooth utilise de façon cyclique toutes les bandes de fréquences. Les clients d'un même piconet possèdent la même suite de sauts de fréquence. Lorsqu'un nouveau terminal veut se connecter, il doit commencer par reconnaître l'ensemble des sauts de fréquence pour pouvoir les respecter.

Une communication s'exerce par paquet. En règle générale, un paquet tient sur un slot, mais il peut s'étendre sur trois ou cinq slots *(voir figure 2.10).* Le saut de fréquence a lieu à la fin de la communication d'un paquet.

Figure 2.10
Transmission sur plusieurs slots

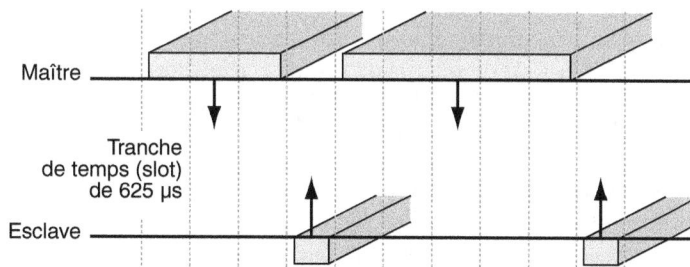

Les réseaux WiMedia : UWB et WUSB

WiMedia est une initiative visant à réaliser un environnement sans fil à très haut débit, pouvant atteindre 480 Mbit/s pour un réseau personnel. Son objectif est d'éliminer tous les fils connectant les équipements vidéo, audio et de données que l'on peut rencontrer dans un bureau ou dans un salon, comme l'illustre la figure 2.11. Cette solution s'appuie sur la norme de réseau personnel IEEE 802.15.3 UWB.

Figure 2.11
Un réseau UWB

Une première implémentation de cette norme est l'interface WUSB (Wireless USB), dont l'objectif est de remplacer les interfaces métalliques USB2 par une interface sans fil à la même vitesse de 480 Mbit/s. Intel, par exemple, devrait munir ses cartes mères de cette interface rapide dès 2005.

Le groupe de travail 802.15.3 travaille à la normalisation de deux extensions, l'une sur la bande des 2,4 GHz, au débit effectif de 54 Mbit/s, l'autre utilisant l'ensemble de la bande passante située entre 3,1 et 10,7 GHz mais à une puissance très faible, en dessous du bruit ambiant, de sorte à ne pas gêner les applications civiles et militaires utilisant cette bande. En dépit de cette très faible puissance, la vitesse autorisée par les quelque 7 GHz de bande passante se situe entre 110 et 480 Mbit/s selon les perturbations environnantes.

Une des particularités de l'UWB est de prendre en charge les communications avec des équipements qui se déplacent à relativement faible vitesse. Il permet de connecter et déconnecter ces équipements en des temps extrêmement courts, de l'ordre de la seconde.

La topologie d'un réseau UWB est en tout point similaire à celle d'un réseau Bluetooth, avec des piconets et des scatternets. Les réseaux UWB pourront fonctionner en mode ad-hoc. La qualité de service sera assurée par une technique TDMA (Time Division Multiple Access) de découpage dans le temps. Cette dernière utilise des slots déterministes pour les différentes connexions simultanées. Plusieurs niveaux de gestion de l'alimentation seront disponibles sur l'interface UWB.

L'initiative WiMedia prend en compte plus de couches protocolaires que la simple interface physique. Au-dessus de la couche de communication, deux grandes fonctionnalités sont disponibles, l'une concernant la définition de profils applicatifs, comme le streaming, l'impression, etc., et l'autre la découverte de service.

Les réseaux ZigBee

À l'inverse des réseaux UWB, les réseaux ZigBee fonctionnent à bas débit afin de consommer très peu d'énergie, de telle sorte qu'une petite batterie puisse tenir pendant presque toute la durée de vie de l'interface.

Les transferts privilégiés sont la signalisation et la transmission de données à basse vitesse. La figure 2.12 illustre un environnement ZigBee pour la domotique.

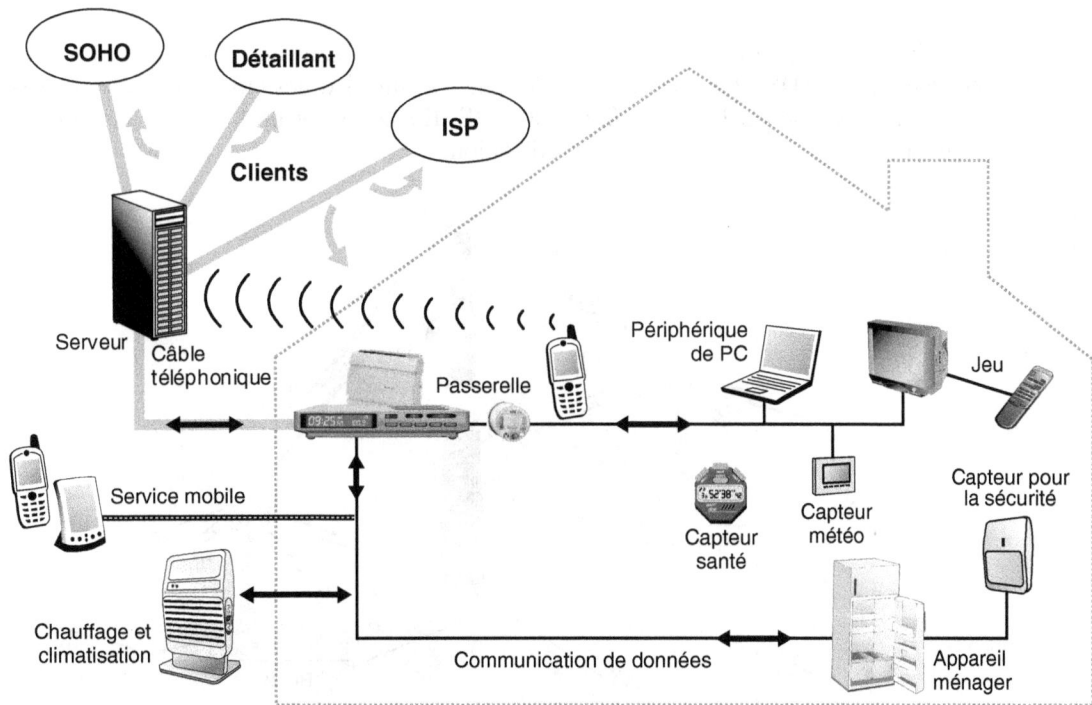

Figure 2.12
Réseau ZigBee

Trois vitesses sont normalisées :

- 250 Kbit/s dans la bande des 2,4 GHz ;
- 20 Kbit/s dans la bande des 868 MHz disponible en Europe ;
- 40 Kbit/s dans la bande des 915 MHz disponible en Amérique du Nord.

Ces différentes possibilités sont récapitulées à la figure 2.13.

Figure 2.13
Bandes de fréquence et débits de ZigBee

	Bande	Couverture	Débit données	Numéro de canal
2,4 GHz	ISM	Mondiale	250 Kbit/s	16
868 MHz		Europe	20 Kbit/s	1
915 MHz	ISM	Amerique	40 Kbit/s	10

Les réseaux ZigBee commencent à arriver sur les marchés bas débit de la domotique, de la bureautique et de l'automatisme. Leur utilisation la plus fréquente concerne la signalisation, et plus spécifiquement la transmission de commandes.

Les réseaux WiMax

L'initiative WiMax est née du désir de développer des liaisons hertziennes concurrentes des techniques *x*DSL terrestres. Après de longues années d'hésitation, son vrai démarrage a été favorisé par l'arrivée de la norme IEEE 802.16. Avant de décrire brièvement cette norme, la figure 2.14 illustre son utilisation.

Figure 2.14
Réseau WiMax

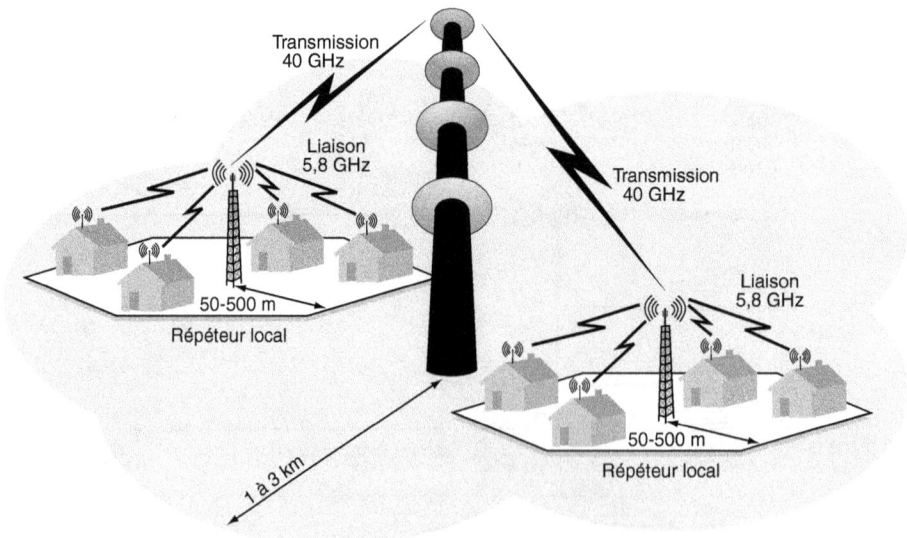

À partir d'une antenne d'opérateur, plusieurs répéteurs propagent les signaux vers des maisons individuelles pour leur donner accès à la téléphonie et à l'équivalent d'une connexion *x*DSL. Sur la figure, la connexion avec l'utilisateur s'effectue en deux temps en passant par un répéteur. Il est toutefois possible d'avoir une liaison directe entre l'utilisateur et l'antenne.

Le groupe de travail 802.16 a mis en place des sous-groupes, qui se sont attaqué à des problèmes distincts. Le groupe de travail de base a normalisé un accès métropolitain dans la bande des 10-66 GHz avec une vue directe entre les antennes et un protocole point-à-point. Finalisée en 2001, la norme 802.16 a été complétée par la norme 802.16c de 2002, qui introduit des profils système WiMax, et par une partie de la norme 802.16d de 2004, qui apporte des correctifs et des fonctionnalités supplémentaires autorisant la compatibilité avec la future norme 802.16e.

Sortie en 2003, la norme 802.16a concerne la bande des 2 à 11 GHz, avec la possibilité d'utiliser des protocoles multipoint en plus de l'environnement point-à-point de base.

La norme 802.16e a pour objectif d'étendre WiMax à des machines terminales mobiles, impliquant la possibilité de réaliser des connexions *x*DSL vers des mobiles. Les fréquences utilisées se situeront entre 2 et 6 GHz.

Les différences entre les différentes normes 802.16 et les normes 802.11 sont nombreuses. La distance est bien plus grande pour les premières, puisqu'elle peut dépasser 10 km, contre quelques dizaines à quelques centaines de mètres pour les secondes. La technologie 802.16 est moins sensible aux effets multitrajet et pénètre mieux à l'intérieur des bâtiments. Elle est en outre mieux conçue pour assurer le passage à l'échelle, ou scalabilité, sur de grandes surfaces, c'est-à-dire sur des cellules de plusieurs kilomètres carrés au lieu de plusieurs centaines de mètres carrés. Pour un canal de 20 MHz, WiMax permet de faire passer un peu plus de débit. La qualité de service est aussi plus facile à garantir. Les avantages de 802.11 par rapport à 802.16 résident essentiellement dans son prix de revient faible, une forte réutilisation et un large succès commercial.

Les réseaux Wi-Mobile

Wi-Mobile provient de la norme IEEE 802.20. Avec pour objectif de concurrencer les normes de réseau de mobiles 3G, comme l'UMTS ou le cdma200, Wi-Mobile s'adresse aux WWAN, c'est-à-dire aux réseaux étendus sans fil. Les produits Wi-Mobile ne devant pas être disponibles avant 2006, ce très grand retard par rapport à des normes déjà en place, comme devrait l'être l'UMTS à cette date, rend difficilement imaginable que cette technologie puisse les concurrencer. L'hésitation des opérateurs devant le coût de mise en place des réseaux UMTS laisse toutefois quelques perspectives à Wi-Mobile, d'autant que le prix de revient d'un environnement Wi-Mobile pourrait être d'un ordre de 10 fois inférieur à celui de l'UMTS.

Il est possible de faire un parallèle entre la compétition UMTS/Wi-Mobile et celles d'ATM/Ethernet dans l'entreprise. ATM avait beaucoup d'avance, un excellent débit, des classes de services, etc., et avait commencé à s'implanter dans les entreprises, en particulier comme réseau d'interconnexion des réseaux départementaux. Depuis l'arrivée des réseaux GbE et 10GbE, respectivement à 1 Gbit/s et 10 Gbit/s, à des coûts très inférieurs et avec des interfaces beaucoup plus simples, ATM a quasiment disparu de l'entreprise au profit d'Ethernet. Le même phénomène est en train de se produire dans les réseaux étendus, où les technologies Ethernet dans le WAN grignotent de plus en plus les autres technologies. L'histoire pourrait se répéter avec Wi-Mobile, tout à la fois beaucoup plus simple, plus performante et moins onéreuse que les technologies de réseaux de mobiles 3G.

La raison du prix de revient extrêmement bas de Wi-Mobile est simple à comprendre. S'appuyant sur Ethernet et IP, les réseaux Wi-Mobile seront totalement IP et gérés par les protocoles du monde IP, à commencer par IPv6 et les protocoles de gestion de la mobilité, tels que IP Mobile, voire IP cellulaire ou autre. La sécurité des réseaux IP Mobile sera globalement celle des réseaux sans fil. Le protocole IPsec, inclus dans IPv6 et donc dans l'environnement protocolaire choisi par Wi-Mobile, sera utilisé pour la protection de la confidentialité. Il reste encore du travail au groupe 802.20 pour définir l'ensemble des mécanismes de sécurité à mettre en place. Les choix qui seront effectués figurent probablement dans le présent ouvrage. Pour le moment, il semble que l'on s'oriente vers le protocole EAP-TLS sur carte à puce, sur lequel nous revenons longuement au chapitre 6.

Performances des réseaux Wi-Mobile

Un réseau Wi-Mobile donnera la possibilité de se connecter en se déplaçant jusqu'à des vitesses de 250 km/h avec gestion de la mobilité, c'est-à-dire avec handover pour passer d'une cellule à une autre. La taille des cellules pourrait être de l'ordre de 1 km. Les antennes seront intelligentes et seront constituées d'une série d'antennes dont les signaux seront combinés de manière variable afin de contrôler la réception et la transmission. Une antenne principale sera accompagnée de plusieurs antennes secondaires sectorielles, qui projetteront un grand nombre de faisceaux étroits vers l'abonné. Les différents signaux émis ou reçus permettront de reconstituer précisément le signal original.

Une nouveauté à remarquer par rapport aux autre réseaux issus du groupe 802 de l'IEEE sera la garantie de service incluse dans le protocole lui-même. Cette dernière permettra à un utilisateur se trouvant dans une cellule et bénéficiant d'un débit de 1 Mbit/s au moment de l'ouverture de sa connexion de maintenir ce débit pendant toute la durée de sa communication, indépendamment du nombre des autres utilisateurs connectés. Dans les autres réseaux IEEE 802, au contraire, les ressources sont partagées entre les utilisateurs de manière statistique. Lorsqu'un grand nombre d'utilisateurs se partagent un point d'accès, chacun d'eux a donc un débit faible. Dans un réseau Wi-Mobile, un client peut se voir refuser l'accès à la borne de connexion s'il n'y a plus de ressources suffisantes dans le réseau, un peu à la manière du signal d'occupation dans le réseau téléphonique traditionnel. C'est là un changement d'orientation important à noter dans la réflexion du groupe de travail IEEE 802.20.

Conclusion

Nous avons examiné brièvement dans ce chapitre la plupart des structures de réseau sans fil disponibles sur le marché ou en cours d'élaboration. Ces réseaux sont des réseaux IP, qui se servent de la simplicité de l'interface IP en association avec un transport de type Ethernet afin de rendre ces systèmes peu coûteux et simples à réaliser.

Les problèmes de sécurité dans ces réseaux sont multiples. Nous les examinons dans le cours de l'ouvrage et proposons des solutions pour les réseaux Wi-Fi. Ces solutions sont toutefois adaptables à l'ensemble des réseaux que nous venons de décrire.

Une tâche importante à laquelle s'attelle le groupe de travail IEEE 802.21 concerne les handovers verticaux et leur sécurité. Les premiers développements en ce sens ont concerné les handovers horizontaux permettant de passer d'une cellule à une autre au sein d'une même technologie. Par exemple, la gestion des handovers horizontaux dans le monde Wi-Fi est implémentée dans la norme IEEE 802.11f. Lorsqu'on change de technologie en passant d'un monde Wi-Fi à un monde WiMax ou Wi-Mobile, par exemple, ces fonctions sont plus complexes. Pour l'ensemble des réseaux des groupes de travail IEEE, où règne une certaine homogénéité, la mobilité hétérogène pourrait recourir à IP Mobile. La difficulté essentielle avec les handovers concerne la sécurité. Un attaquant pourrait faire semblant d'entrer dans une cellule en provenance d'une autre cellule afin de paraître authentifié et doté de nombreux droits. Pour éviter cela, il faut être capable de réauthentifier le client lors d'un handover en un temps plus court que le passage du handover.

Ces problèmes de sécurité s'accroissent encore avec les handovers diagonaux, qui permettent à un mobile de passer d'une cellule gérée par le monde IP à une cellule prise en charge par les technologies des télécommunications provenant du GSM, du GPRS ou de l'UMTS. Dans ce cas, la gestion de l'authentification s'effectue par le biais d'une carte SIM. Cette méthode d'authentification met en œuvre des technologies complètement différentes de celles de Wi-Fi, telles que 802.1x.

3

La sécurité
dans la norme 802.11

Ce chapitre introduit les mécanismes de sécurité mis en œuvre dans les environnements Wi-Fi. Ces mécanismes sont implémentés directement dans les matériels commercialisés et non ajoutés après-coup.

Nous commençons par introduire les trois mécanismes de sécurité proposés par les normalisateurs. Nous verrons que, progrès technologiques aidant, ces mécanismes de chiffrement et de signature ne résistent pas à des attaquants, même peu aguerris. La raison à cela est que les concepteurs de la norme n'ont pas opté pour une technologie suffisamment en avance sur leur époque pour résister à l'effet du temps.

En dépit de ces limitations, il existe des solutions pour protéger efficacement un réseau Wi-Fi. C'est notamment le cas de la technologie WPA2, implémentée dans les produits de dernière génération, ou des mécanismes de VPN et de carte à puce, que l'on peut appliquer à des produits existants.

Les mécanismes de sécurité de 802.11

Les points d'accès utilisés dans les réseaux sans fil diffusent les données vers toutes les stations situées dans leur champ d'émission. De ce fait, un utilisateur mal intentionné peut s'introduire dans le périmètre d'un réseau et récupérer des informations lui permettant d'obtenir l'accès au réseau.

Pour pallier cet inconvénient, un client doit établir une relation particulière, appelée une association, avec un point d'accès.

Une association complète avec un point d'accès exige de la part du client le passage par les trois états suivants :

- non authentifié, non associé ;

- authentifié, non associé ;

- authentifié, associé.

La figure 3.1 illustre une machine d'états de l'authentification dans un réseau 802.11. Une machine d'états est un schéma décrivant les différents états d'un système ainsi que les transitions entre ces états.

Figure 3.1
*Machine d'états
de l'authentification
dans un réseau 802.11*

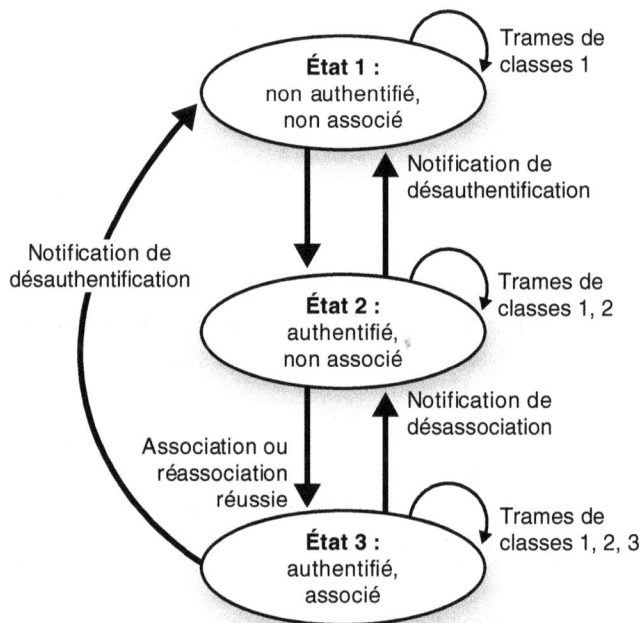

Les trames 802.11 échangées peuvent être de deux types, de gestion ou de données. Pour transiter d'un état vers un autre, la station et le point d'accès échangent des trames de gestion.

Pour authentifier un client dans un réseau sans fil 802.11, un mécanisme de sécurité spécifique, le WEP, a été défini.

Le WEP (Wired Equivalent Privacy)

Les transmissions étant diffusées sur les ondes radio, il a fallu introduire un mécanisme afin de protéger les communications des écoutes malveillantes. Le protocole WEP, fondé sur l'algorithme de chiffrement symétrique par flot RC4, a été créé dans le but de satisfaire le contrôle d'accès, la confidentialité, l'authentification et l'intégrité.

Le WEP étant défini de manière optionnelle, les stations et points d'accès ne sont pas obligés de l'utiliser. Les mécanismes définis dans le WEP sont eux aussi optionnels, une station pouvant utiliser le mécanisme d'authentification, par exemple, mais pas l'algorithme de chiffrement, et *vice versa*.

Le contrôle d'accès

Comme son nom l'indique, le contrôle d'accès a pour objectif de contrôler les accès et de ne laisser entrer un utilisateur que si une autorisation lui est accordée. En règle générale, le contrôle d'accès comporte deux fonctions, une pour l'authentification et l'autre pour l'autorisation. La première permet de vérifier l'identité du client qui souhaite se connecter, tandis que la seconde lui donne l'autorisation de pénétrer dans le réseau. Il est possible d'être authentifié mais pas autorisé.

Le contrôle d'accès peut s'effectuer des deux côtés de la communication, côté client et côté serveur. Si le client doit passer par le contrôle d'accès côté serveur pour entrer dans le réseau, l'inverse est également possible et doit généralement être assuré. En demandant au serveur de s'authentifier, le client peut autoriser ou non le serveur à accéder à ses informations. Par exemple, lorsqu'un client se connecte à sa banque, il peut de la sorte non seulement vérifier que le serveur est bien celui de la banque mais aussi lui attribuer plus ou moins de droit, par exemple, par le biais d'applets.

Le SSID

L'identifiant réseau, ou SSID (Service Set ID), est le premier mécanisme de sécurité offert par le WEP pour le contrôle d'accès au réseau. Le SSID est le nom que l'on donne à un réseau ou à un domaine. L'expression « nom de réseau » est surtout utilisée au moment de la configuration du réseau.

Toutes les stations et tous les points d'accès appartenant à un même réseau doivent posséder ce SSID, que les stations soient en mode ad-hoc ou infrastructure. Si une ou plusieurs stations veulent entrer dans un réseau sous le contrôle d'un point d'accès, elles doivent fournir le SSID au point d'accès. La ou les stations n'accèdent au réseau que si ce SSID est correct. Le SSID est le seul mécanisme de sécurité obligatoire de Wi-Fi.

Les ACL (Access Control List)

Certains fabricants de produits Wi-Fi implémentent des listes de contrôle d'accès, ou ACL, sur les adresses MAC des terminaux. Dans ce cas, un point d'accès n'autorise l'association d'un terminal que si l'adresse MAC de ce dernier se trouve dans son ACL. L'adresse MAC est une adresse unique que possède toute carte Wi-Fi ou Ethernet. C'est par l'intermédiaire de cette adresse que la station peut être reconnue dans le réseau.

L'ACL est optionnelle et laissée à la charge de l'administrateur du point d'accès. Cette solution est en fait rarement utilisée car elle est peu fiable, comme nous le verrons.

La confidentialité

Les trames transmises dans les réseaux sans fil sont protégées par chiffrement. Seul le déchiffrement à l'aide de la bonne clé WEP statique, partagée entre le terminal et le réseau, est autorisé. Cette clé est obtenue par concaténation d'une clé secrète de 40 ou 104 bits et d'un vecteur d'initialisation IV (Initialization Vector) de 24 bits. Celui-ci est modifié dynamiquement pour chaque trame. La taille de la clé finale est de 64 ou 128 bits.

À partir de la clé obtenue, le RC4 réalise le chiffrement des données en mode flux (stream cipher). Une clé RC4 a une longueur comprise entre 8 et 2 048 bits. La clé est placée dans un générateur de nombres pseudo-aléatoires, appelé RC4 PRNG (Pseudo-Random Number Generator), issu des laboratoires RSA. Ce générateur détermine une séquence d'octets pseudo-aléatoire appelée keystream, ou Ksi.

Cette série d'octets est utilisée pour chiffrer un message en clair, ou Mi, à l'aide d'un classique protocole de Vernam, réalisant un ou exclusif XOR ($\oplus$) entre Ksi et Mi. Le résultat du ou exclusif donne une nouvelle valeur, appelée Ci, telle que :

$Ci = Ksi \oplus Mi$

Dans le WEP, le message Mi est composé des données qui sont concaténées à leur ICV (Integrity Check Value). La trame chiffrée est ensuite envoyée avec son IV en clair. L'IV est un index permettant de retrouver le keystream, ce qui permet de déchiffrer les données. Le processus de chiffrement est illustré à la figure 3.2.

Figure 3.2
*Chiffrement
d'un paquet WEP*

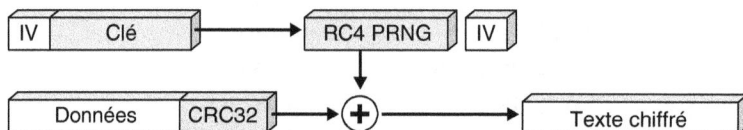

L'authentification

Deux types de procédures d'authentification sont disponibles dans le WEP, l'une non sécurisée, appelée Open Authentication, et l'autre, dite Shared Key Authentication, qui est une méthode de défi/réponse.

Open Authentication est la procédure par défaut. Elle ne comporte aucune authentification explicite, un terminal pouvant s'associer avec le point d'accès qui diffuse son SSID et écouter toutes les données qui transitent au sein du BSS.

Shared Key Authentication fournit un meilleur niveau de sécurité en utilisant un mécanisme de clé partagée. L'authentification se déroule en quatre étapes *(voir figure 3.3)* :

1. Une station voulant s'associer à un point d'accès lui envoie une requête d'authentification.

2. Lorsque le point d'accès reçoit cette trame, il envoie à la station une trame contenant un défi de 128 bits généré par le protocole WEP.

3. La station copie le défi dans une trame d'authentification, qu'elle chiffre avec la clé secrète puis envoie le tout au point d'accès.

4. Le point d'accès déchiffre le message à l'aide de la clé secrète et le compare avec celui qu'il a envoyé. Il envoie ensuite le résultat de l'authentification au client.

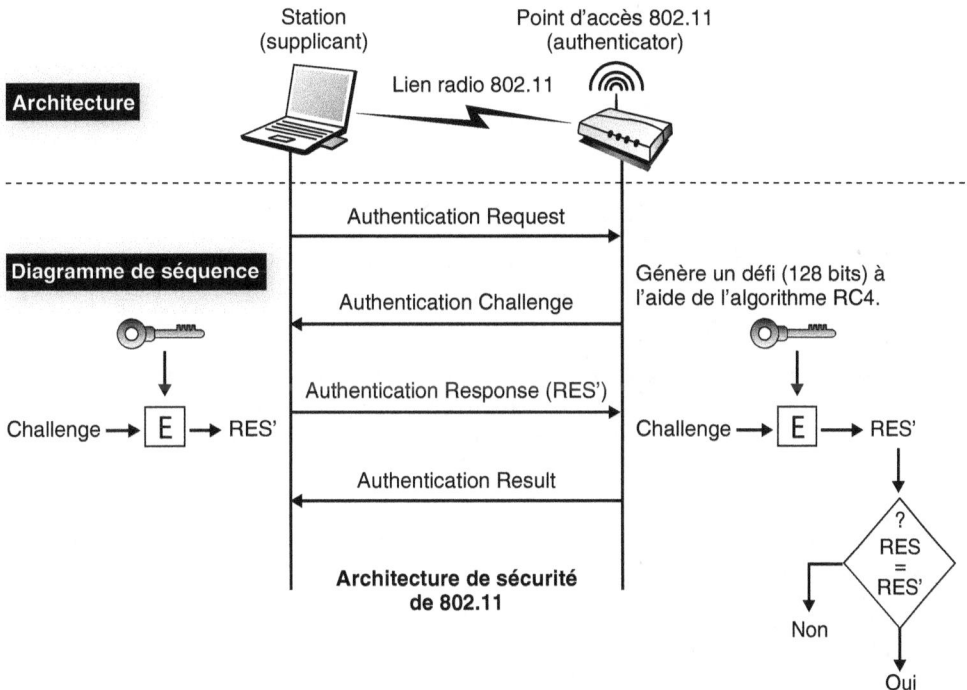

Figure 3.3
L'authentification WEP

L'intégrité des données

L'ICV est un CRC (Cyclic Redundancy Check) de 32 bits calculé sur le bloc de données. Pour empêcher les modifications des messages transmis, l'ICV est chiffré avec la même clé que celle utilisée pour le chiffrement.

Les failles du WEP

Même si l'utilisation de mécanismes de sécurité est un grand pas en avant, Wi-Fi comporte des failles, qui laissent libre court à tout type d'attaque. En fait, c'est l'ensemble des mécanismes de sécurité du WEP qui comporte des faiblesses.

Les failles du WEP ne sont pas tant liées à l'algorithme de chiffrement RC4 qu'à l'ensemble des mécanismes mis en œuvre, comme le vecteur d'initialisation ou le contrôle d'intégrité. Chacun de ces mécanismes comporte des défauts, qui, ajoutés les uns aux autres, permettent de casser le WEP plus ou moins rapidement.

Concernant le RC4, il a été montré en août 2001 par Scott Fluhrer, Itsik Mantin, et Adi Shamir, dans leur article *Weaknesses in the Key Scheduling Algorithm of RC4,* que celui-ci possédait certaines failles permettant très rapidement de casser l'algorithme et de récupérer la clé secrète partagée. Depuis, la méthode permettant de casser une clé WEP en seulement quelques minutes a été encore améliorée.

Au finale, les faiblesses du WEP le rendent non fiable pour gérer la confidentialité, l'authentification et l'intégrité des données.

Une clé unique

Le standard d'origine définit une taille de clé de 40 bits, ce qui est beaucoup trop court pour contrer des attaques de force brute, qui ne mettraient guère plus d'une dizaine d'heures à la casser.

Depuis, l'ensemble des constructeurs a défini une taille de clé de 104 bits, pour ce que l'on appelle le WEP 2, beaucoup plus résistante aux attaques de force brute. Dans le WEP, la gestion des clés est statique, une seule clé secrète étant partagée par toutes les stations du réseau et par le point d'accès. Si toutes les stations utilisent la même clé, il est encore plus facile pour un attaquant de récupérer les données chiffrées, d'où le rôle de l'IV dans le WEP, qui permet de définir des flux de chiffrement différents pour une même clé secrète partagée.

Un autre inconvénient majeur du WEP est qu'il n'empêche pas le rejeu. La clé secrète partagée est configurée manuellement au niveau des stations et du point d'accès et n'est pratiquement jamais changée. Un attaquant n'est donc pas obligé de procéder à une attaque pour récupérer la clé le plus rapidement possible. Il lui suffit de se constituer jour après jour une base de données des éléments chiffrés transmis sur le réseau et retrouver ainsi la clé secrète partagée.

Les collisions d'IV

Les attaques par collision sont des attaques passives, qui permettent de casser la clé à partir de données récupérées en clair. Ce type d'attaque repose principalement sur le fonctionnement même du chiffrement WEP, notamment les collisions d'IV, ainsi que sur les faiblesses du RC4.

Comme expliqué précédemment, la clé secrète partagée définie dans le WEP est statique et ne change pratiquement jamais. L'IV est concaténé avec cette clé de façon à créer des flux de chiffrement différents. L'IV étant sur 24 bits, il peut y avoir jusqu'à 2^{24}, soit 16 millions de clés différentes.

Ce faible nombre d'IV constitue l'une des faiblesses du WEP. S'il y a collision d'IV, le flux de chiffrement utilisé est le même, puisqu'il s'agit du même IV et que la clé secrète partagée ne change pas. La probabilité de casser l'algorithme est proportionnelle à l'augmentation du nombre de collision d'IV.

Directement lié aux collisions, l'inconvénient majeur de l'IV tient à son implémentation. L'IEEE n'a pas spécifié la manière dont il devait être implémenté et en a laissé la charge aux constructeurs. Certains d'entre eux définissent l'IV à 0 lors de l'initialisation de la carte. Ils l'incrémentent ensuite par pas de 1 à chaque transmission et le réinitialisent à 0 toutes les 2^{24} transmissions (nombre d'IV maximal).

Si l'on prend pour hypothèse que l'IV est initialisé à 0 lors de la connexion d'une station puis incrémenté par pas de 1 à chaque transmission, que le trafic est constant sur le réseau avec un débit de 11 Mbit/s, ce qui donne un débit utile maximal de 7 Mbit/s, et que la taille moyenne d'une trame est de 1 500 octets, le calcul suivant :

1 500 octets $\times$ 8 bits $\times$ (1/7 Mbit/s) = 0,001 71 s

montre qu'une trame est envoyée en moyenne toutes les 1,71 ms. En réalité, le temps d'émission proprement dit est plus court, la valeur de 1,71 prenant en compte le temps d'émission des trames de supervision du point d'accès.

Ce calcul ne prend pas en compte les interférences ni les possibles collisions qui en découlent. Celles-ci entraînent une chute du débit et par conséquent une augmentation du temps de transmission. Par ailleurs, la taille d'une trame peut être inférieure à 1 500 octets. Dans ce cas, son temps de transmission est inférieur à 1,71 ms.

Étant donné qu'il existe 2^{24} IV possibles, il suffit d'écouter le trafic pendant approximativement 8 heures pour obtenir une collision d'IV :

0,00171 s $\times$ 2^{24} = 28 761 s = 8 h

Dans certains cas, l'IV peut être tiré aléatoirement. Bien que cette solution semble plus fiable, d'après le paradoxe des anniversaires, il y a une chance sur deux qu'un même IV réapparaisse toutes les 4 823 trames, soit après 8 s, et 99 chances sur 100 qu'il réapparaisse toutes les 12 430 trames, soit après 21 s.

Le fait que l'IV soit transmis en clair dans la trame chiffrée peut aussi être considéré comme une faiblesse, puisqu'il suffit d'écouter le réseau pendant un certain temps pour récupérer assez de trames chiffrées avec le même IV et donc avec la même clé.

On réalise ensuite un XOR (ou exclusif) entre deux de ces trames chiffrées. Celui-ci équivaut à un XOR entre les deux textes en clair. Si IV est le vecteur d'initialisation, K la clé secrète RC4 de 40 ou de 104 bits et RC4(IV ∥ K) la clé secrète de 64 ou de 128 bits :

C1 = P1 $\oplus$ KS, où KS = RC4(IV ∥ K)

C2 = P2 $\oplus$ KS

C1 $\oplus$ C2 = (P1 $\oplus$ KS) $\oplus$ (P2 $\oplus$ KS) = P1 $\oplus$ P2 $\oplus$ KS $\oplus$ KS

Comme KS $\oplus$ KS = 0, on obtient :

C1 $\oplus$ C2 = P1 $\oplus$ P2

Il reste à dissocier les deux textes en clair. Il est possible de les récupérer car il existe énormément de redondance dans les données envoyées. Il suffit pour cela de lancer une attaque dite « known plaintext ». Les données chiffrées correspondent à la trame LLC, dans laquelle est encapsulé le paquet IP contenant le segment TCP ou UDP des données utilisateur. Toutes ces trames, paquets et segments possèdent des en-têtes connus permettant le bon acheminement des données. Un attaquant peut forcer un utilisateur du réseau à lui envoyer du texte. Il lui envoie, par exemple, un e-mail et attend que l'utilisateur synchronise sa messagerie. Il ne lui reste plus qu'à retrouver une petite partie du texte en clair, qu'il peut déduire assez facilement puisque les en-têtes IP, TCP et UDP sont fortement prévisibles.

Le XOR de deux textes chiffrés avec le même flux de chiffrement peut paraître une protection suffisante, mais il n'en est rien. Il suffit d'écouter plus longtemps le réseau et d'attendre une nouvelle collision d'IV pour réduire le temps nécessaire à la déduction du texte en clair. La clé RC4 doit donc être changée au moins tous les 2^{24} paquets. Dans le cas contraire, les données sont exposées aux collisions d'IV.

J. Walker a examiné le mécanisme du vecteur d'initialisation comme prévention contre la réutilisation des clés et en a conclu que la manière dont le WEP utilisait le RC4 engendrait une réutilisation importante des IV et donc du keystream, ce qui le rendait inefficace. Un réseau modérément occupé peut épuiser l'espace de l'IV en quelques heures, parfois en quelques minutes. Le fait que les points d'accès soient pour la plupart configurés en mode clé partagée aggrave encore la situation. Même si un système anticollision est employé, la taille de l'IV est trop petite pour se prémunir contre les collisions.

Faiblesses du RC4

Le WEP comporte une faille plus profonde, qui est liée à l'algorithme RC4 lui-même.

La clé utilisée par le RC4 dans le WEP est une concaténation de l'IV et de la clé secrète partagée. Il existe des classes de clés RC4 faibles, dans lesquelles un motif dans les trois premiers octets de la clé engendre un motif équivalent dans les premiers octets du keystream. La clé RC4 du WEP utilise des valeurs IV dites *résolvantes*, de la forme $(3 + B, 255, N)$, B étant un octet du secret partagé et N une valeur quelconque comprise entre 0 et 255. Environ 60 valeurs résolvantes suffisent à retrouver un octet du secret partagé. Un rapide calcul montre que l'on obtient une valeur résolvante toutes les 216 trames, soit 60 occurrences après environ 4 millions (2^{22}) de paquets.

Le nombre de trames nécessaire pour obtenir une clé de 40 octets est de $60 \times 216 \times 40$ = 518 400 trames. Pour une clé de 104 octets, on obtient 1 347 840 trames. Or les trois premiers octets (24 bits) de cette clé correspondent à l'IV, qui, rappelons-le, est envoyé en clair dans chaque trame chiffrée.

Cette faille, qui facilite la déduction de la clé par des attaques statistiques, repose sur le fait que les données chiffrées correspondent à la trame dont l'en-tête est connu. Cette attaque est entièrement passive et repose sur l'utilisation d'une classe spécifique d'IV.

Le keystream obtenu avec ces IV révèle des informations sur la clé secrète. En traitant suffisamment de paquets chiffrés, un attaquant peut la déterminer.

Les clés faibles sont au nombre de 1 280 pour une clé sur 40 bits et de 3 328 pour une clé sur 104 bits. Lorsque la taille de la clé augmente, le nombre de clés faibles associées augmente aussi mais de manière linéaire et non exponentielle, contrairement à ce qu'on pourrait croire.

Cette attaque dévastatrice, combinée avec une attaque active pour générer suffisamment de trafic, permet de récupérer la clé de chiffrement en moins de 10 minutes. C'est sur cette faille que s'appuient les pirates qui utilisent des outils tels que Airsnort pour récupérer la clé WEP.

Certains vendeurs de points d'accès ont retiré ces IV pour réduire l'efficacité de l'attaque passive.

Le contrôle d'intégrité

Dans le WEP, le contrôle d'intégrité est réalisé par un CRC 32. Le contrôle d'intégrité est généralement assuré par des fonctions de hachage beaucoup plus performantes, comme MD5 ou SHA1. Le CRC sert plutôt à la détection d'erreur, ce qui est le cas dans 802.11, où ce dernier est utilisé pour le FCS (Frame Check Sequence).

Ayant obtenu les mêmes conclusions que celles que nous venons de décrire sur la probabilité de collisions d'IV, Borisov, Goldberg et Wagner ont analysé plus en détail le CRC dans le WEP. Ils en ont déduit une méthode, appelée « bit flip », qui permet de modifier des parties d'un message chiffré avec le WEP sans que le récepteur ne décèle d'erreur.

Cette méthode s'appuie sur la linéarité du CRC sur l'opérateur XOR :

$$CRC(X \oplus Y) = CRC\ X \oplus CRC\ Y$$

Du fait que le RC4 utilise l'opérateur XOR, un attaquant peut modifier arbitrairement le message chiffré tout en maintenant un CRC valide.

On sait que :

$$C = (M \parallel ICV(M)) \oplus RC4\ (K \parallel IV)$$

Soit C' les données chiffrées modifiées. C' s'écrit :

$$C' = (M' \parallel ICV(M')) \oplus RC4\ (K \parallel IV)$$

avec M' correspondant aux données modifiées par un attaquant. Cette modification du message M en message M' est effectuée par l'attaquant en effectuant un XOR d'un vecteur Δ à M, soit :

$$M' = M \oplus \Delta$$

On ajoute par un XOR à C la modification que l'on souhaite apporter aux données concaténées et à leur ICV. On obtient :

$$C \oplus ((\Delta \parallel ICV\ (\Delta)) = (M \parallel ICV\ (M)) \oplus ((\Delta \parallel ICV\ (\Delta)) \oplus RC4\ (K \parallel IV)$$

ce qui équivaut à :

$$C \oplus (\Delta \| ICV (\Delta)) = (M \oplus \Delta) \| (ICV (M) \oplus ICV (\Delta)) \oplus RC4 (K \| IV)$$

De par les propriétés du CRC, cela équivaut à :

$$C \oplus (\Delta \| ICV (\Delta)) = (M \oplus \Delta) \| (ICV (M \oplus \Delta)) \oplus RC4 (K \| IV)$$

soit :

$$C \oplus (\Delta \| ICV (\Delta)) = (M' \| (ICV (M'))) \oplus RC4 (K \| IV)$$

c'est-à-dire :

$$C \oplus (\Delta \| ICV (\Delta)) = C'$$

Ainsi, en ajoutant simplement à C une modification que l'on souhaite apporter aux données, il est possible de modifier les données tout en gardant un bon vecteur d'intégrité.

Le manque de protection en intégrité des trames permet à un attaquant qui connaît le keystream d'injecter des paquets sans connaître la clé de chiffrement et surtout sans être détecté par le point d'accès.

Comme on l'a vu, il est assez facile de modifier le contenu d'une trame tout en validant son intégrité. Au lieu d'écouter passivement le réseau, il est possible de modifier les données pour effectuer une tâche particulière, comme empêcher le fonctionnement d'une application, rediriger le trafic, etc. Pour réussir, l'attaquant doit évidemment avoir une certaine connaissance des données chiffrées.

Il est notamment possible de modifier dans la trame chiffrée l'adresse IP de destination afin de faire dévier le trafic vers une autre machine située en dehors du réseau Wi-Fi.

L'attaque inductive

W. Arbaugh a étendu les attaques précédentes en une attaque pratique contre le WEP et son remplaçant le WEP 2, appelée attaque inductive. Cette attaque optimise les avantages d'une attaque « known plaintext » et minimise le besoin pour l'attaquant d'avoir une connaissance extérieure du réseau.

Cette attaque se décompose en trois phases, la récupération du keystream, l'extension de la taille du keystream et la construction du dictionnaire.

1. Récupération du keystream

Un attaquant doit commencer par récupérer les n premiers octets du keystream pour chaque IV. L'attaquant peut deviner du texte chiffré contenant des structures de protocoles réseau connues. L'exemple le plus simple est le trafic généré lors d'une session DHCP. Les messages DHCP DISCOVER et REQUEST sont faciles à identifier, même lorsqu'ils sont chiffrés. Ils sont formés de champs prévisibles, tels que l'en-tête IP et une partie de l'en-tête UDP. À leur tour, les couches LLC (Logical Link Control) et

SNAP (SubNetwork Access Protocol) combinées produisent huit octets prédictibles au début de chaque trame 802.11.

Le RC4 est un algorithme qui repose sur un générateur de nombres pseudo-aléatoires. Contrairement aux autres algorithmes de chiffrement symétrique, il ajoute les données en clair à un flux de chiffrement par un XOR afin de les chiffrer.

Soit P les données en clair, C les données chiffrées et KS le flux de chiffrement. Le chiffrement des données est équivalent à :

$$C = KS \oplus P$$

On ajoute P de chaque côté de l'égalité. Celle-ci devient :

$$C \oplus P = KS \oplus P \oplus P$$

Comme $P \oplus P = 0$, on obtient :

$$KS = C \oplus P$$

Ainsi, grâce aux propriétés du XOR, il suffit de récupérer les données en clair et les données chiffrées associées pour récupérer le flux de chiffrement. Nous verrons par la suite que la phase d'authentification permet aisément de récupérer ces deux informations.

2. Extension de la taille du keystream

L'attaquant utilise l'information redondante fournie par l'ICV pour agrandir le keystream d'un octet à la fois et obtenir un keystream de la taille de la MTU (Maximum Transfer Unit). Un point d'accès n'accepte un paquet WEP chiffré que si l'ICV est calculé correctement. Un attaquant peut utiliser cette propriété pour tester des valeurs de keystream.

Pour étendre le keystream connu, l'attaquant procède de la façon suivante :

1. Génération d'un message de longueur $n - 3$ octets, qui, s'il est reçu correctement, génère une réponse prévisible du point d'accès.

2. Calcul de l'ICV (4 octets) pour le nouveau message et ajout des trois premiers octets, conservant le dernier octet pour un usage futur.

3. Combinaison du message résultant avec le keystream connu.

4. Transmission d'un message de taille $n + 1$ octets, n octets provenant de l'étape précédente et de l'ajout d'un dernier octet. L'attaquant répète cette étape en modifiant régulièrement le dernier octet jusqu'à ce qu'il détecte la réponse du réseau.

5. XOR sur le $(n + 1)$-ième octet transmis avec le dernier octet de l'ICV calculé à l'étape 2. La valeur résultante est le $(n + 1)$-ième octet du keystream.

La procédure complète, illustrée à la figure 3.4, étend le keystream connu d'un octet. L'attaquant la répète jusqu'à ce qu'il trouve un keystream complet.

Figure 3.4
*Récupération
du keystream*

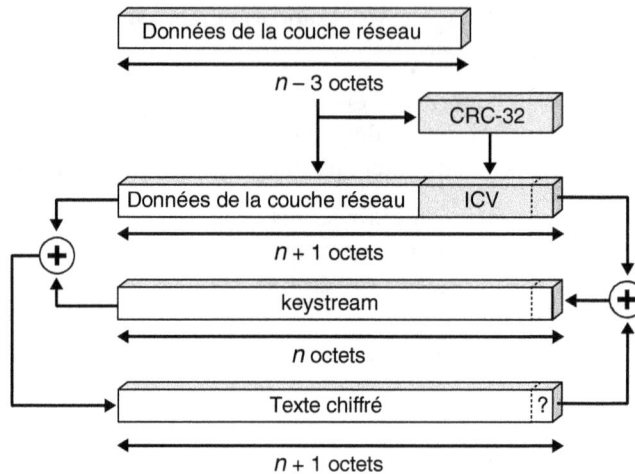

3. Construction du dictionnaire

Maintenant que l'attaquant possède un keystream complet pour un IV particulier, il peut injecter des paquets en utilisant cet IV. Sans information sur les autres IV, l'attaquant ne peut toutefois participer intégralement au réseau. Pour déterminer les keystreams pour les IV restants, il lui suffit d'envoyer une série de requêtes engendrant des réponses prévisibles. En chiffrant ces requêtes avec le keystream connu et en synchronisant les requêtes et les réponses, l'attaquant peut en trouver d'autres.

L'opérateur XOR a la propriété suivante :

$C = KS \oplus P$

On ajoute P de chaque côté de l'égalité. Celle-ci devient :

$C \oplus KS = KS \oplus P \oplus KS$

Comme $KS \oplus KS = 0$, on obtient :

$P = C \oplus KS$

Il est maintenant possible d'établir une correspondance entre l'IV et le flux de chiffrement associé. En supposant que la taille moyenne des trames soit de 1 500 octets, le volume de données correspondant à la taille du dictionnaire, ou table de correspondance, est de :

1 500 octets $\times 2^{24} \approx 24$ Go

Lorsque la table de correspondance est complète, à chaque IV correspond un flux de chiffrement. Il est dès lors assez facile de déchiffrer toutes les données envoyées sur le réseau. Si la clé secrète partagée est modifiée au niveau du réseau, ce qui est rarement le cas, l'opération est à renouveler.

Le SSID

L'accès au réseau s'effectue par l'intermédiaire du SSID. Ce dernier est transmis périodiquement en clair par le point d'accès dans des trames balises, ou beacon frames. Il est assez facile de le récupérer, que ce soit par l'intermédiaire d'un sniffeur, qui permet de récupérer toutes les données circulant sur un réseau, ou d'un logiciel tel que Netstumbler.

Une nouvelle fonctionnalité permet d'éviter que le SSID ne soit transmis en clair sur le réseau par le point d'accès. Ce mécanisme, appelé Closed Network, ou réseau fermé, interdit la transmission du SSID par l'intermédiaire des trames balises. Lorsqu'un réseau est fermé, l'utilisateur doit entrer à la main le nom du réseau (SSID), alors que, dans un réseau ouvert, c'est la station de l'utilisateur qui s'associe directement au point d'accès, sans qu'il soit nécessaire de la configurer manuellement.

Même si le réseau est fermé, le SSID peut être récupéré par d'autres moyens. En effet, le SSID étant transmis en clair pendant la phase d'association (ASSOCIATION REQUEST) d'une station avec le point d'accès, il suffit de sniffer le réseau durant l'association d'une station pour le récupérer.

Un autre inconvénient du SSID vient du nom que lui donnent les constructeurs de matériels. Le SSID est généralement préconfiguré au niveau des points d'accès. Chaque fabricant utilise et nomme un SSID par défaut, par exemple WaveLan Network chez Lucent ou Tsunami chez Cisco Systems.

Si le SSID n'est pas modifié par l'utilisateur, n'importe quelle personne connaissant la marque du point d'accès peut tenter d'utiliser le SSID par défaut pour accéder au réseau. De plus, si le SSID n'est pas modifié, il y a de fortes chances que le mot de passe utilisé pour la configuration du point d'accès ne le soit pas non plus.

Les ACL

Le premier inconvénient des ACL est qu'il s'agit d'un mécanisme optionnel, très rarement utilisé. De plus, même si une personne possède une adresse MAC qui ne se trouve pas dans la liste ACL, elle peut toujours écouter le réseau et identifier les adresses MAC autorisées qui sont transmises en clair. Une fois les adresses MAC autorisées connues, il est possible de substituer à sa propre adresse MAC une adresse MAC autorisée, la plupart des drivers de cartes Wi-Fi le permettant.

L'attaque par rejeu

La faille du mécanisme d'authentification Shared Key Authentication repose sur les propriétés du XOR. Lorsqu'un utilisateur s'authentifie en utilisant ce mécanisme, le point d'accès lui envoie un texte en clair, ou Challenge Text, que l'utilisateur doit chiffrer pour prouver qu'il possède la même clé secrète partagée que le point d'accès. L'attaquant voulant s'authentifier n'a qu'à écouter le dialogue entre cet utilisateur et le point d'accès, récupérer le Challenge Text envoyé (P) par le point d'accès et le Challenge Text chiffré (C) envoyé par l'utilisateur.

Ayant récupéré C et P, il lui est facile de déduire le flux de chiffrement KS. Pour s'authentifier, il suffit à l'attaquant d'envoyer une requête d'authentification auprès du point d'accès et d'attendre que ce dernier lui envoie un Challenge Text. Une fois celui-ci reçu, l'attaquant le chiffre avec le flux de chiffrement calculé auparavant. Il forge alors une trame 802.11, dans laquelle il incorpore le Challenge Text chiffré, sans oublier de calculer le FCS de la trame afin que celle-ci soit validée par le point d'accès. Le point d'accès ne s'aperçoit de rien et authentifie l'attaquant.

L'attaque par rejeu est illustrée à la figure 3.5.

Figure 3.5
Attaque par rejeu

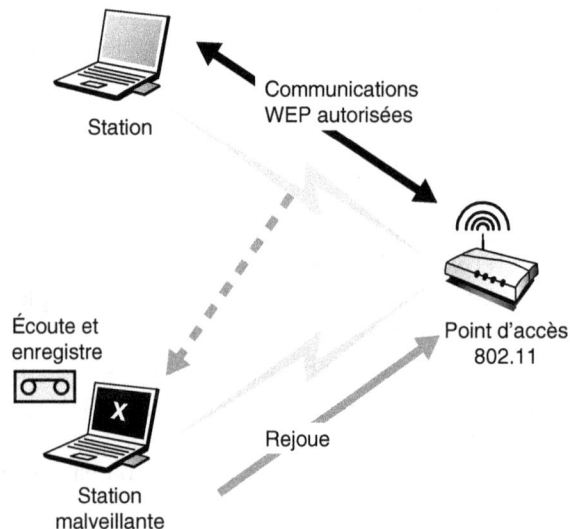

L'attaque par déni de service

Le but d'une attaque n'est pas nécessairement de casser un algorithme de chiffrement pour récupérer la clé et écouter ou pénétrer le réseau. Certaines attaques ont pour unique fonction de saboter le réseau en empêchant son fonctionnement. Cette attaque, appelée déni de service, ou DoS (Denial of Service), est largement répandue dans tous les types de réseaux.

Dans les réseaux Wi-Fi, le déni de service le plus simple correspond au brouillage. Ces réseaux fonctionnant dans les bandes de fréquences des 2,4 et 5 GHz, l'utilisation d'un appareil radio utilisant la même bande avec des puissances supérieures à celle de Wi-Fi peut provoquer des interférences et donc une chute de performance globale du réseau, voire l'empêcher complètement de fonctionner. Cette attaque est la plus simple à mettre en œuvre. Elle est aussi malheureusement imparable.

Le bon fonctionnement d'un réseau repose sur la transmission de trames de contrôle et de gestion. Or de telles trames ne sont jamais authentifiées. Il est donc possible de perturber le réseau en modifiant certains attributs de ces trames, toute modification entraînant un mauvais fonctionnement du réseau.

Les deux exemples suivants illustrent l'attaque par déni de service :

- **Trames de désauthentification et de désassociation.** Ces deux types de trames permettent soit de se désauthentifier, soit de se désassocier d'un point d'accès. Un attaquant peut utiliser un de ces messages pour se faire passer pour le point d'accès ou pour une station afin de déconnecter du réseau une station donnée, qui doit alors se reconnecter. L'envoi massif de ce type de message peut empêcher la reconnexion de la station.

- **Mécanisme de réservation.** La réservation du support repose sur l'envoi de trames RTS/CTS. Lorsque le support est réservé pour une transmission entre une station source et une station destination, la station source envoie une trame RTS, qui est récupérée par toutes les stations du réseau. Si le RTS ne leur est pas destiné, ces stations extraient du champ Duration/ID le temps d'occupation du support afin de déterminer la durée de réservation. Passé ce délai, les stations considèrent que le support n'est plus réservé et tentent d'y accéder si elles ont des données à envoyer. Si un attaquant envoie une trame RTS en incluant dans le champ Duration/ID le temps d'occupation maximal (32 ms) et qu'il renouvelle l'envoi de cette trame toutes les 32 ms, il empêche l'accès au support de toutes les stations présentes dans la cellule, et plus aucune transmission n'est possible.

Conclusion

La principale difficulté posée par le déploiement d'une architecture fondée sur le WEP réside dans la nécessité de partager un même secret entre stations et point d'accès. Cette contrainte freine considérablement le passage à l'échelle, ou scalabilité. De plus, elle souligne l'importance de la disponibilité d'une infrastructure de distribution de clés, telle que celle définie par la norme 802.1x *(voir le chapitre 4).* Du point de vue des performances, lorsque le WEP est utilisé pour le chiffrement, un réseau peut perdre jusqu'à 20 p. 100 de ses capacités.

Le WEP n'est malheureusement pas suffisant pour assurer la sécurité dans les réseaux sans fil. Plusieurs failles ont démontré qu'il ne remplissait pas les objectifs pour lesquels il a été conçu. De ce fait, les groupes d'études sur la sécurité dans les réseaux Wi-Fi se sont mis au travail pour pallier cette défaillance. Plusieurs pistes ont été retenues, et les organismes officiels, dont la Wi-Fi Alliance, sont allés dans deux directions complémentaires : améliorer l'authentification en choisissant le standard IEEE 802.1x, qui est détaillé au chapitre suivant, et procéder à un changement de clé de chiffrement pour l'algorithme WEP avant une collision d'IV. Ces modifications concernent la deuxième génération de sécurité pour les réseaux Wi-Fi. La troisième génération consiste en un changement de l'algorithme lui-même : au lieu du RC4, c'est l'algorithme AES qui est mis en œuvre. Nous analysons ces transformations tout au long de l'ouvrage.

4

La sécurité dans 802.1x

Les réseaux locaux, qu'ils soient filaires ou sans fil, sont souvent déployés dans des environnements qui permettent à des équipements non autorisés d'y être rattachés ou à des utilisateurs non autorisés d'accéder au réseau en utilisant un équipement rattaché. Par exemple, dans certaines zones d'un bâtiment accessible au public, un réseau d'entreprise peut fournir une connectivité au réseau local. Dans de tels environnements, il est souhaitable de restreindre l'accès aux services offerts par le réseau local aux seuls utilisateurs et équipements autorisés.

Initialement conçu pour la gestion sécurisée des accès des réseaux câblés à partir de commutateurs de paquets, le protocole d'authentification IEEE 802.1x, ou Port Based Network Access Control, permet de bloquer le flux de données d'un utilisateur non authentifié. Devenu le standard le plus important en matière d'authentification, il a été repris pour les réseaux sans fil : un client qui ne peut être authentifié se voit interdire l'accès au réseau sans fil par un blocage soit dans le point d'accès lui-même, s'il est conforme à la norme IEEE 802.1x, soit par un contrôleur placé entre le point d'accès et le réseau de l'entreprise et surveillant les flots entrants.

Ce chapitre examine en détail le fonctionnement du protocole 802.1x

Architecture de 802.1x

L'architecture provenant de la norme 802.1x s'appuie sur les trois entités fonctionnelles suivantes *(voir figure 4.1)* :

- Le supplicant, ou client 802.1x. Il s'agit d'un terminal informatique désirant utiliser les ressources offertes par un réseau de communication.

- L'authenticator, ou contrôleur. C'est le système qui contrôle un port d'accès au réseau. Ce dernier peut être un commutateur dans un réseau filaire ou un point d'accès dans un réseau sans fil. Le flux de données du client 802.1x est réparti en deux classes de trames :

  – Les trames utilisées par le protocole d'authentification EAP (Extensible Authentication Protocol), défini par la RFC 2284 en mars 1998.

  – Les autres trames, qui sont bloquées lorsque le port se trouve dans l'état non autorisé. En cas de succès du processus d'authentification, le port passe à l'état authentifié et offre un libre passage à toutes les trames.

- Le serveur d'authentification, généralement RADIUS (RFC 2865 de juin 2000). C'est lui qui réalise la procédure d'authentification avec le client 802.1x. Durant cette phase, l'authenticator n'interprète pas le dialogue entre ces deux entités mais agit comme un simple relais passif.

Par souci de clarté, nous appellerons dans la suite du chapitre client 802.1x le port de la station de l'utilisateur, ou supplicant, et point d'accès le port du point d'accès, ou authenticator. L'authenticator possède deux ports, un port non contrôlé, qui, s'il est choisi, ne pratique aucun contrôle, et un port contrôlé, qui permet de laisser passer ou non les paquets des utilisateurs authentifiés.

Figure 4.1
Architecture 802.1x

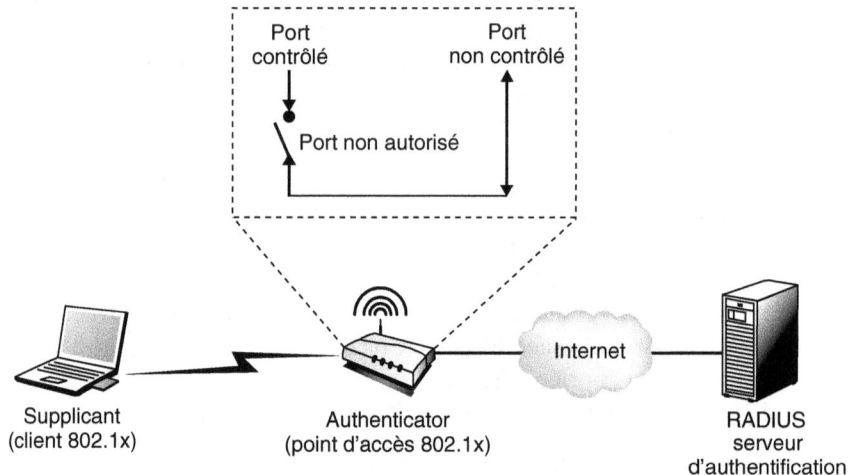

L'authentification par port

La norme 802.1x définit un contrôle d'accès du réseau fondé sur les ports. Sa fonction est d'authentifier et d'autoriser des équipements attachés au port d'un réseau local.

Dans les réseaux sans fil 802.11, un port est une association entre une station et un point d'accès. Le port contrôlé se comporte comme un interrupteur associé à deux états.

Dans l'état *unauthorized,* seules les trames EAP dédiées à l'authentification ne sont pas bloquées. Dans l'état *authorized,* le flux d'information transite librement. Nous décrivons le protocole EAP un peu plus loin dans ce chapitre.

802.1x définit les techniques d'encapsulation utilisées pour transporter des paquets EAP entre le port du client 802.1x et le port du point d'accès ou du commutateur. Ces ports sont appelés PAE (Port Access Entity). L'encapsulation est connue sous le nom d'EAPoL (EAP over LAN). Elle est illustrée à la figure 4.2. EAPoL indique les début et fin (optionnel) d'une session d'authentification avec les messages de notification EAPOL-START et EAPOL-LOGOFF.

Figure 4.2
Mécanisme de gestion de port

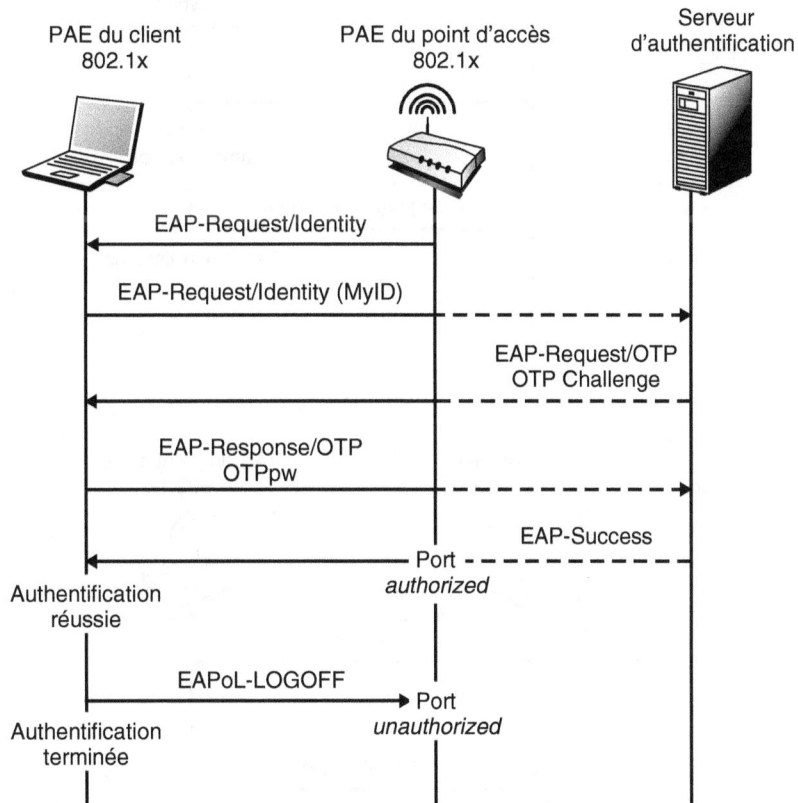

Dans l'état *authorized,* le port contrôle la durée de la session, c'est-à-dire le temps pendant lequel on considère que le client reste authentifié sans rien lui demander, à l'aide de la variable reAuthPeriod, dont la valeur par défaut est 3 600 s. En règle générale, le point d'accès retransmet les trames EAP perdues toutes les 30 s. De son côté, le client 802.1x retransmet les trames EAPOL-START non acquittées toutes les 30 s par un message EAP-REQUEST IDENTITY. Ces mécanismes sont illustrés aux figures 4.3 et 4.4.

Figure 4.3
Contrôle de l'entité PAE du point d'accès 802.1x

PAE du client 802.1x

PAE du point d'accès 802.1x

Serveur d'authentification

Port *unauthorized*

EAP-Request/Identity

txWhen timer expires

EAP-Request/Identity

txWhen timer expires

EAP-Request/Identity

Les transmissions sont répétées toutes les txWhen secondes

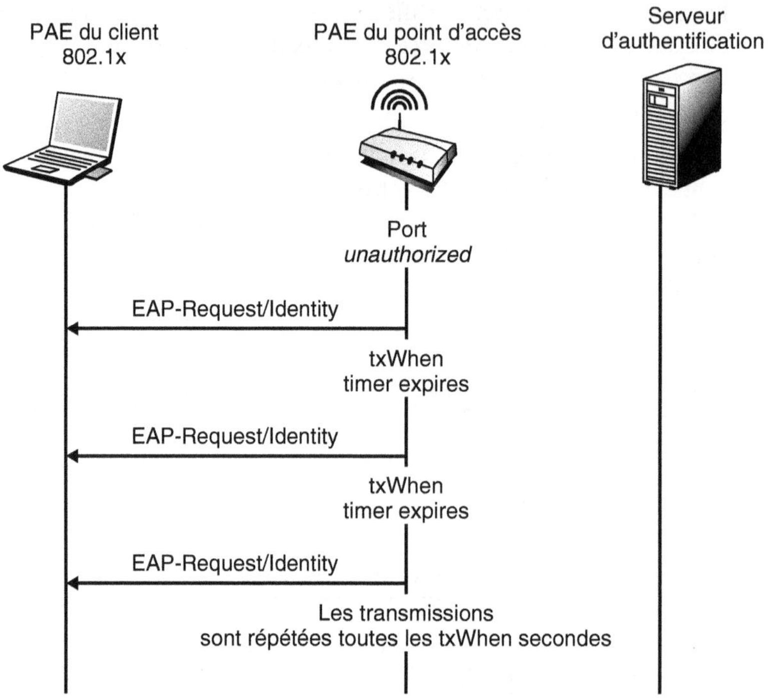

Figure 4.4
Machine d'états du PAE du client 802.1x

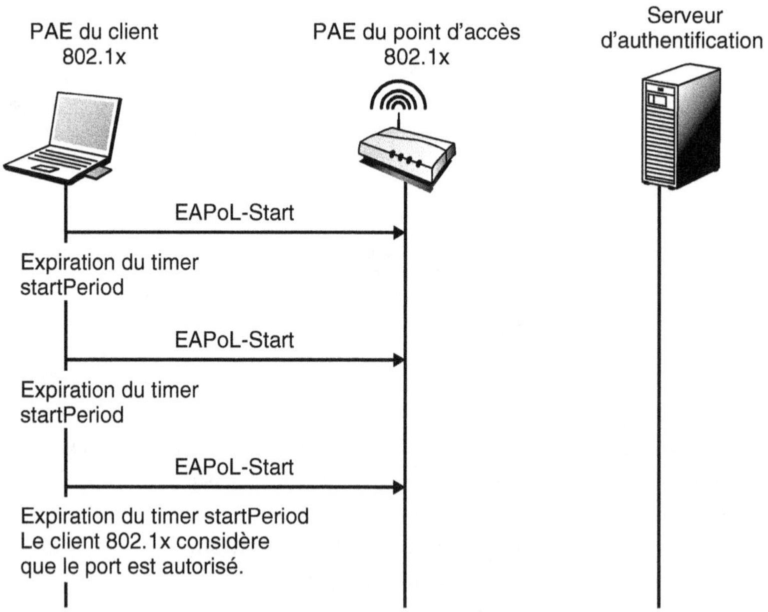

PAE du client 802.1x

PAE du point d'accès 802.1x

Serveur d'authentification

EAPoL-Start

Expiration du timer startPeriod

EAPoL-Start

Expiration du timer startPeriod

EAPoL-Start

Expiration du timer startPeriod
Le client 802.1x considère que le port est autorisé.

Déroulement d'une authentification

Dans les réseaux sans fil, le protocole EAP est utilisé de manière transparente entre la station et le serveur d'authentification au travers d'un point d'accès. Il est tour à tour encapsulé dans des trames EAPoL ou par le protocole RADIUS, qui est routable puisque transporté par IP. Ces encapsulations sont décrites à la figure 4.5.

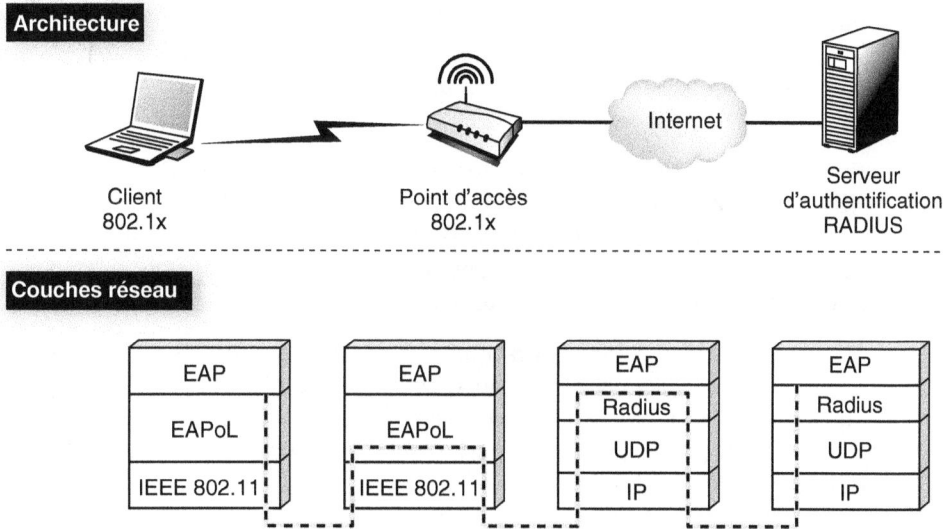

Figure 4.5
Encapsulation des paquets sur le parcours entre l'utilisateur et le serveur d'authentification

Schématiquement, l'insertion d'un terminal sans fil dans un environnement 802.1x se déroule de la manière suivante :

1. La station s'authentifie puis s'associe à un point d'accès, qui est identifié par son SSID (une chaîne de 32 caractères au plus).

2. Afin de débuter l'authentification, la station émet toutes les 30 secondes une trame EAPOL-START.

3. Le point d'accès transmet un message EAP-REQUEST.IDENTITY au client 802.1x, qui produit en retour une réponse EAP-RESPONSE.IDENTITY comportant l'identité (EAP-ID) du terminal sans fil.

4. À partir de ce paramètre, le point d'accès déduit l'adresse (IP) du serveur d'authentification et transmet à ce dernier le message EAP-RESPONSE.IDENTITY encapsulé dans une requête RADIUS. D'autres possibilités ont été implémentées dans le point d'accès, comme l'interrogation successive des serveurs RADIUS jusqu'à ce qu'il trouve celui qui est concerné par l'adresse IP.

5. Dès lors, des messages EAP requête et réponse sont échangés entre le serveur RADIUS et le client 802.1x, le point d'accès ne jouant qu'un rôle passif de relais.

6. Le serveur RADIUS indique le succès ou l'échec de cette procédure grâce à un message EAP-SUCCESS ou EAP-FAILURE. En fonction de cette information, le port transite dans l'état autorisé ou non autorisé.

7. À la fin du processus d'authentification, le message RADIUS ACCESS-ACCEPT provoque une transition dans l'état *authorized* du port concerné. Le message RADIUS ACCESS-REJECT force le port concerné à l'état *unauthorized*. Un port conserve son état courant durant une session d'authentification.

8. Dans le cas où l'authentification est réussie, le client 802.1x et le serveur d'authentification calculent une clé de session, baptisée Unicast Key. Dans l'environnement Microsoft cette valeur représente un couple de clés de 2 fois 32 octets (ces attributs sont définis dans la RFC 2548 de mars 1999). Le serveur d'authentification transmet cette dernière au point d'accès dans les attributs MS-MPPE-SEND-KEY et MS-MPPE-RECV-KEY du message RADIUS ACCESS-ACCEPT.

9. Le point d'accès choisit alors une clé de chiffrement, dite Global Key, pour l'association de sécurité avec le client 802.1x. Cette dernière est chiffrée et signée avec la clé de session reçue du serveur RADIUS puis délivrée au client 802.1x dans une trame EAPOL-KEY (voir le draft congdon-radius-8021x-29.txt, d'avril 2003).

Le déroulement d'une authentification est illustré à la figure 4.6.

La figure 4.7 illustre le format d'un descripteur EAPOL-KEY. Le champ Replay Counter (8 octets) s'interprète comme un horodatage au format NTP (Network Time Protocol), défini par la RFC 1305 de mars 1992. Le paramètre IV est un nombre aléatoire cryptographique de 16 octets. La clé distribuée (Key Value) est chiffrée au moyen de l'algorithme RC4 et d'une clé de 48 octets (16 + 32) obtenue par la concaténation des attributs IV et MS-MPPE-RECV-KEY. L'ensemble du descripteur est signé (Key Signature) au moyen d'un HMAC-MD5 (Hashed Message Authentication Code) sur 16 octets, dont la clé est MS-MPPE-SEND-KEY. Le drapeau F indique si la clé transportée est globale (F = 1) ou unicast.

Machines d'états du client et du point d'accès 802.1x

Pour définir complètement un protocole, il faut connaître ses différents états ainsi que les fonctions de transition permettant de passer d'un état à un autre. Cela revient à spécifier une machine à état décrivant ce fonctionnement. L'avantage apporté par la description du fonctionnement d'un système grâce à une machine à états est qu'elle permet de détecter des incohérences ou des états auxquels on ne peut arriver ou dont on ne peut sortir.

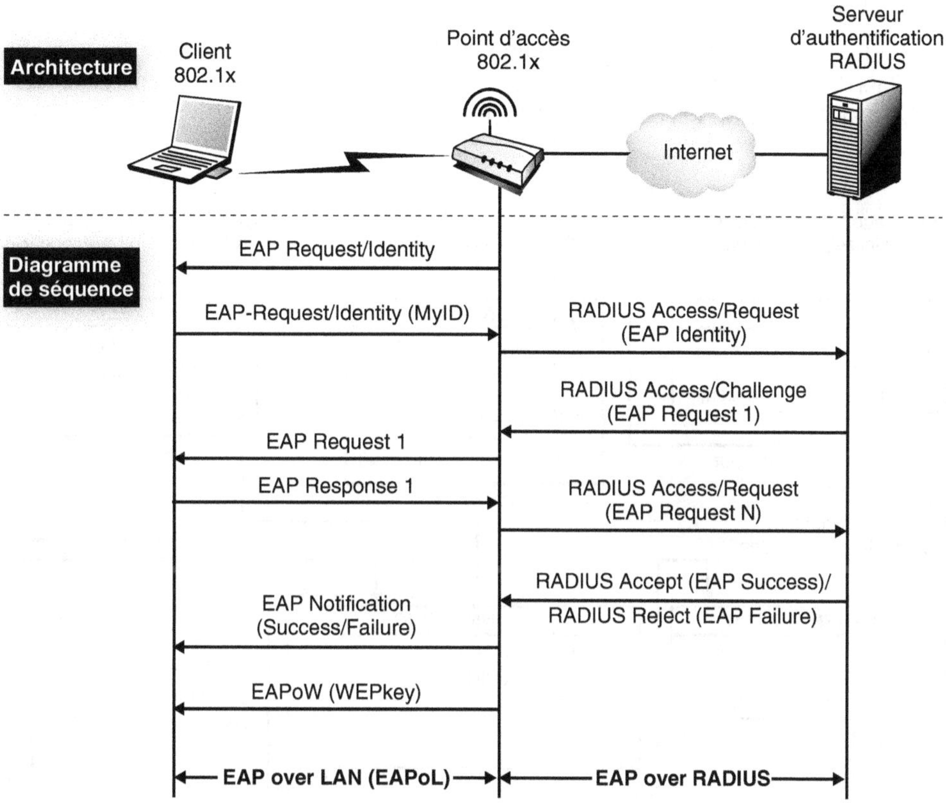

Figure 4.6
Déroulement d'une authentification

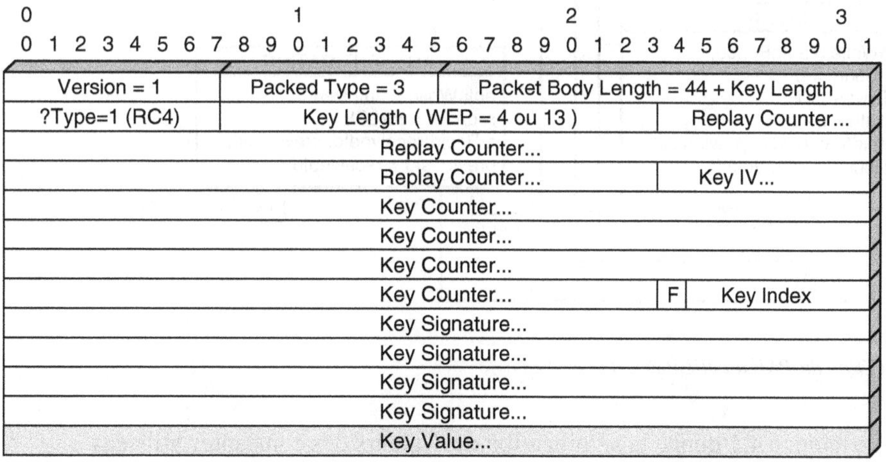

Figure 4.7
Format d'un descripteur EAPoL RC4

Le client 802.1x

La machine d'états complète du client 802.1x est illustrée à la figure 4.8. Les différents états du client 802.1x sont les suivants : LOGOFF, DISCONNECTED, CONNECTING, ACQUIRED, AUTHENTICATING, HELD, AUTHENTICATED.

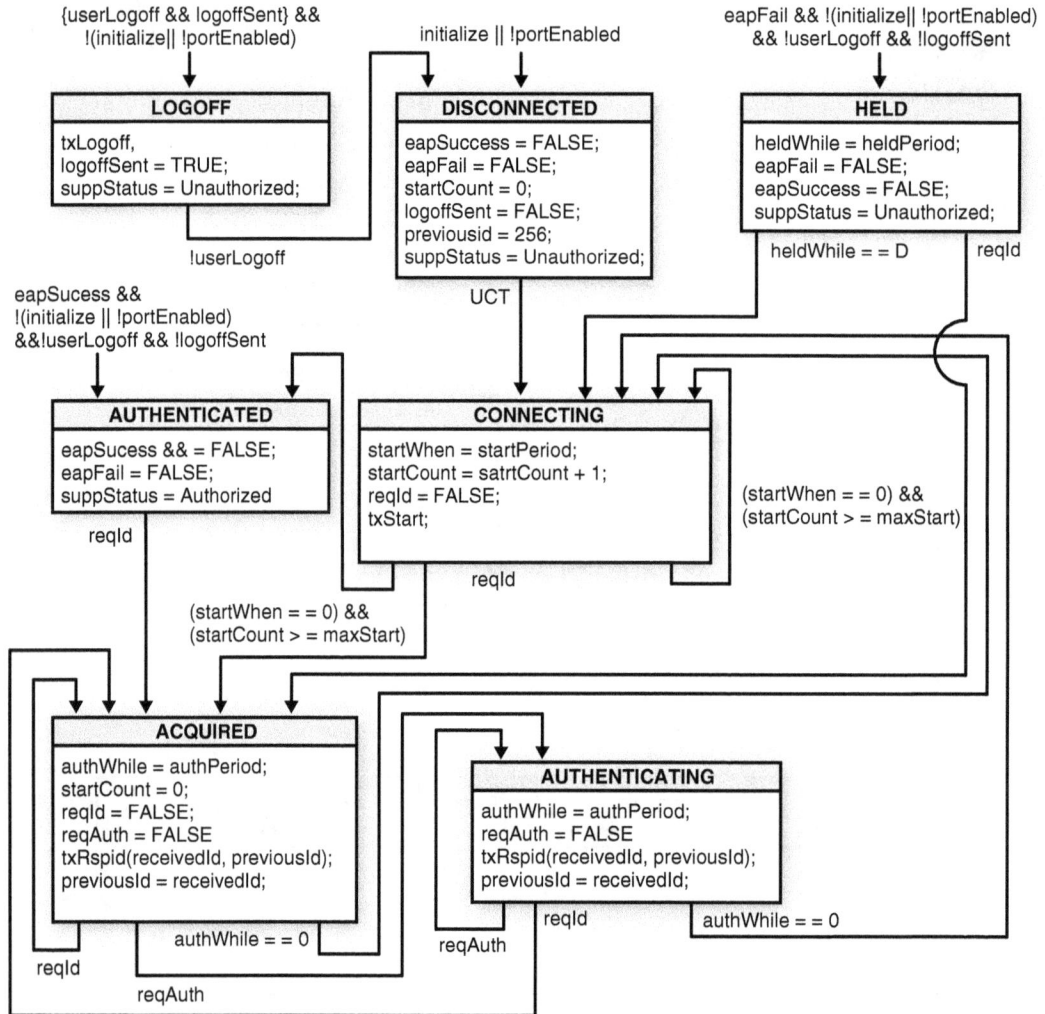

Figure 4.8
Machine d'états du PAE du client 802.1x

Le tableau 4.1 donne la signification des valeurs des constantes utilisées.

Tableau 4.1 Constantes de la machine d'états du client 802.1x

Constante	Signification	Valeur par défaut
AUTHPERIOD	Valeur initiale de l'horloge AUTHWHILE	30 s
HELDPERIOD	Valeur initiale de l'horloge HELDWHILE	60 s
STARTPERIOD	Valeur initiale de l'horloge STARTWHEN	30 s
MAXSTART	Nombre maximal de messages EAPOL-START infructueux	3 s

Les variables utilisées pour caractériser un état et leur signification sont résumées au tableau 4.2.

Tableau 4.2 Variables de la machine d'états du client 802.1x

Variable	Signification
USERLOGOFF	Absence d'un utilisateur
LOGOFFSENT	Génération d'une trame LOGOFF
REQID	Réception d'un message EAP REQUEST/IDENTITY
REQAUTH	Réception d'un EAP REQUEST autre que REQUEST/IDENTITY
EAPSUCCESS	Réception d'un message EAP SUCCESS
EAPFAIL	Réception d'un message EAP FAILURE PACKET
STARTCOUNT	Le nombre maximal de trames EAPoL-Start a été envoyé.
PREVIOUSID	Identificateur du dernier message émis

Les procédures qui permettent de transiter d'un état vers un autre et leur signification sont décrites au tableau 4.3.

Tableau 4.3 Procédures de la machine d'états du client 802.1x

Procédure	Signification
TXSTART	Transmission d'une trame EAPOL FRAME
TXLOGOFF	Transmission d'une trame EAPOL-LOGOFF
TXRSPID(RECEIVEDID, PREVIOUSID)	Transmission d'un message EAP RESPONSE/IDENTITY. Si RECEIVEDID est identique à PREVIOUSID, il s'agit d'une retransmission.
TXRSPAUTH(RECEIVEDID, PREVIOUSID)	Transmission d'un message EAP-RESPONSE autre que EAP RESPONSE/IDENTITY. Si RECEIVEDID est identique à PREVIOUSID, il s'agit d'une retransmission.

Le point d'accès ou le commutateur

Les états de la machine du PAE du point d'accès 802.1x sont INITIALIZE, DISCONNECTED, CONNECTING, AUTHENTICATING, AUTHENTICATED, ABORTING, HELD, FORCE_AUTH, FORCE_UNAUTH. Ces états sont illustrés à la figure 4.9.

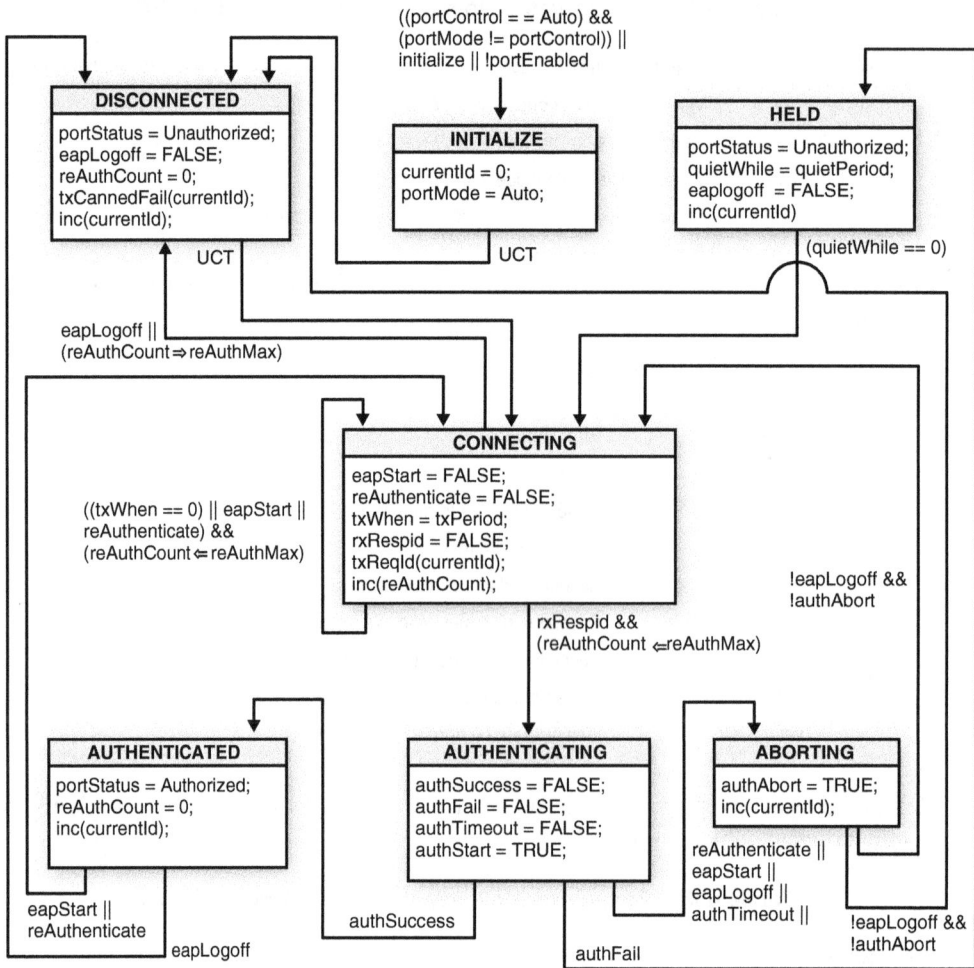

Figure 4.9
Machine d'états du PAE du point d'accès 802.1x

Le tableau 4.4 donne la signification des valeurs des constantes utilisées. Les constantes utilisées pour caractériser les états du point d'accès 802.1x et leur signification sont résumées au tableau 4.5.

Tableau 4.4 Constantes de la machine d'états du point d'accès 802.1x

Constante	Signification	Valeur par défaut
QUIETPERIOD	Valeur d'initialisation (entre 0 et 65 535 s) de l'horloge QUIETWHILE timer.	60 s
REAUTHMAX	Nombre maximal de réauthentification d'un port avant qu'il passe à l'état *unauthorized*.	2
TXPERIOD	Valeur d'initialisation (entre 0 et 65 535 s) de l'horloge TXWHEN	30 s

Tableau 4.5 Variables de la machine d'états du point d'accès 802.1x

Variable	Signification
EAPLOGOFF	Réception d'une trame EAPOL-LOGOFF
EAPSTART	Réception d'une trame EAPOL-START
PORTMODE	Cette variable est utilisée conjointement avec la variable PORTCONTROL pour sélectionner un des modes AUTO ou NON-AUTO. Cette variable peut prendre l'une des valeurs suivantes : – FORCEUNAUTHORIZED – FORCEAUTHORIZED – AUTO. Le port est à l'état *authorized* ou *unauthorized* en fonction du résultat de la procédure d'authentification.
REAUTHCOUNT	Nombre de passage à l'état *connecting*. Lorsque cette valeur est supérieure à REAUTH-MAX, le port est forcé à l'état *unauthorized*.
RXRESPID	Réception d'un message EAP RESPONSE/IDENTITY

Les procédures qui permettent de transiter d'un état vers un autre et leur signification sont décrites au tableau 4.6.

Tableau 4.6 Procédures de la machine d'états du point d'accès 802.1x

Procédure	Signification
TXCANNEDFAIL(x)	Transmission d'un message EAP FAILURE dont l'identifiant est x.
TXCANNEDSUCCESS(x)	Transmission d'un message EAP SUCCESS PACKET dont l'identifiant est x.
TXREQID(x)	Transmission d'un message EAP REQUEST/IDENTITY dont l'identifiant est x.

Les attaques dans 802.1x

Du fait que les machines d'états 802.11 et 802.1x ne sont pas corrélées, puisqu'elles ont été conçues de façon complètement indépendante, un détournement de session est possible. De plus, les machines d'états 802.1x n'offrent qu'une authentification à sens unique, le client s'authentifiant auprès du point d'accès. L'absence d'authentification mutuelle peut être exploitée par une attaque de type MIM (Man In the Middle).

L'attaque MIM

Dans l'architecture 802.1x, les points d'accès sont considérés à tort comme des entités de confiance. Le traitement asymétrique des clients et des points d'accès dans les machines d'états constitue une des principales limitations de ce protocole.

Selon le standard, le port du point d'accès 802.1x ne peut être dans l'état contrôlé que lorsque la session est ouverte. Cette condition n'est toutefois pas valable pour un client dont le port reste à l'état authentifié, le client ne demandant jamais au point d'accès de s'authentifier. L'authentification à sens unique expose donc tout le système à une attaque de type MIM, un attaquant se plaçant, par exemple, entre le client et le serveur et inter-ceptant tous les messages à leur passage. Vu du client, l'attaquant peut se comporter comme un point d'accès. Inversement, vu du point d'accès, il peut se comporter comme un client.

Le point d'accès 802.1x envoie un message EAP SUCCESS au client à la réception d'un message RADIUS ACCESS ACCEPT. Ce message indique aux machines d'états que l'authen-tification est un succès, mais il ne contient aucune information permettant de garantir son intégrité. La machine d'états du client peut passer inconditionnellement à l'état autorisé, sans qu'il soit porté attention à son état courant. Il est donc possible pour un attaquant de forger son propre paquet EAP SUCCESS et de se substituer au point d'accès 802.1x.

L'attaque MIM contourne tous les mécanismes d'authentification de niveau supérieur et les rend inefficaces, quels qu'ils soient.

L'attaque par détournement de session (Session Hijacking)

Dans la norme 802.1x, l'authentification de niveau supérieur a lieu après l'association ou la réassociation. Il existe donc deux machines d'états, la machine d'états RSN (Robust Secu-rity Network) et celle de 802.1x. La première concerne le fonctionnement du mécanisme d'authentification au niveau de la couche réseau et la seconde au niveau trame. Par exemple, lorsqu'un client se connecte, on peut lui donner une adresse IP par le biais du protocole DHCP afin qu'il puisse se connecter ou attendre qu'il soit authentifié pour lui donner une adresse IP et lui permettre de communiquer. Dans ce dernier cas, il faut un mécanisme spéci-fique pour lui permettre de communiquer sans qu'il ait une adresse IP. Un mécanisme de synchronisation est nécessaire entre les deux niveaux pour que tout s'effectue correctement.

La combinaison des deux machines d'états détermine l'état d'authentification. Du fait du manque de communication entre les deux machines d'états, il est possible de réaliser une attaque par détournement de session en tirant profit de la faille de synchronisation.

La figure 4.10 montre comment un intrus peut déjouer les mécanismes de contrôle d'accès et obtenir la connectivité au réseau en détournant une session.

L'attaque se déroule de la façon suivante :

1. Les messages 1, 2 et 3 servent à authentifier un client légitime.

2. L'attaquant envoie au client le message 4, à savoir 802.11 MAC DISASSOCIATE, en utilisant comme adresse source l'adresse MAC du point d'accès.

3. À réception de ce message, le client légitime est déconnecté, mais la machine d'états du point d'accès 802.1x reste dans l'état authentifié.

4. Avec le message 5, l'intrus obtient l'accès au réseau en utilisant l'adresse MAC du client authentifié.

5. Nous voyons par cet exemple qu'à défaut d'une bonne synchronisation entre les deux machines à états il est possible pour un attaquant de s'immiscer au milieu de la communication en remplaçant la station légitime.

Figure 4.10
Détournement de session dans 802.1x

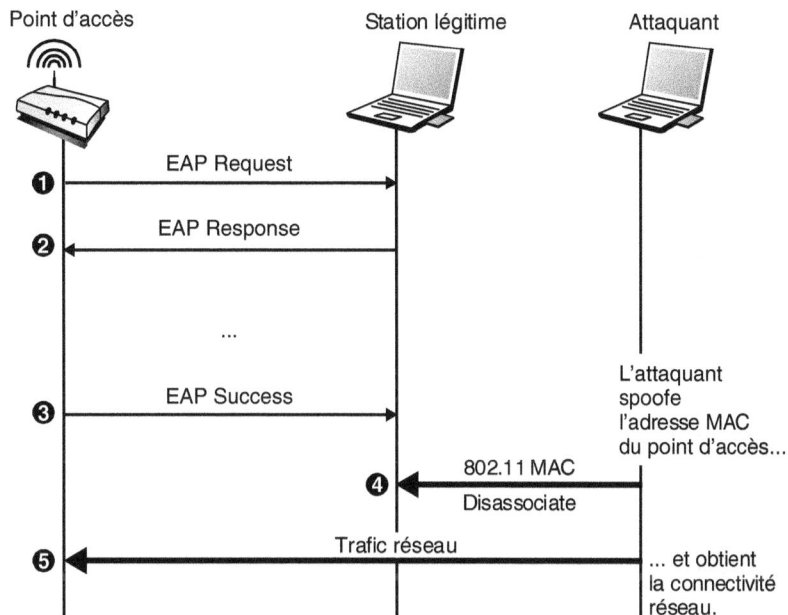

Conclusion

L'association entre 802.1x et 802.11, telle qu'elle est conçue dans le RSN, n'offre pas une protection convenable contre les attaques. L'absence de vérification de l'authenticité et de l'intégrité des trames 802.11 est à l'origine de failles de sécurité. L'attaque par détournement de session, par exemple, exploite un manque d'authentification des trames de gestion.

Le manque d'authentification des messages 802.1x est une des failles exploitées par l'attaque MIM. Celle-ci pourrait être évitée en ajoutant un champ d'intégrité EAP aux messages EAP SUCCESS et EAP FAILURE, identique à celui présent dans les paquets RADIUS.

Conçu à l'origine pour des connexions point-à-point, qui nécessitent une connexion physique, EAP n'est pas adapté aux spécificités des réseaux sans fil. Pour pallier les insuffisances du schéma RSN fondé sur l'architecture 802.1x, des solutions ont récemment été proposées et peuvent être mises en œuvre rapidement. Consciente de ces lacunes, l'IETF travaille à la mise au point d'une nouvelle version du protocole EAP.

5

La sécurité dans 802.11i

Nous avons souligné au chapitre 3 les faiblesses du protocole WEP de la norme de base 802.11 et montré au chapitre 4 que la norme 802.1x définissait un cadre pour l'authentification mais ne spécifiait pas de manière détaillée la méthode de distribution des clés. De plus, comme le client ne participe pas au calcul de la clé globale, il n'y a pas de procédure d'authentification mutuelle entre le client et le point d'accès mettant à profit l'existence d'un secret partagé sous la forme d'une clé unicast.

Le groupe de travail IEEE 802.11i a mis au point une architecture destinée à combler ces lacunes. Un premier comité industriel, la Wi-Fi Alliance, anciennement WECA, a édité le 29 avril 2003 la recommandation WPA (Wi-Fi Protected Access), fondée sur un sous-ensemble du standard IEEE 802.11i. Cette version de WPA peut être considérée comme une norme de deuxième génération pour la sécurité des réseaux sans fil. Implémenté dans les produits depuis le début de l'année 2004, WPA ne connaît pas un grand succès, du fait de son statut intermédiaire. Il est cependant important de noter que cette deuxième génération est compatible avec les équipements Wi-Fi du marché et qu'il n'y a qu'un changement de firmware à opérer.

Finalisée en juin 2004, la norme 802.11i marque une étape plus importante puisqu'elle édicte la façon de sécuriser un réseau sans fil pour les années à venir. Comme nous allons le voir, cette norme de troisième génération, estampillée WPA2 sur les produits, n'est compatible ni avec la première ni avec la deuxième génération et remet donc en cause tous les investissements en sécurité précédents, qui peuvent être relativement lourds. Cette non-compatibilité provient de l'utilisation de l'algorithme de chiffrement AES, qui ne peut être chargé dans le firmware des cartes Wi-Fi.

Les apports de 802.11i peuvent être classés en trois catégories :

• définition de multiples protocoles de sécurité radio ;

- éléments d'information permettant de choisir l'un d'entre eux ;
- nouvelle méthode de distribution des clés.

Le standard s'appuie sur les réseaux sans fil 802.11 et utilise 802.1x pour l'authentification et le calcul d'une clé maître, nommée PMK (Pairwise Master Key). Dans le cas du mode ad-hoc, cette clé, baptisée PSK (Pre-Shared Key), est distribuée manuellement.

Le présent chapitre examine tous les mécanismes à mettre en œuvre pour réaliser une sécurité de deuxième et troisième génération. La différence fondamentale entre les deux générations réside dans l'algorithme de chiffrement utilisé.

L'architecture de sécurité de 802.11i

Comme expliqué précédemment, 802.11i définit deux nouvelles générations de sécurité pour les réseaux Wi-Fi. La norme commence par définir un réseau avec une sécurité forte, appelé RSN (Robust Security Network). Nous examinons dans un premier temps les éléments nécessaires pour assurer cette sécurité puis détaillons les mécanismes retenus par les normalisateurs pour les mettre en œuvre.

RSN (Robust Security Network)

Un RSN s'appuie sur 802.1x pour les services d'authentification et de gestion des clés. Le RSN fournit un contrôle d'accès fondé sur une authentification forte des couches supérieures.

Le rôle du RSN est de garantir sécurité et mobilité, intégrité et confidentialité ainsi que passage à l'échelle et flexibilité.

Sécurité et mobilité

L'architecture de sécurité fournit une authentification du client indépendamment du fait qu'il se trouve dans son réseau de domiciliation ou dans un réseau étranger. Une architecture dotée d'un serveur d'authentification centralisé peut satisfaire à cette exigence, le client n'ayant plus à se préoccuper du point d'accès auquel il est associé. D'autres solutions, mettant en jeu un serveur d'authentification distribué ou même délégué, peuvent être utilisées dans certaines situations, notamment en cas de problème de connexion avec l'ordinateur central chargé de l'authentification. Par exemple, une plate-forme pétrolière qui aurait perdu la communication satellite avec son site central pourrait continuer à fonctionner de manière autonome. Dans de tels cas, la cohérence globale doit être maintenue régulièrement afin qu'un client qui aurait perdu son autorisation ne puisse continuer à se connecter à un autre site non synchronisé.

Intégrité et confidentialité

Chaque point d'accès 802.11i, jouant le rôle d'authenticator, partage un secret avec le serveur RADIUS avec lequel il communique. Ce secret est utilisé pour calculer un résumé HMAC-MD5 des paquets RADIUS échangés, c'est-à-dire un champ d'éléments binaires de longueur déterminée, calculé à partir du paquet à envoyer et du secret partagé. Chaque paquet RADIUS contient un champ REQUEST AUTHENTICATOR, qui est un résumé HMAC-MD5 du paquet, calculé avec ce secret. Ce champ est inséré dans le paquet RADIUS par le serveur RADIUS et vérifié par le point d'accès.

Dans l'autre sens de communication, le serveur RADIUS vérifie l'attribut EAP AUTHENTICATOR présent dans le paquet RADIUS au moyen de l'attribut EAP MESSAGE. Ces deux attributs offrent la possibilité d'une authentification mutuelle par paquet et préservent l'intégrité de la communication entre le serveur RADIUS et le point d'accès.

Comme expliqué précédemment dans l'ouvrage, il est assez facile pour un attaquant équipé d'un outil de réception convenable d'écouter le trafic entre les stations sur le lien radio. L'architecture de sécurité proposée par 802.11i vise à fournir les garanties d'une confidentialité forte. Elle définit en outre un mécanisme de distribution dynamique des clés.

Passage à l'échelle et flexibilité

Le modèle de sécurité proposé est extensible quant au nombre d'utilisateurs concernés et à leur mobilité. Un utilisateur qui se déplace d'un point d'accès à un autre peut être réauthentifié rapidement et de façon sécurisée.

Les réseaux sans fil déployés dans les entreprises ou les lieux publics ont un besoin fort de confidentialité. Pour satisfaire ce besoin, l'architecture de sécurité doit être flexible, de façon à faciliter l'administration et à prendre en compte l'environnement de déploiement du réseau.

En séparant le point d'accès, ou authenticator, du processus d'authentification lui-même, le RSN permet le passage à l'échelle du nombre de points d'accès. La flexibilité est apportée par le fait que le message optionnel EAPOW KEY (EAP over wireless), semblable à EAPOL KEY, ce dernier terme étant plus utilisé dans un réseau fixe, peut être désactivé pour un déploiement particulier, dans lequel la confidentialité des données n'est pas nécessaire.

Le modèle 802.11i précise comment le RSN interagit avec 802.1x. Deux types de protocoles assurent la sécurité au niveau MAC :

- TKIP (Temporal Key Integrity Protocol) ;
- CCMP (Counter-mode/CBC-MAC Protocol).

Un TSN (Transition Security Network) supporte les architectures antérieures, c'est-à-dire pré-RSN, en particulier les mécanismes suivants, importés de la norme IEEE 802.11 :

- Open Authentication ;
- Shared Key Authentication ;
- WEP (Wired Equivalent Privacy).

Un réseau RSN doit supporter le protocole CCMP. Il peut aussi assurer une migration du WEP des réseaux de l'art antérieur en implémentant le protocole TKIP. En d'autres termes, les normalisateurs, au lieu d'imposer directement la troisième génération, incompatible avec la première, proposent de passer par une étape intermédiaire, le WPA, en utilisant TKIP pour garantir une excellente sécurité en attendant le passage à la troisième génération. Rien n'empêche évidemment les clients désirant implanter des réseaux sans fil Wi-Fi d'adopter directement la troisième génération.

La figure 5.1 illustre les différents niveaux de sécurité de l'architecture 802.1x devant être pris en charge par 802.11i.

Figure 5.1
*Niveaux de sécurité
de l'architecture
802.1x*

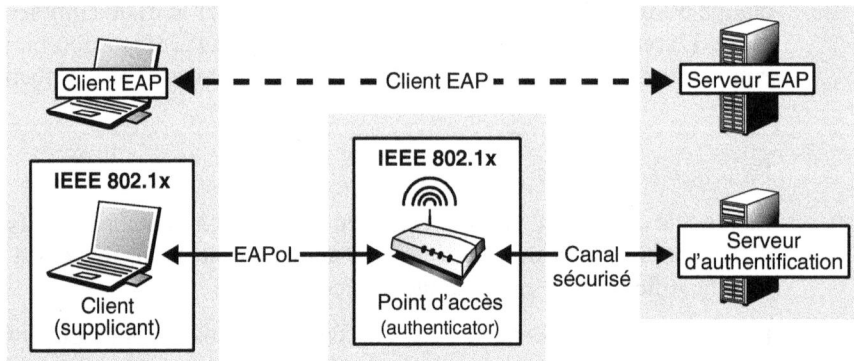

Relations de sécurité dans le RSN

Le point d'accès 802.11i et le serveur d'authentification réalisent une authentification mutuelle et établissent un canal sécurisé. Le modèle 802.11i ne décrivant pas les méthodes utilisées pour mener à bien cette opération, des protocoles tels que RADIUS, IPsec ou TLS/SSL peuvent être mis en œuvre.

Le client 802.11i et le serveur d'authentification s'authentifient mutuellement à l'aide du protocole EAP et génèrent une clé maître, ou PMK (Pairwise Master Key). Les éléments de cette procédure sont transportés par le canal sécurisé, dont les paramètres cryptographiques doivent être différents pour chaque client 802.11i.

La clé PMK est partagée entre le client 802.11i et le point d'accès. Ceux-ci utilisent un protocole à quatre passes, ou 4-ways handshake, fondé sur les messages EAPOL-KEY pour réaliser les opérations suivantes :

• confirmation de l'existence de PMK ;

• confirmation de la mise en service de PMK ;

• calcul de la clé PTK (Pairwise Transient Key) à partir de PMK ;

• mise en place des clés de chiffrement et d'intégrité des trames 802.11 ;

• confirmation de la mise en fonction des clés 802.11.

Ce protocole à quatre passes est illustré à la figure 5.2.

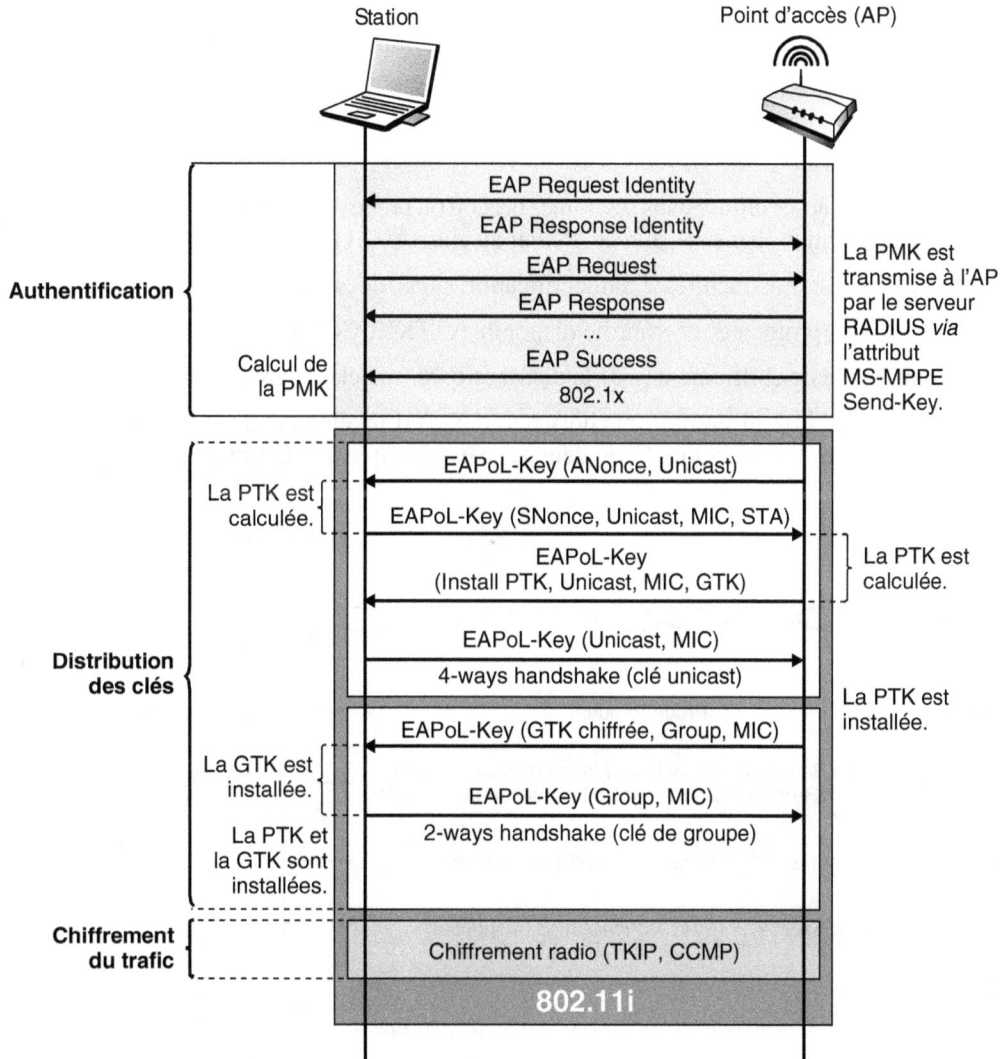

Figure 5.2
Fonctionnement du protocole à quatre passes de 802.11i

La clé GTK (Group Transient Key), transmise *via* des paquets EAPOL-KEY, depuis le point d'accès vers le client 802.11i, permet à ce dernier d'échanger des messages en mode broadcast et optionnellement en mode unicast.

Dans le cas du mode dit Pre-Shared Key, la clé PMK est préinstallée entre le client 802.11i et le point d'accès.

Négociation de la politique de sécurité

Un point d'accès diffuse dans ses trames beacon ou probe des éléments d'information, appelés IE (Information Element), afin de notifier au client 802.11i les indications suivantes :

- liste des infrastructures d'authentification supportées (typiquement 802.1x) ;
- liste des protocoles de sécurité disponibles (TKIP, CCMP, etc.) ;
- méthode de chiffrement pour la distribution d'une clé de groupe (GTK).

Une station 802.11 notifie son choix par le biais d'un élément d'information inséré dans sa demande d'association. Cette démarche est illustrée à la figure 5.3.

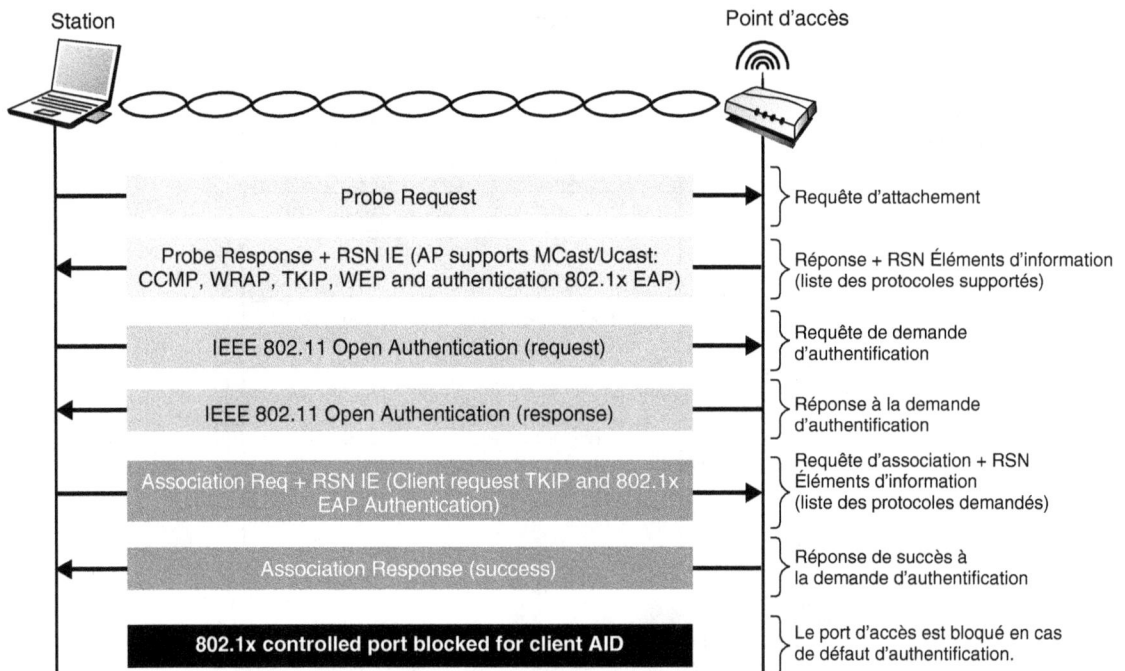

Station   Point d'accès

Probe Request	Requête d'attachement
Probe Response + RSN IE (AP supports MCast/Ucast: CCMP, WRAP, TKIP, WEP and authentication 802.1x EAP)	Réponse + RSN Éléments d'information (liste des protocoles supportés)
IEEE 802.11 Open Authentication (request)	Requête de demande d'authentification
IEEE 802.11 Open Authentication (response)	Réponse à la demande d'authentification
Association Req + RSN IE (Client request TKIP and 802.1x EAP Authentication)	Requête d'association + RSN Éléments d'information (liste des protocoles demandés)
Association Response (success)	Réponse de succès à la demande d'authentification
802.1x controlled port blocked for client AID	Le port d'accès est bloqué en cas de défaut d'authentification.

RSN IE (Robust Security Network Information Element)
CCMP (Counter-mode/CBC-MAC Protocol)
TKIP (Temporal Key Integrity Protocol)
WEP (Wired Equivalent Privacy)

Figure 5.3
Négociation de la politique de sécurité

Format des RSN IE

Un point d'accès indique les politiques de sécurité qu'il supporte en insérant un RSN IE dans ses trames BEACON ou PROBE RESPONSE. La station notifie son choix par un IE inséré dans sa trame ASSOCIATION REQUEST.

Un RSN IE comporte les éléments décrits à la figure 5.4.

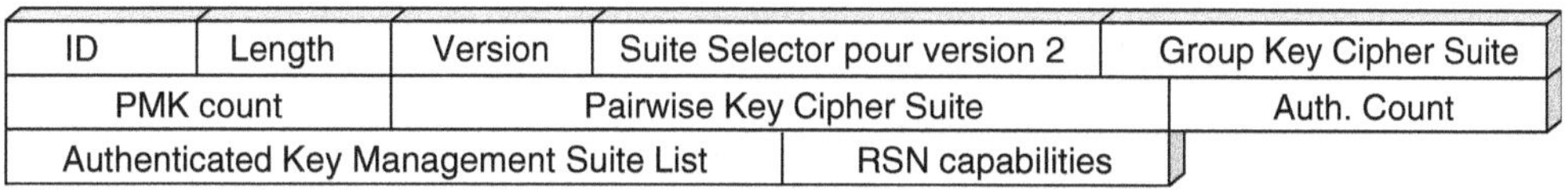

ID	Length	Version	Suite Selector pour version 2	Group Key Cipher Suite
PMK count		Pairwise Key Cipher Suite		Auth. Count
Authenticated Key Management Suite List			RSN capabilities	

Figure 5.4
Format d'un IE (Information Element)

Le champ ID est sur 1 octet (30 hex. pour les RSN IE). Le champ Length, également sur 1 octet, donne la longueur totale de l'IE. Le champ Version, sur 2 octets, indique la version du protocole RSN. Pour la version 1, les possibilités sont les suivantes :

- La station supporte Open System Authentication.

- La station gère le Privacy Bit de manière similaire au WEP.

- La station gère les RSN IE.

- La station supporte le protocole CCMP.

- La station supporte la mise à jour des clés *via* la commande EAPOL-KEY.

Suite Selector est un champ de 4 octets, composé d'un champ OUI sur 3 octets et d'un champ Suite Type sur 1 octet, indiquant la disponibilité d'un protocole particulier.

Le tableau 5.1 récapitule les différentes possibilités offertes par le champ Suite Selector quant à l'existence ou non de clés de groupe pour les IBSS ou les ESS et à la présence ou non d'une clé Pairwise Key. Le tableau 5.2 décrit le champ Suite Selector avec son champ OUI et la valeur du champ Suite Type.

Tableau 5.1 Le champ Suite Selector du RSN IE de 802.11i

Cipher Suite Selector	Group Key, IBSS	Group Key, ESS	Pairwise Key
Aucun	Non	Non	Oui
WEP	Non	Oui	Non
TKIP	Oui	Oui	Oui
WRAP/CCMP	Oui	Oui	Oui

Tableau 5.2 Valeurs du champ Suite Selector

OUI	Valeur	Signification
00:00:00	0	Aucun
00:00:00	1	WEP-40
00:00:00	2	TKIP
00:00:00	3	WRAP
00:00:00	4	CCMP (par défaut dans le RSN)
00:00:00	5	WEP-104
00:00:00	6-255	Réservé
OUI du fabricant	Autre	Propre au fabricant
Autre	Toute valeur	Réservé

Les champs suivants du RSN IE (Information Element) décrit à la figure 5.4 sont :

• Group Key Cipher Suite, sur 4 octets, qui indique le type de chiffrement de la clé de groupe GTK.

• Pairwise Key Cipher Suite Count, sur 2 octets.

• Pairwise Key Cipher Suite List, sur 4 octets, qui donne la liste des protocoles de signature/chiffrement PMK.

• Authenticated Key Management Suite Count, sur 2 octets.

• Authenticated Key Management Suite List, sur n octets, qui donne la liste des modes de gestion des clés supportés.

00:00:00:01 indique que le mode de gestion des clés est effectué selon la norme 802.1x et 00:00:00:02 que le mode de gestion des clés est effectué selon le mode Pre-Shared Key, sur lequel nous revenons un peu plus loin.

Le tableau 5.3 donne la signification des champs OUI et Suite Type selon les valeurs qu'ils contiennent.

Tableau 5.3 Le champ OUI du RSN IE de 802.11i

OUI	Valeur	Signification	
00:00:00	0	Réservé	Réservé
00:00:00	1	Authentification IEEE 802.11 non spécifiée	Key Management par défaut
00:00:00	2	Pas de type d'authentification	Key Management par défaut
00:00:00	3-255	Réservé	Réservé
OUI du fabricant	Autre	Spécifique du vendeur	Spécifique du vendeur
Autre	Toute valeur	Réservé	Réservé

Le champ RSN Capabilities, sur 2 octets, est le dernier champ du format d'un IE. Les valeurs de ce champ sont indiquées au tableau 5.4.

Tableau 5.4 Le champ RSN Capabilities du RSN IE de 802.11i

Valeur	Signification
30	Identité du champ d'information exprimée en hexadécimal
14	Longueur en octet exprimée en hexadécimal
01:00	Version 1
00:00:00:04	CCMP est utilisé comme Group Key Cipher Suite
01:00	Compteur de la Pairwise Key Cipher Suite
00:00:00:04	CCMP est utilisé comme Pairwise Key Cipher Suite
01:00	Compteur d'authentification
00:00:00:01	Authentification 802.1x
00:00	Aucune fonction disponible

L'échange des clés sous EAP

À la fin de la procédure d'authentification mutuelle, c'est-à-dire à l'arrivée du message EAP SUCCESS, le client 802.1x et le serveur d'authentification calculent la clé PMK. Une authentification EAP permet normalement d'obtenir une clé Master Key générée par le protocole d'authentification qu'elle transporte. La clé PMK est dérivée de cette Master Key d'une manière qui dépend du protocole d'authentification utilisé. Nous verrons au chapitre suivant comment elle l'est dans EAP-TLS.

Si le protocole entre le point d'accès et le serveur d'authentification est RADIUS, l'attribut MS-PPE-RECV-KEY est utilisé pour transférer la clé PMK au point d'accès.

L'échange des clés sous EAP est illustré à la figure 5.5.

L'ensemble des clés nécessaires pour l'échange sécurisé entre un utilisateur et une station distante est détaillé un peu plus loin dans ce chapitre.

Le 4-ways handshake

À l'arrivée du message EAP SUCCESS, c'est-à-dire à la dernière étape de la procédure illustrée à la figure 5.5, une procédure de handshake commence.

Un premier message EAPOL-KEY est envoyé à la station. Le point d'accès transmet en clair un nombre ANONCE, généré aléatoirement. Un observateur peut écouter ce message et obtenir ce nombre, mais les messages ultérieurs de la procédure de handshake assurent que seul le point d'accès légitime est en communication avec la station.

Le deuxième message EAPOL-KEY comprend un accusé de réception du premier message. En envoyant son RSN IE, la station informe le point d'accès des suites de la procédure de chiffrement (TKIP ou CCMP) supportées et contrôle de ce fait la manière dont les clés seront dérivées. C'est à l'intersection des suites de chiffrement supportées par les deux parties communicantes qu'une suite de chiffrement valide est choisie. Dans ce deuxième message, le point d'accès reçoit également un nombre SNONCE aléatoirement généré par la station.

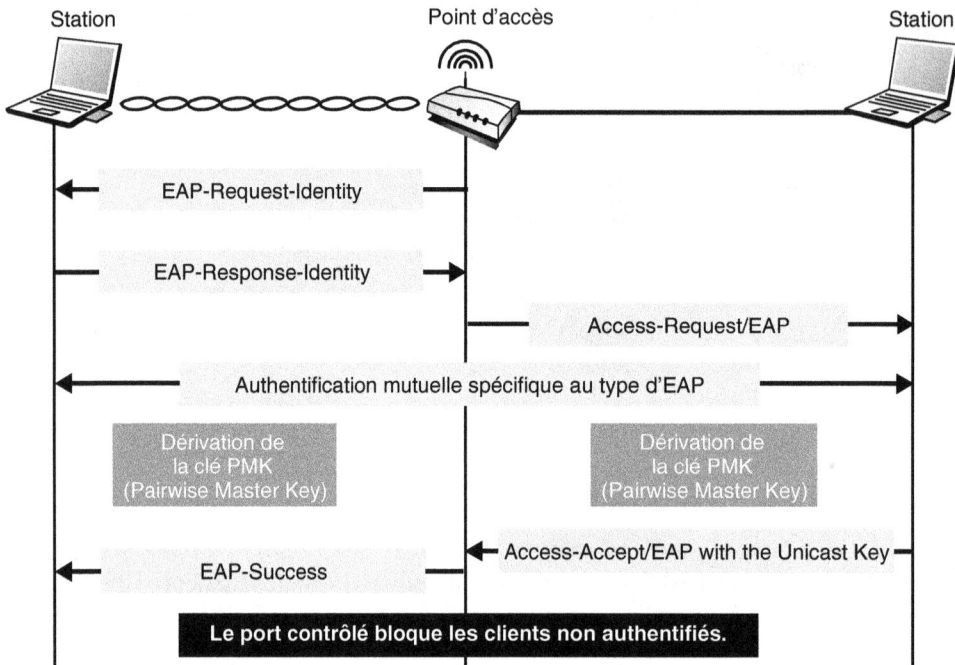

Figure 5.5
Échange des clés sous EAP

Le processus de dérivation des clés illustré à la figure 5.6 est connu sous le nom de Pairwise Key Hierarchy. Pour obtenir la clé PTK (Pairwise Transient Key), il faut combiner ANONCE, SNONCE, l'adresse MAC du point d'accès (AA), l'adresse MAC de la station (SA) et la clé PMK, tous fournis en entrée de la fonction non-réversible, ou PRF (Pseudo-Random Function), suivante :

```
PTK = PRF(PMK, PAIRWISE KEY EXPANSION, MAC_AP, MAC_STA, ANONCE, SNONCE)
```

dans laquelle :

```
PTK = PRF-X(PMK, PAIRWISE KEY EXPANSION, MIN(AA,SA) || MAX(AA,SA) ||
MIN(ANONCE,SNONCE) || MAX(ANONCE,SNONCE))
AA = AUTHENTICATOR ADDRESS
SA = STATION ADDRESS
```

La fonction PRF-X(K,A,B) = PSEUDO RANDOM FUNCTION retourne, selon les besoins, x bits, x pouvant être égal à 128, 192, 256, 384 ou 512 bits.

Finalement, le deuxième message est signé avec MK. Cette signature numérique, incluse dans le champ MIC, est vérifiée par le point d'accès.

Le troisième message de la procédure de handshake est envoyé à la station afin qu'elle installe les clés temporaires de chiffrement et se prépare à recevoir du trafic unicast chiffré avec la suite de chiffrement choisie. Une signature numérique est calculée sur tout le message en utilisant MK.

Le quatrième message acquitte le précédent et indique au point d'accès que les clés temporaires ont été correctement installées sur la station de l'utilisateur. Cette dernière demande à son tour au point d'accès d'installer les clés temporaires de chiffrement pour cette association de sécurité. Le quatrième message est lui aussi signé avec la clé MK. Il est de plus entièrement chiffré avec les clés temporaires.

Cette procédure de handshake entraîne l'échange de quatre messages, comme illustré à la figure 5.6. C'est pourquoi elle est connue sous le nom de 4-ways handshake.

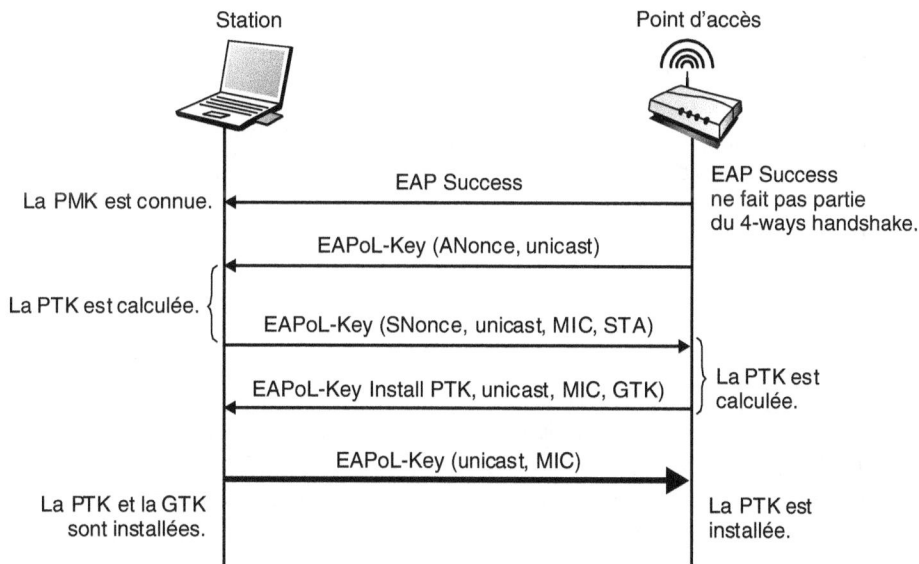

Figure 5.6
Le processus 4-ways handshake avec la clé PTK

À la fin du 4-ways handshake, les deux ports PAE, celui de la station et celui du point d'accès, sont ouverts pour permettre au trafic unicast chiffré de transiter.

La fonction PRF utilisée est la suivante :

```
/* * PRF -- Length of output is in octets rather than bits
 * since length is always a multiple of 8 output array is
 * organized so first N octets starting from 0 contains PRF output
 *
 * supported inputs are 16, 32, 48, 64
 * output array must be 80 octets to allow for sha1 overflow
 */
```

```
void PRF(
unsigned char *key, int key_len,
unsigned char *prefix, int prefix_len,
unsigned char *data, int data_len,
unsigned char *output, int len)
{
int i ;
unsigned char input[1024] ; /* concatenated input */
int currentindex = 0 ;
int total_len ;
memcpy(input, prefix, prefix_len) ;
input[prefix_len] = 0 ; /* single octet 0 */
memcpy(&input[prefix_len+1], data, data_len) ;
total_len = prefix_len + 1 + data_len ;
input[total_len] = 0 ; /* single octet count, starts at 0 */
total_len++ ;
for(i = 0 ; i < (len+19)/20 ; i++) {
hmac_sha1(input, total_len, key, key_len,
&output[currentindex]) ;
currentindex += 20 ; /* next concatenation location */
input[total_len-1]++ ; /* increment octet count */
}
}
```

Échange de la clé GTK (Group Transient Key)

Le point d'accès dispose d'une clé de groupe GMK (Group Master Key). Un protocole à deux passes, ou 2-ways handshake, permet de délivrer la valeur de la clé GMK chiffrée par la clé KEK, c'est-à-dire la clé EAPoL-Key Encryption Key qui a été dérivée de la clé PTK (Pairwise Temporal Key), elle-même dérivée de la clé PMK (Pairwise Master Key). Il permet en outre de déduire une clé temporaire de groupe GTK à l'aide d'un nombre aléatoire GNONCE :

```
GTK= PRF(GMK, GROUP KEY EXPANSION, MAC_AP, GNONCE)
```

Le point d'accès la délivre de manière sécurisée à toutes les cartes coupleurs des machines connectées. Les messages EAPOL-KEY de l'échange de la clé GTK sont chiffrés avec les clés utilisées pour chiffrer le trafic unicast et sont signés numériquement avec MK, la clé Master Key. Au terme de cette nouvelle procédure de handshake, illustrée à la figure 5.7, la station peut envoyer du trafic multicast et broadcast chiffré.

Les deux phases de handshake que nous venons de voir empêchent tout attaquant de glaner suffisamment d'information pour usurper la station de l'utilisateur ou le point d'accès.

Hiérarchie des clés

Dans les différents échanges prévus par 802.11i, il est nécessaire de chiffrer la plupart des messages au moyen de clés adaptées, dérivées de la PMK (Pairwise Master Key).

Figure 5.7
*Livraison
d'une nouvelle clé
de groupe*

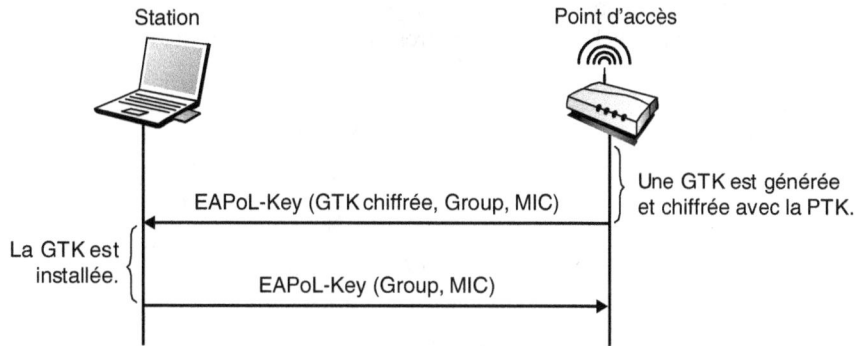

Station

Point d'accès

EAPoL-Key (GTK chiffrée, Group, MIC)

Une GTK est générée
et chiffrée avec la PTK.

La GTK est
installée.

EAPoL-Key (Group, MIC)

La fonction PRF (Pseudo-Random Function) génère 384 ou 512 bits selon le protocole sélectionné. La clé TK2 est utilisée par TKIP mais pas par CCMP. Comme expliqué précédemment, la sortie complète de la fonction PRF est connue sous le nom de clé PTK (Pairwise Transient Key).

Les bits de la PTK sont les suivants :

- 0 à 127 représentent la clé MIC sur 128 bits, notée MK (Master Key), utilisée pour signer numériquement les messages EAPOL-KEY.

- 128 à 255 représentent la clé de chiffrement pour la transmission de la GTK sur 128 bits (Group Transient Key), notée EK (Encryption Key).

- 256-383 représentent la clé temporaire 1, ou TK1 (Transient Key 1).

- 384 à 511 représentent la clé temporaire 2, ou TK2 (Transient Key 2), si elle est présente.

Seuls la station et le point d'accès en communication connaissent la clé PMK à partir de laquelle ils dérivent les clés temporaires qui seront utilisées par la technique de chiffrement choisie dans le RSN IE. TKIP utilise généralement les clés TK1 et TK2, et CCMP uniquement la clé TK1. Les protocoles TKIP et CCMP sont décrits en fin de chapitre.

Cette hiérarchie de clés est illustrée à la figure 5.8.

Figure 5.8
*Schéma de
dérivation des clés
dans IEEE 802.11i*

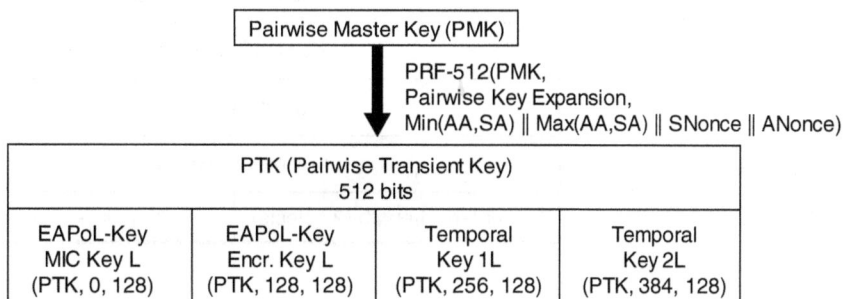

Pairwise Master Key (PMK)

PRF-512(PMK,
Pairwise Key Expansion,
Min(AA,SA) || Max(AA,SA) || SNonce || ANonce)

PTK (Pairwise Transient Key) 512 bits			
EAPoL-Key MIC Key L (PTK, 0, 128)	EAPoL-Key Encr. Key L (PTK, 128, 128)	Temporal Key 1L (PTK, 256, 128)	Temporal Key 2L (PTK, 384, 128)

Le groupe de x bits est égal à 256 pour la clé TKIP (deux clés TK1 et TK2 sont générées dans ce cas), et 128 dans les autres cas. Ce cas de figure est illustré à la figure 5.9.

Figure 5.9
Dérivation de clés de GTK

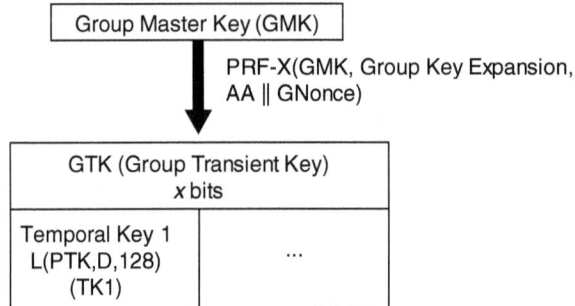

```
                    ┌─────────────────────────────┐
                    │   Group Master Key (GMK)     │
                    └─────────────────────────────┘
                               │
                               │  PRF-X(GMK, Group Key Expansion,
                               ▼  AA ‖ GNonce)
          ┌──────────────────────────────────────────┐
          │        GTK (Group Transient Key)          │
          │                  x bits                    │
          ├────────────────────────┬──────────────────┤
          │   Temporal Key 1       │                  │
          │   L(PTK,D,128)         │       ...        │
          │     (TK1)              │                  │
          └────────────────────────┴──────────────────┘
```

Le message EAPoL-Key

Le protocole à quatre passes 4-ways handshake exige des trames spécifiques, les trames EAPoL-Key, pour transporter les informations nécessaires. Le supplicant et le point d'accès déduisent une clé PTK. Cette valeur est calculée par la fonction PRF (Pseudo-Random Function), avec comme arguments d'entrée les nombres aléatoires ANonce et SNonce fournis par le supplicant et le point d'accès, la clé secrète partagée PMK et les adresses MAC du point d'accès et du supplicant.

Le format du message EAPoL-Key est illustré à la figure 5.10.

Figure 5.10
Format du message EAPoL-Key

Descriptor Type (1 octet)	
Key Information (2 octects)	Key Length (2 octects)
Replay Counter (8 octets)	
Key Nonce (32 octets)	
EAPoL-Key IV (16 octets)	
Key RSC (8 octets)	
Key ID (8 octets)	
Key MIC (16 octets)	
Key Material Length (2 octects)	Key Data (*n* octets)

Le tableau 5.5 donne la signification des différents champs du message EAPoL-Key décrit à la figure 5.10.

Tableau 5.5 Champs d'un message EAPoL-Key

Champ	Signification
Descriptor Type	Sur 1 octet, avec la valeur 254 (en décimal) pour un RSN Key Descriptor
Key Information	Sur 2 octets, contient les informations illustrées à la figure 5.11.
Key Length	Longueur du message exprimée en octet
Key Replay Counter	Numéro de séquence sur 8 octets d'un message EAPoL-Key
Key Nonce	Nombre aléatoire de 32 octets
Key IV	Valeur de l'IV sur 16 octets utilisée pour le chiffrement de la clé GTK
Key RSC	Champ de 8 octets contenant la valeur du RSC (Receive Sequence Counter). L'octet de poids faible de l'IV est le premier octet du RSC. Dans le cas de TKIP, le champ TSC (Transmit Sequence Counter) est égal aux 6 premiers octets du RSC.
Key ID	Champ de 8 octets réservé et codé à zéro
Key MIC	Message Integrity Code sur 16 octets tel que spécifié dans le Key Descriptor Version
Key Data Length	Champ sur 2 octets indiquant la valeur du paramètre Key Data
Key Data	Contient le RSN IE dans les messages 2 et 3 du 4-ways handshake. Dans le cas d'un 2-ways handshake (distribution de GTK), il contient la valeur chiffrée de GTK.

Dans la figure 5.10, juste après le premier champ Descriptor Type, le champ Key Information est assez complexe. Il est composé de 10 sous-champs de 1 à 4 bits de long. Ces différents sous-champs sont illustrés à la figure 5.11.

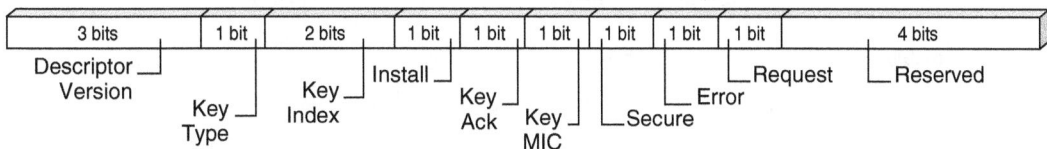

Figure 5.11
Format du champ Key Information

La signification des composants du champ Key Information est donnée au tableau 5.6.

Tableau 5.6 Le champ Key Information

Champ	Signification
Descriptor Version	Ce champ sur 3 bits permet d'indiquer si la signature MIC (Message Integrity Code) utilise pour la distribution de la clé GTK (RFC 2104 et 1321) la fonction HMAC-MD5 avec le chiffrement RC4 ou HMAC-SHA1 avec le chiffrement AES-CBC-MAC. HMAC est définie dans la RFC 2104.
Key Type	0 pour GTK et 1 pour PMK
Key Index	0 pour PMK et valeur comprise entre 1 et 3 pour GTK
Install	Si la clé est une clé PMK, la valeur 1 indique l'installation des clés. Si la clé est une clé GTK, 0 = clé pour réception seulement, 1 = clé valide pour transmission et réception.
Ack	Demande de réponse
MIC	Indique la présence d'un MIC.
Secure	Indique que le handshake est terminé et que les clés sont opérationnelles.
Error	Notification d'une erreur
Request	Le supplicant positionne ce bit pour que l'authenticator lance un handshake.
Reserved	Toujours à 0

Notation des messages EAPoL-Key

Le message EAPoL-Key transporté par la trame EAPoL est responsable du transport sécurisé de l'information de clé. Ce message transporte un grand nombre d'informations, comme illustré aux figures 5.10 et 5.11 et aux tableaux 5.5 et 5.6. Pour simplifier son écriture, on utilise la notation suivante :

```
EAPOL-KEY(S, M, A, T, N, K, KEYRSC, ANONCE/SNONCE/GNONCE, MIC, GTK)
```

Le tableau 5.7 donne la signification des différentes variables des messages EAPoL-Key.

Tableau 5.7 Variables d'un message EAPoL-Key

Variable	Signification
S	Bit Secure indiquant la fin de l'échange des clés
M	Présence d'un MIC dans le message
A	Bit Ack auquel le destinataire du message doit répondre.
T	Bit Install indiquant l'installation d'une clé PMK ou l'usage d'une clé GTK.
N	Key Index, avec 0 pour PMK et entre 1 et 3 pour GTK
K	Bit Key Type, avec P (Pairwise) ou G (Group)
KeyRSC	Valeur du compteur TSC (Transmit Sequence Counter) ou RSC (Receive Sequence Counter) dans le cas de TKIP

Tableau 5.7 Variables d'un message EAPoL-Key *(suite)*

Variable	Signification
ANonce/SNonce/GNonce	Valeur du champ Key Nonce.
MIC	Valeur du MIC
GTK	Champ donnant la valeur chiffrée de la clé GTK ou du RSN IE

Exemple de 4-ways handshake

La figure 5.12 illustre une procédure de 4-ways handshake utilisant les quatre messages suivants :

1. Authenticator à supplicant : EAPOL-KEY(0,0,1,0,0,P,0,ANONCE,0,0).

2. Supplicant à authenticator : EAPOL-KEY(0,1,0,0,0,P,0,SNONCE,MIC,RSN IE).

3. Authenticator à supplicant : EAPOL-KEY(0,1,1,1,0,P,IV,ANONCE,MIC,RSN IE).

4. Supplicant à authenticator : EAPOL-KEY(0,1,0,0,0,P,0,0,MIC,0).

Figure 5.12
Exemple de 4-ways Handshake

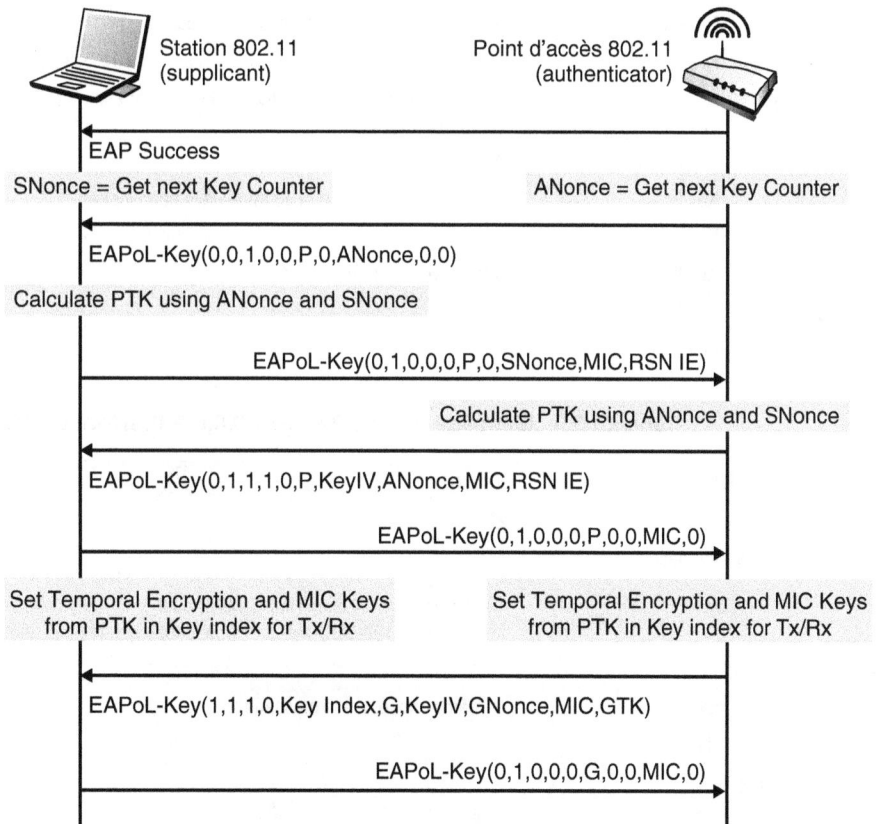

Station 802.11 (supplicant) — Point d'accès 802.11 (authenticator)

EAP Success

SNonce = Get next Key Counter — ANonce = Get next Key Counter

EAPoL-Key(0,0,1,0,0,P,0,ANonce,0,0)

Calculate PTK using ANonce and SNonce

EAPoL-Key(0,1,0,0,0,P,0,SNonce,MIC,RSN IE)

Calculate PTK using ANonce and SNonce

EAPoL-Key(0,1,1,1,0,P,KeyIV,ANonce,MIC,RSN IE)

EAPoL-Key(0,1,0,0,0,P,0,0,MIC,0)

Set Temporal Encryption and MIC Keys from PTK in Key index for Tx/Rx — Set Temporal Encryption and MIC Keys from PTK in Key index for Tx/Rx

EAPoL-Key(1,1,1,0,Key Index,G,KeyIV,GNonce,MIC,GTK)

EAPoL-Key(0,1,0,0,0,G,0,0,MIC,0)

Le détail de ces messages est donné aux tableaux 5.8 à 5.11.

Tableau 5.8   Message EAPoL-Key(0,0,1,0,0,P,0,ANonce,0,0)

Variable	Valeur
Descriptor Type	254
Key Information	
Version	1 (chiffrement RC4 avec HMAC-MD5) ou 2 (chiffrement AES-128-CBC avec AES-128-CBC-MAC)
Key Type	1 (Pairwise)
Key Index	0 (les clés Pairwise Key utilisent la clé KeyID 0).
Install flag	0
Key Ack	1
Key MIC	0
Secure	0
Error	0
Request	0
Reserved	0 (non utilisé par cette version du protocole)
Key Length	16 (toutes les clés 802.11 ont une longueur de 16 octets).
Key Replay Counter	*n* (pour permettre à l'authenticator de faire correspondre le message 2 du supplicant)
Key Nonce	ANonce
Key IV	0 (non utilisé dans la procédure 4-ways handshake)
Key RSC	0
Key ID	0 (réservé ; clé Key MIC = 0)
Key Data Length	0
Key Data	0

Tableau 5.9   Message EAPoL-Key (0,1,0,0,0,P,0,SNonce,MIC,RSN IE)

Variable	Valeur
Descriptor Type	254
Key Information	
Version = 1	1 (chiffrement RC4 avec HMAC-MD5) ou 2 (chiffrement AES-128-CBC avec 16 AES-128-CBC-MAC) ; même chose que le message 1
Key Type	1 (Pairwise ; même chose que le message 1)
Key Index	0 (même chose que le message 1)
Install flag	0
Key Ack	0
Key MIC	1

Tableau 5.9   Message EAPoL-Key (0,1,0,0,0,P,0,SNonce,MIC,RSN IE) *(suite)*

Variable	Valeur
Secure	0 (même chose que le message 1)
Error	0 (même chose que le message 1)
Request	0 (même chose que le message 1)
Reserved	0 (non utilisé par cette version du protocole)
Key Length	16 (même chose que le message 1)
Key Replay Counter	n (pour permettre à l'authenticator de savoir quel message 1 correspond à celui-ci).
Key Nonce	SNonce
Key IV	0 (non utilisé par la procédure 4-ways handshake)
Key RSC	0
Key ID	0 (réservé)
Key MIC	MIC(MK, EAPOL). La signature MIC est calculée avec le corps de ce message EAPoL-Key, avec la clé Key MIC initialisée à 0.
Key Data Length	Longueur en octet incluant le champ RSN IE
Key Data	Inclut le champ RSN IE. Dans un BSS, ce champ mémorise tous les champs RSN IE de toutes les stations.

Tableau 5.10   Message EAPoL-Key(0,1,1,1,0,P,IV,ANonce,MIC,RSN IE)

Variable	Valeur
Descriptor Type	254
Key Information	
Version = 1	1 (chiffrement RC4 avec HMAC-MD5) ou 2 (chiffrement AES-128-CBC avec AES-128-CBC-MAC) ; même chose que le message 1
Key Type	1 (Pairwise ; même chose que le message 1)
Key Index	0 (même chose que le message 1)
Install	0/1 (0 seulement si l'AP ne prend pas en charge la gestion des clés).
Key Ack	1
Key MIC	1
Secure	0 (Group Key Handshake à venir) ou 1 (pas de Group Key Handshake)
Error	0 (même chose que le message 1)
Request	0 (même chose que le message 1)
Reserved	0 (non utilisé dans cette version du protocole)
Key Length	16
Key Replay Counter	n (numéro de la transaction).
Key Nonce	ANonce (même chose que le message 1)
Key IV	0 (non utilisé dans la procédure 4-ways handshake)

Tableau 5.10   Message EAPoL-Key(0,1,1,1,0,P,IV,ANonce,MIC,RSN IE) *(suite)*

Variable	Valeur
Key RSC	Numéro de la séquence de démarrage que l'authenticator utilisera dans les paquets protégés par la clé PTK (normalement cette valeur est à 0).
Key ID	0 (réservé)
Key MIC	MIC(MK, EAPOL). La signature MIC est calculée avec le corps de ce message EAPoL-Key, avec la clé Key MIC initialisé à 0.
Key Data Length	Longueur en octet incluant le champ RSN IE
Key Data	Inclut le champ RSN IE. Dans un BSS, ce champ mémorise la valeur de Beacon/ Probe RSN IE de l'AP.

Tableau 5.11   Message EAPoL-Key(0,1,0,0,0,P,0,0,MIC,0)

Variable	Valeur
Descriptor Type	254
Key Information	
Version	1 (chiffrement RC4 avec HMAC-MD5) ou 2 (chiffrement AES-128-CBC avec AES-128-CBC-MAC) ; même chose que le message 1
Key Type	1 (Pairwise) ; même chose que le message 1
Key Index	0
Install	1
Key Ack	0 (même chose que le message 1)
Key MIC	1
Secure	0 ou 1 (même chose que le message 1)
Error	0
Request	0
Reserved	0 (non utilisé dans cette version du protocole)
Key Length	16
Key Replay Counter	n (numéro de la transaction à laquelle elle appartient).
Key Nonce	0 (non utilisé dans le Message 4)
Key IV	0 (non utilisé par la procédure 4-ways handshake)
Key RSC	Numéro de la séquence de démarrage que le supplicant utilisera dans les paquets protégés par la clé PTK (normalement 0).
Key ID	0 – Réservé
Key MIC	MIC(MK, EAPOL). La signature MIC est calculée avec le corps de ce message EAPoL-Key, avec la clé Key MIC initialisée à 0.
Key Data Length	0
Key Data	0

Exemple de Group Key Handshake

Nous avons vu que le point d'accès disposait d'une clé de groupe GMK (Group Master Key). Un protocole à deux passes, ou 2-ways handshake, permet de délivrer la valeur GMK chiffrée par la clé KEK (EAPoL-Key Encryption Key) et de déduire à l'aide d'un nombre aléatoire GNonce une clé temporaire de groupe GTK. Le point d'accès la délivre de manière sécurisée à toutes les cartes coupleurs des machines connectées. Le déroulement de ce processus de Group Key Handshake est illustré à la figure 5.13, avec les messages suivants :

1. Authenticator à supplicant : EAPOL(1,1,1,0,KEY ID,G,RSC,GNONCE,MIC,GTK).

2. Supplicant à authenticator : EAPOL(1,0,0,0,G,0,0,MIC,0).

Figure 5.13
Exemple de Group Key Handshake

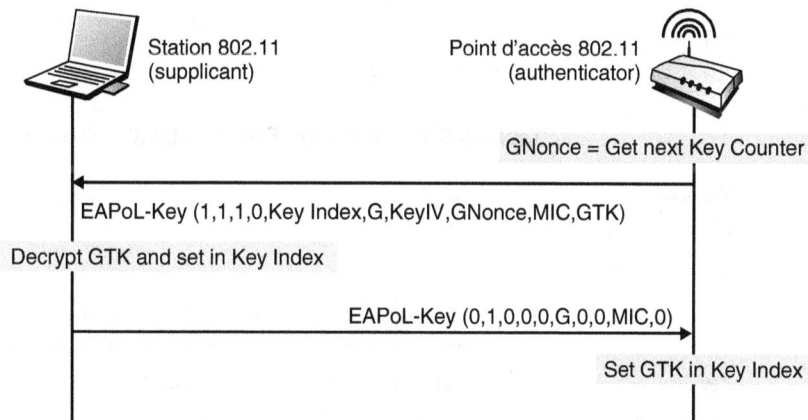

Le détail de ces messages est donné aux tableaux 5.12 et 5.13.

Tableau 5.12   Message EAPoL(1,1,1,0,KEY ID,G,RSC,GNonce,MIC,GTK)

Variable	Valeur
Descriptor Type = 254	
Key Information	
Version Number	1 (chiffrement RC4 avec HMAC-MD5) ou 2 (chiffrement AES-128-CBC avec AES-128-CBC-MAC)
Key Type	0 (Group)
KeyID	1, 2 ou 3
Install flag	1
Key Ack	1
Key MIC	1
Secure	1
Error	0

Tableau 5.12   Message EAPoL(1,1,1,0,KEY ID,G,RSC,GNonce,MIC,GTK) *(suite)*

Variable	Valeur
Request	0
Reserved	0
Key Length	16
Key Replay Counter	n
Key Nonce	GNonce
Key IV	Spécifique de la version
Key RSC	Dernier numéro de séquence transmis pour la clé GTK
Key ID	0 (réservé)
Key MIC	MIC(MK, EAPoL)
Key Material Length	32
Key Material	Spécifique de la version

Tableau 5.13   Message EAPoL(1,0,0,0,G,0,0,MIC,0)

Variable	Valeur
Descriptor Type	254
Key Information	
Version Number	1 (chiffrement RC4 avec HMAC-MD5) ou 2 (chiffrement AES-128-CBC avec AES-128-CBC-MAC) ; (même chose que le message 1)
Key Type	0 Group (même chose que le message 1)
KeyID	1, 2, or 3 (même chose que le message 1)
Install	0
Key Ack	0
Key MIC	1
Secure	1
Error	0
Request	0
Reserved	0
Key Length	16
Key Replay Counter	n (même chose que le message 1)
Key Nonce	0
Key IV	0
Key MIC	MIC(MK, EAPoL)
Key Material Length	0
Key Material	0

Les machines d'états

Comme expliqué précédemment, une machine d'état décrit les différents états dans lesquels peuvent se trouver les deux machines en communication ainsi que les transitions permettant de passer d'un état à un autre. Cette section introduit les 5 états du supplicant et les 14 états de l'authenticator. Nous ne donnons que les transitions principales à partir de chaque état.

Machine d'états du supplicant

Le supplicant gère les cinq états suivants :

* DISCONNECTED : après une erreur, le supplicant exécute une procédure STADISCONNECT et passe à l'état INITIALIZE.

* INITIALIZE : le supplicant transite dans cet état après réception des messages DISSO-CIATE ou DE-AUTHENTICATION.

* AUTHENTICATION : le supplicant transite dans cet état lorsqu'il transmet un message AUTHENTICATION.REQUEST au point d'accès.

* STAKEYSTART : réception d'un premier message EAPOL-KEY.

* KEYUPDATE : La station émet un message EAPOL-KEY avec le bit Request positionné.

Machine d'états de l'authenticator

Un authenticator gère quatorze états :

* DEAUTHENTICATE : après une erreur MIC dans un message, l'authenticator transite dans cet état, produit le message DE-AUTHENTICATION et passe à l'état INITIALIZE.

* DISCONNECTED : réception de messages DISSOCIATE ou DE-AUTHENTICATION.

* INITIALIZE : émission d'un message DE-AUTHENTICATION ou initialisation du système.

* AUTHENTICATION : réception d'un AUTHENTICATION.REQUEST.

* INITMSK : réception d'un message de succès EAP. L'authenticator transite à l'état PTK-START si la clé RADIUS (RADIUSKEY) est reçue sans erreur et à l'état DISCONNECTED dans le cas contraire.

* PKTSTART : démarrage du 4-ways handshake.

* PKTINITNEGOCIATING : réception du second message EAPOL-KEY.

* UPDATEKEYS : réception d'un message EAPOL-KEY avec le bit Request positionné.

* MICFAILURE : détection d'une erreur MIC.

* REKEYNEGOCIATING : une clé GTK est sur le point d'être transmise au GTK.

- REKEYESTABLISHED : réception d'un message de type Group Key.

- KEYERROR : timeout lors de l'attente d'un message relatif à une clé de groupe.

- SETKEYS : requête de mise à jour de GTK pour tous les supplicants.

- SETKEYDONE : mise à jour GTK accomplie.

Les protocoles de sécurité radio de 802.11i

Le WEP étant insuffisant pour assurer la sécurité des réseaux 802.11, deux mécanismes supplémentaires ont été ajoutés à 802.11i :

- TKIP (Temporal Key Integrity Protocol), le successeur du WEP.

- CCMP (Counter-mode/CBC-MAC Protocol), qui utilise l'algorithme de chiffrement AES en mode CCM et une signature MIC.

Le protocole TKIP

Le protocole TKIP met en œuvre l'algorithme de chiffrement RC4 et ajoute à chaque SDU (Service Data Unit) MAC une signature de 64 bits baptisée MIC (Message Integrity Code). La clé RC4 (128 bits) est calculée à partir d'un compteur de 48 bits (Transmit Sequence) transmis en clair dans chaque trame et d'une clé TK (Temporal Key).

La trame TKIP est détaillée à la figure 5.14.

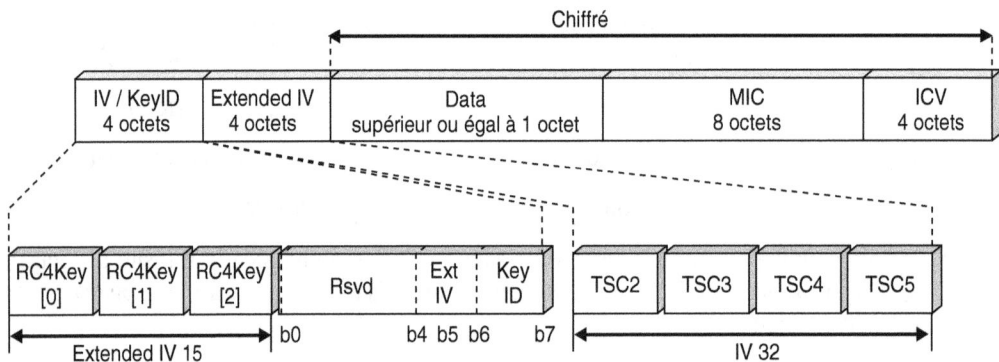

Figure 5.14
La trame TKIP

Dans la trame TKIP, le champ TSC (Transmit Sequence Counter) porte les valeurs IV32 et IV16 pour un total de 48 bits. Le champ Rsvd est toujours à zéro, et Ext-IV toujours à un. Key ID est égal à 00.

Le chiffrement TKIP

TKIP est un protocole de chiffrement destiné à améliorer le WEP. Il génère des clés WEP dynamiques *via* des réauthentifications 802.1x périodiques.

TKIP calcule le MIC sur l'adresse source (SA), l'adresse destination (DA), la priorité et les données puis l'ajoute à la MSDU (MAC Service Data Unit). Le récepteur vérifie le MIC après déchiffrement, puis réassemble les MPDU (MAC Protocol Data Unit) en MSDU. Les MSDU ayant un MIC invalide sont rejetées.

Du fait qu'un attaquant peut compromettre le MIC en observant des messages, TKIP implémente des contre-mesures, destinées à limiter les mises à jour de clés. TKIP fragmente la MSDU en plusieurs MPDU et assigne un TSC (TKIP Sequence Counter) à chaque PDU qu'il génère. Cette valeur est communiquée au récepteur, lequel rejette les MPDU reçues dans le désordre.

TKIP utilise une fonction de mixage cryptographique pour calculer le WEP seed, constitué d'un IV étendu à 128 bits et d'une clé RC4. Celui-ci permet de chiffrer les PDU avec le WEP. Le récepteur récupère le TSC à partir d'une MPDU puis utilise la fonction de mixage pour recalculer le WEP seed et déchiffre la MPDU. La fonction de mixage des clés a pour fonction de faire échouer les attaques par clés faibles. TTAK (TKIP mixed Transmit Address and Key) est une clé intermédiaire produite à l'issue de la phase 1 de la fonction de mixage de TKIP.

La figure 5.15 illustre le mécanisme de chiffrement de TKIP.

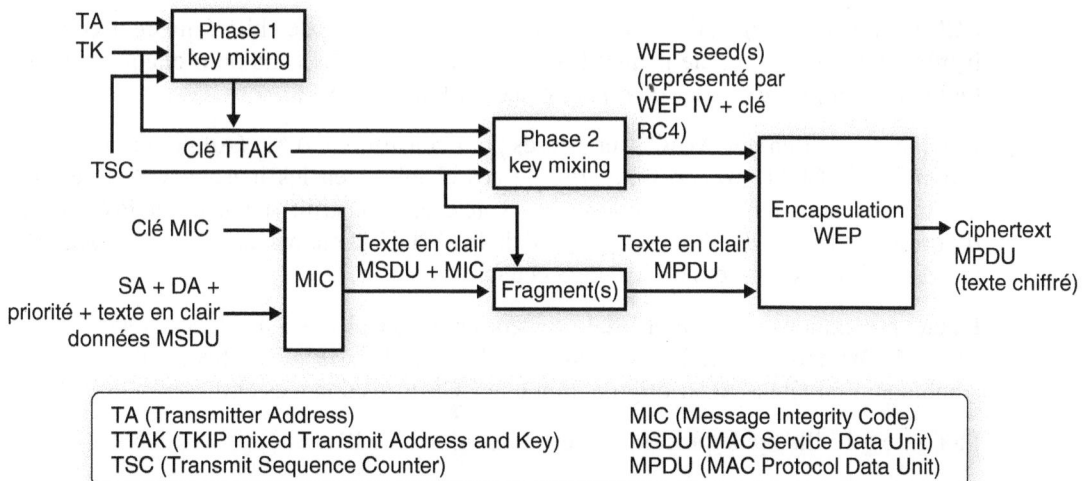

Figure 5.15
Le chiffrement TKIP

Le protocole CCMP

Le protocole CCMP est fondé sur AES (Advanced Encryption Standard). Il utilise le mode d'opération CCM, qui combine les atouts du mode CTR (Counter Mode) pour la confidentialité et de CBC-MAC (Cipher Block Chaining-Message Authentication Code) pour l'authentification et l'intégrité. CCM assure l'intégrité du champ de données de la MSDU et de certaines parties sélectionnées de l'en-tête MAC.

Dans CCMP, tous les traitements AES utilisent une clé et une taille de blocs de 128 bits.

CCM utilise la même clé temporaire pour CTR et CBC-MAC. Habituellement, l'utilisation d'une même clé pour plusieurs fonctions introduit une faille de sécurité. Ce n'est pas le cas ici car les IV sont différents pour les modes CTR et CBC-MAC. De plus, toutes les valeurs intermédiaires dans le calcul du CBC-MAC sont aléatoires, ce qui rend la probabilité d'une collision très faible. Malgré tout, s'il y a collision, seul le MIC chiffré est affecté, et aucune information ne peut être déduite, même pas l'occurrence de la collision.

Le protocole CCM est un mode générique pouvant être utilisé avec tout algorithme de chiffrement orienté bloc. Il emploie deux paramètres, M et L :

- M = 8 indique que le MIC est codé sur 8 octets.

- L = 2 indique que le champ longueur est de 2 octets, ce qui est suffisant pour conserver la trame 802.11 la plus longue possible.

En plus d'une clé temporaire fraîche TK pour chaque session, CCM requiert une valeur aléatoire (Nonce), unique pour chaque trame. Dans ce but, CCMP utilise un numéro de paquet PN codé sur 48 bits.

CCMP chiffre la charge utile d'une MPDU et encapsule le texte chiffré qui en découle en incrémentant le numéro de paquet PN afin d'obtenir un PN frais pour chaque MPDU. Le PN ne doit pas se répéter pour une même clé temporaire TK.

Des champs de l'en-tête MAC sont utilisés pour construire l'AAD (Additional Authentication Data). CCM protège l'intégrité de ces champs ; en les masquant à 0, certains d'entre eux sont rendus silencieux. Le Nonce est construit à partir du PN, de A2 (l'adresse de la MPDU 2) et de la priorité de la MPDU. Il encode ensuite le nouveau PN et le Key ID dans l'en-tête CCMP de 8 octets.

L'auteur du traitement CCM utilise la clé temporaire TK, l'AAD, le Nonce et les données de la MPDU pour former le texte chiffré et le MIC. La MPDU chiffrée est obtenue en combinant l'en-tête MAC d'origine, l'en-tête CCMP, les données chiffrées et le MIC.

La figure 5.16 illustre le processus d'encapsulation CCMP.

Le chiffrement CCMP est illustré à la figure 5.17.

Les paramètres de chiffrement sont déduits d'un compteur de 48 bits (Packet Number) transmis en clair dans chaque trame et d'une clé TK.

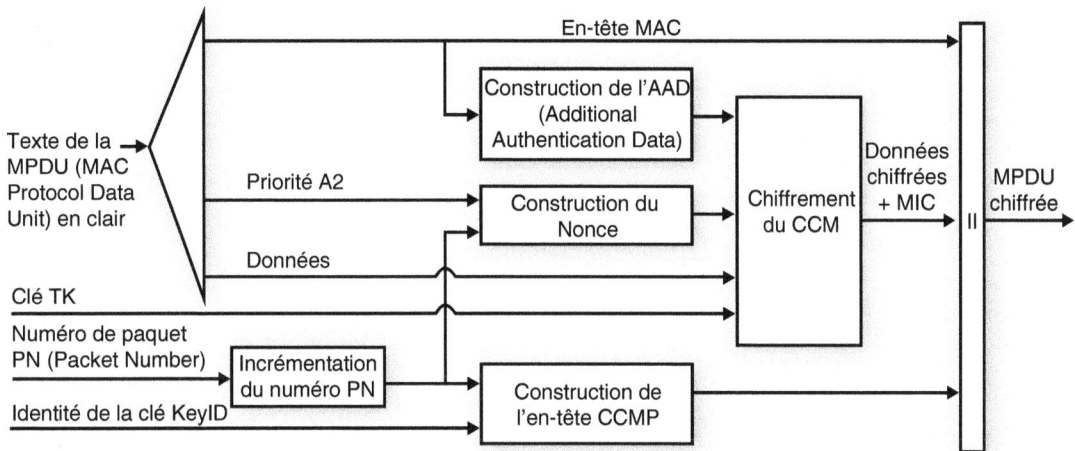

Figure 5.16
Diagramme en blocs de l'encapsulation CCMP

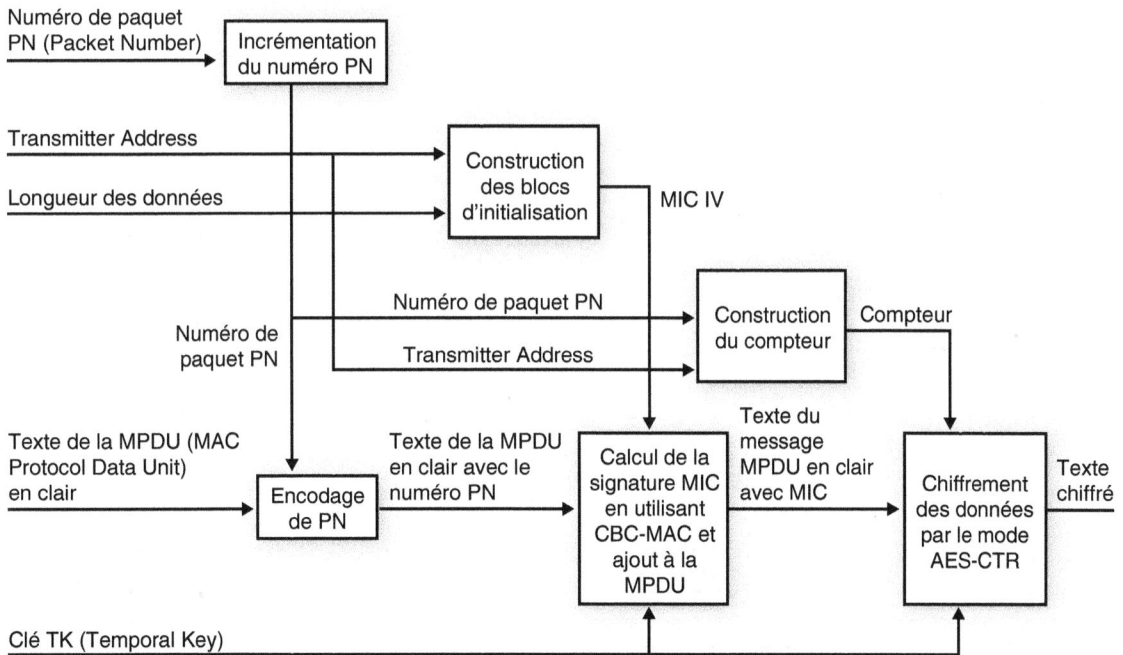

Figure 5.17
Chiffrement CCMP

La trame du protocole CCMP est illustrée à la figure 5.18.

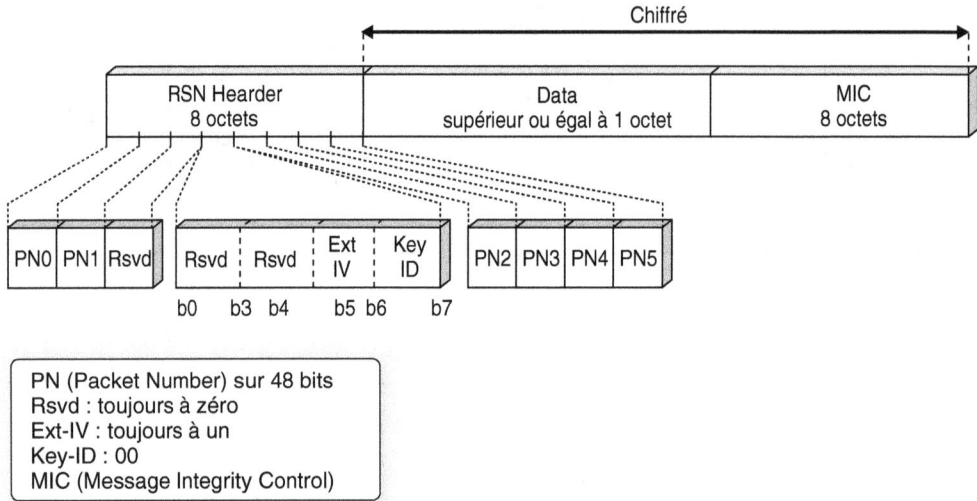

Figure 5.18
Trame du protocole CCMP

La solution WPA (Wi-Fi Protected Access)

WPA est un sous-ensemble de la norme 802.11i regroupant 802.1x et TKIP et visant à pallier les failles de sécurité du WEP. Le standard WPA est transitoire et est déjà en cours de remplacement par la version de 802.11i appelée WPA2, qui utilise le mécanisme de chiffrement AES. Tous les éléments de ces deux protocoles ayant été présentés dans les sections précédentes, nous n'examinons ici que la trame RSN IE de WPA et WPA2.

WPA et WPA2 présentent des différences significatives. En particulier, le protocole par défaut de WPA est TKIP et celui de WPA2 CCMP.

La trame RSN IE de WPA2 est illustrée à la figure 5.19 et celle de WPA à la figure 5.20.

Figure 5.19
Trame RSN IE de 802.11i

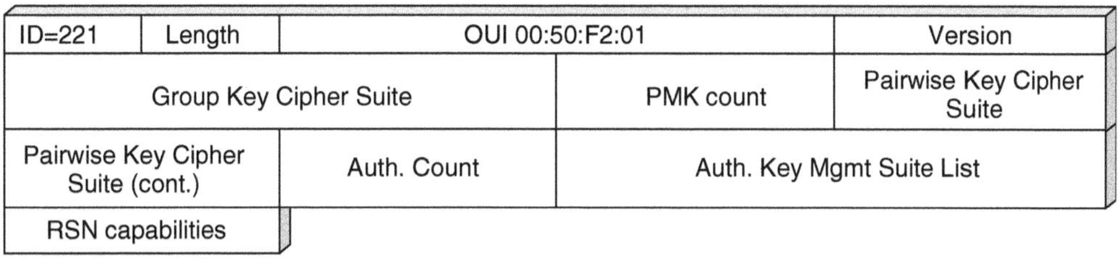

ID=221	Length	OUI 00:50:F2:01		Version
Group Key Cipher Suite		PMK count	Pairwise Key Cipher Suite
Pairwise Key Cipher Suite (cont.)	Auth. Count	Auth. Key Mgmt Suite List	
RSN capabilities			

Figure 5.20
Trame RSN IE de WPA

Ces deux protocoles sont censés garantir la sécurité des réseaux sans fil pour au moins plusieurs années. WPA a l'avantage de pouvoir être introduit dans le firmware des cartes 802.11 construites avant 2004. Cette compatibilité s'explique par le fait que WPA utilise les mêmes protocoles que le WEP. En revanche, l'algorithme de chiffrement AES n'étant pas implémenté en natif dans les cartes 802.11, une modification du firmware n'est pas possible. Il faut donc acheter de nouvelles cartes compatibles WPA2 pour entrer dans cette nouvelle génération.

Étant donné l'incompatibilité des deux générations, on peut espérer que la nouvelle génération de carte intégrera les deux algorithmes de chiffrement. De telles cartes seraient compatibles WPA et WPA2, ce qui permettrait de les utiliser en TKIP avec la sécurité nécessaire. Il suffirait de baisser chaque année la vitesse de rafraîchissement des clés puis, lorsque presque toutes les cartes seraient compatibles avec l'algorithme AES, de passer en AES afin d'assurer la sécurité pour plusieurs années supplémentaires.

Conclusion

Ce chapitre a détaillé les mécanismes des deuxième et troisième générations de sécurité Wi-Fi. Les deux solutions menant aux produits WPA et WPA2 correspondent aux algorithmes TKIP et CCMP, avec des mécanismes de chiffrement RC4 et AES.

La première solution visant à améliorer le protocole WEP est TKIP. Celle-ci ne nécessite aucun changement de matériel. À l'inverse, CCMP, fondée sur l'algorithme de chiffrement AES, nécessite un renouvellement du matériel car l'algorithme doit être implémenté dans les composants matériels dédiés au chiffrement.

Pour les entreprises ayant déjà déployé des équipements de réseau sans fil, le surcoût engendré par ce renouvellement les conduira certainement à adopter la solution intermédiaire WPA avant de passer à WPA2 dès que le nombre de cartes compatibles sera suffisamment important.

6

L'authentification
dans les réseaux sans fil

Comme nous l'avons vu à plusieurs reprises, l'authentification est une fonction de sécurité essentielle. C'est la raison pour laquelle les protocoles WPA et WPA2 commencent par l'authentification du client avant d'autoriser ce dernier à franchir le point d'accès. Le protocole d'authentification utilisé provient de la norme IEEE 802.1x, qui n'est pas expressément dévolue aux réseaux sans fil mais concerne toutes les catégories de réseaux. Nous avons détaillé les grandes lignes de cette technique d'authentification au chapitre 4 mais ne sommes pas entrés dans les protocoles de bas niveau capables de transporter de façon sûre l'information d'authentification. C'est ce problème qu'examine le présent chapitre.

Nous commençons par introduire le protocole PPP et tous ses dérivés puis examinons l'extension EAP (Extensible Authentication Protocol), qui est devenue le standard de transport des informations d'authentification. Nous présentons également quelques protocoles susceptibles de jouer un rôle important dans l'authentification.

PPP (Point-to-Point Protocol)

PPP a été défini en juillet 1994 dans la RFC 1661. Protocole de niveau trame, il permet de transporter un paquet d'un nœud vers un autre nœud. Bien que conçu initialement pour transporter des paquets IP, il peut prendre en compte d'autres protocoles de contrôle, que nous détaillons également dans ce chapitre.

La structure de la trame PPP est illuxstrée à la figure 6.1.

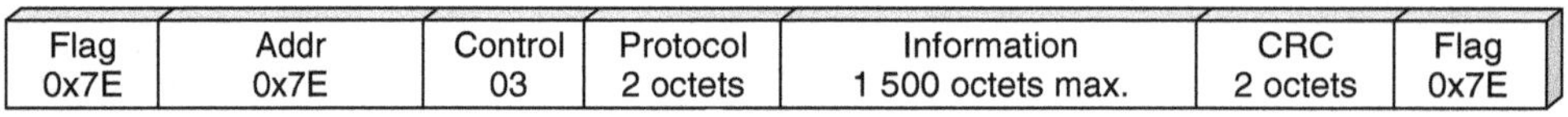

Flag 0x7E	Addr 0x7E	Control 03	Protocol 2 octets	Information 1 500 octets max.	CRC 2 octets	Flag 0x7E

Figure 6.1
Structure de la trame PPP

Le champ Protocol, sur 2 octets, identifie le type de paquet inclus dans la trame PPP. Les valeurs de ce champ sont indiquées au tableau 6.1.

Tableau 6.1 Valeurs du champ Protocol de la trame PPP

Valeur	Protocole encapsulé
0x0021	IP
0xC021	LCP (Link Control Protocol)
0x8021	NCP (Network Control Protocol)
0xC023	PAP (Password Authentication Protocol)
0xC025	LQR (Link Quality Report)
0xC223	CHAP (Challenge Handshake Authentication Protocol)

Un diagramme des états du protocole PPP est illustré à la figure 6.2.

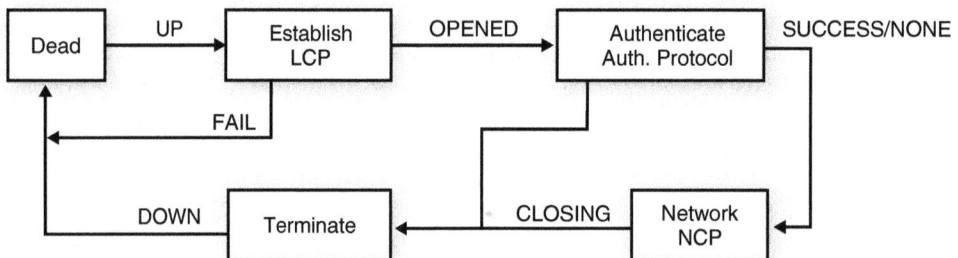

Figure 6.2
Diagramme des états de PPP

La liaison est d'abord mise en place par le protocole LCP (Link Control Protocol). Une fois l'ouverture effectuée, une authentification des extrémités a lieu pour sécuriser la liaison. Les protocoles de la famille CHAP (Challenge Handshake Authentication Protocol) ont été développés dans ce but. Une fois la liaison sécurisée, le protocole de contrôle NCP (Network Control Protocol) prend la suite pour déterminer les protocoles de niveau paquet qui vont utiliser la liaison.

LCP (Link Control Protocol)

Le protocole LCP permet d'ouvrir une liaison PPP et donne les moyens de négocier les options mises en œuvre par PPP, comme la taille des MTU.

Il existe onze types de paquets LCP, identifiés par un code sur 1 octet. Les options sont encodées sous la forme d'un code sur 1 octet, d'un identificateur sur 1 octet et d'une longueur sur 2 octets. Elles sont suivies par les données transportées, dont la longueur est précisée par le champ Length.

Le format de la trame est illustré à la figure 6.3.

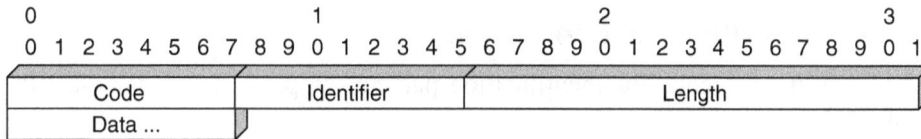

Figure 6.3
Format de la trame LCP

Les différents codes qui peuvent être utilisés dans le paquet LCP sont les suivants :

- (1) requête de configuration ;
- (2) accusé (ACK) de configuration ;
- (3) non-accusé de configuration (NAK) ;
- (4) requête de terminaison ;
- (6) accusé de terminaison ;
- (7) rejet de code ;
- (8) rejet de protocole ;
- (9) requête d'écho ;
- (10) réponse d'écho ;
- (11) requête d'élimination.

L'identificateur du deuxième octet de LCP définit les options suivantes :

- (1) MRU (Maximum Receive Unit) ;
- (3) protocole d'authentification ;
- (4) protocole de qualité (mesure de la qualité de la ligne utilisée) ;
- (5) nombre magique (détection de boucles ; client et serveur sur le même système hôte) ;
- (7) compression du champ protocole (de 2 octets à 1-PFC) ;
- (8) compression des champs adresse et contrôle de la trame HDLC (ACFC).

NCP (Network Control Protocol)

Le protocole NCP est défini dans la RFC 1332. Il permet de configurer des types de réseaux différents susceptibles d'utiliser la liaison PPP, par exemple IP ou DECnet. Issu de l'architecture réseau de la société DEC, qui a disparu au cours des années 90, DECnet n'est plus employé aujourd'hui. Dans le cadre des réseaux IP, le protocole utilisé est IPCP (Internet Protocol Control Protocol).

IPCP utilise seulement les sept premiers types de paquets de LCP. Une option de compression peut être utilisée. Dans ce cas, le code indiqué dans le champ protocole des trames PPP est 0x002D. Une adresse IP peut être attribuée par le serveur au client.

PAP (Password Authentication Protocol)

PAP est un protocole d'authentification par mot de passe défini dans la RFC 1334 en 1992.

La demande d'authentification du protocole PAP est indiquée par la présence de la valeur C023 dans le champ Protocol de la trame PPP. La figure 6.4 illustre le format de la trame PPP pour le transport de PAP.

Figure 6.4
*Structure
de la trame PPP
pour le transport
de PAP*

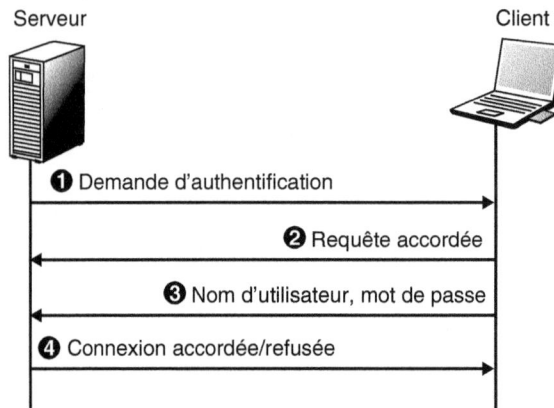

Les champs du paquet PAP sont illustrés à la figure 6.5. La longueur de la zone de données transportant le protocole d'authentification est de 4 octets.

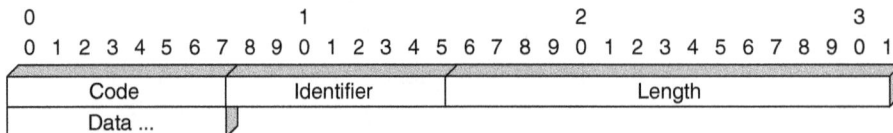

Figure 6.5
Format du paquet PAP

Le champ Code identifie la nature du paquet PAP. Il peut s'agir d'une requête d'authentification (Authentication Request) avec la valeur 1, d'un acquittement positif (Authenticate ACK) avec la valeur 2 ou d'un acquittement négatif de la demande (Authenticate NACK) avec la valeur 3. La structure des paquets correspondants est illustrée aux figures 6.6 et 6.7.

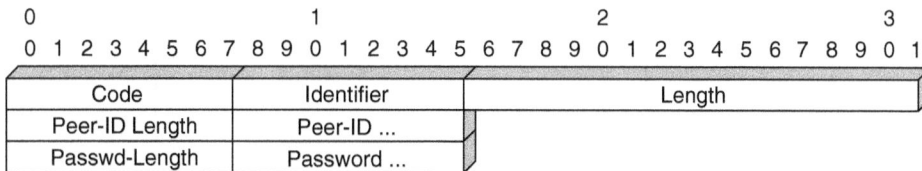

Figure 6.6
Structure du paquet de requête d'authentification

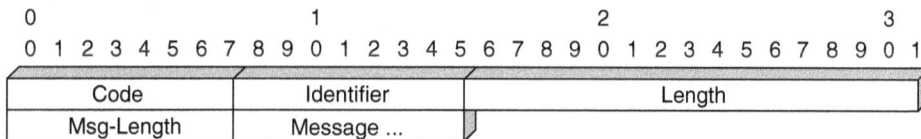

Figure 6.7
Structure du paquet d'authentification et de non-authentification

Le champ Identifier contient le numéro d'une requête et de la réponse associée. Le champ Length détermine la longueur totale du paquet PAP.

CHAP (Challenge Handshake Authentication Protocol)

Le protocole CHAP a été normalisé par la RFC 1334 en 1994.

La demande d'authentification CHAP est indiquée par la valeur C223 dans le champ Protocol de la trame PPP. La figure 6.8 illustre le processus d'authentification du protocole CHAP.

Le format du paquet CHAP est illustré à la figure 6.9.

Lorsque le champ code du paquet CHAP vaut 1-Challenge ou 2-Response, le paquet a la structure illustrée à la figure 6.10. Si le code vaut 3-Success ou 4-Failure, la structure du paquet prend la forme illustrée à la figure 6.11. Dans ces paquets, le champ Identifier indique le numéro d'une requête et de la réponse associée, et le champ Length la longueur totale du paquet PAP.

Figure 6.8
*Processus
d'authentification
du protocole CHAP*

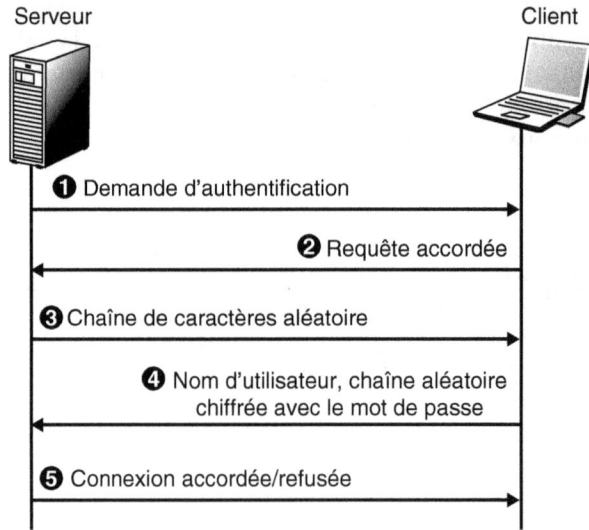

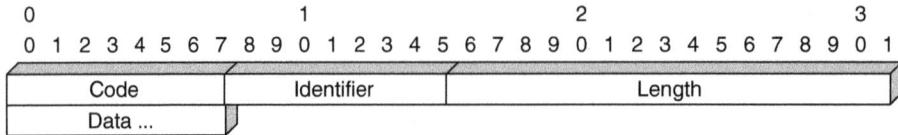

Serveur   Client

❶ Demande d'authentification

❷ Requête accordée

❸ Chaîne de caractères aléatoire

❹ Nom d'utilisateur, chaîne aléatoire
   chiffrée avec le mot de passe

❺ Connexion accordée/refusée

0									1										2										3	
0	1	2	3	4	5	6	7	8	9	0	1	2	3	4	5	6	7	8	9	0	1	2	3	4	5	6	7	8	9	0	1
Code								Identifier										Length												
Data ...																															

Figure 6.9
Format du paquet CHAP

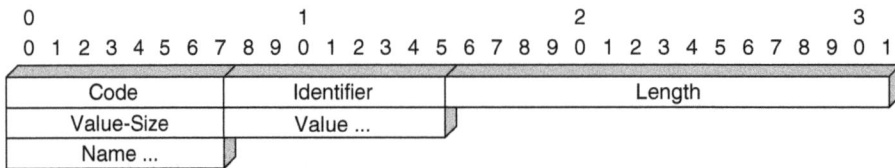

0									1										2										3	
0	1	2	3	4	5	6	7	8	9	0	1	2	3	4	5	6	7	8	9	0	1	2	3	4	5	6	7	8	9	0	1
Code								Identifier										Length												
Value-Size								Value ...																						
Name ...																															

Figure 6.10
Paquet Challenge/Response

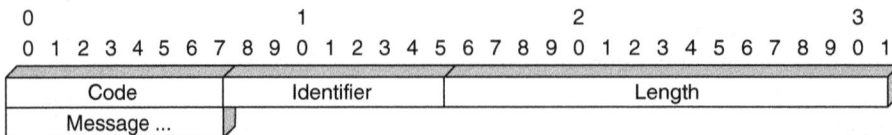

0									1										2										3	
0	1	2	3	4	5	6	7	8	9	0	1	2	3	4	5	6	7	8	9	0	1	2	3	4	5	6	7	8	9	0	1
Code								Identifier										Length												
Message ...																															

Figure 6.11
Paquet Success/Failure

MS-CHAP-V1

Le protocole MS-CHAP-V1 a été proposé par Microsoft et normalisé par l'IETF sous la RFC 2433 en 1998. Ce protocole est compatible avec la RFC de base datant de 1994.

Dans l'univers Microsoft, la sécurité d'un ordinateur personnel est fortement corrélée au mot de passe de son utilisateur. Ce dernier n'est jamais stocké en clair dans la mémoire de la machine. À partir d'un mot de passe, une empreinte MD4 de 16 octets est calculée puis mémorisée par le système hôte. Cette valeur, parfois nommée clé NT (NtPassword-Hash), est complétée par cinq octets nuls. On obtient ainsi 21 octets, interprétés comme une suite de trois clés DES de 56 bits chacune.

La méthode MS-CHAP-V1 est une authentification simple. Le serveur d'authentification produit un nombre aléatoire de 8 octets, et l'authentifié utilise ses trois clés DES pour chiffrer cet aléa, ce qui génère une réponse de 24 octets.

La demande d'authentification MS-CHAP-V1 est indiquée par la valeur C223 dans le champ Protocol de la trame PPP, complétée par un numéro d'algorithme prenant la valeur 0x80. Le format des paquets MS-CHAP-V1 est identique à celui des paquets CHAP. Les formats permettant de transporter les indications Challenge/Response et Success/Failure sont également les mêmes que dans le protocole CHAP. La différence provient de la taille du challenge, qui est de 8 octets. La taille de la réponse est de 25 octets, 24 octets pour les formats LAN manager et Windows NT et 1 octet (Use Windows NT compatible Challenge Response Flag) indiquant la disponibilité du format Windows NT. Le champ Name indique l'identifiant du compte utilisateur, c'est-à-dire nom de domaine plus nom d'utilisateur.

Les indications 3-Success et 4-Failure comportent toujours une zone Identifier, qui donne le numéro d'une requête et de la réponse associée, et un champ Length, qui précise la longueur totale du paquet PAP.

Les messages portant les valeurs E, C et V indiquent :

- E : Error-Code ;
- R : retry allowed(1/0) ;
- C : new-challenge-value(16 hexadecimal value) ;
- V : decimal-version-code.

Deux nouvelles indications, les valeurs 5 et 6, permettent de modifier un mot de passe. Pour la valeur 5-Change Password Packet (version 1), les champs ont la valeur 5 pour le code et une longueur de 72 octets.

Ces 72 octets se décomposent de la façon suivante :

- 16 octets pour Encrypted LAN Manager Old password Hash ;
- 16 octets pour Encrypted LAN Manager New Password Hash ;
- 16 octets pour Encrypted Windows NT Old Password Hash ;

- 16 octets pour Encrypted Windows NT New Password Hash ;

- 2 octets pour Password Length ;

- 2 octets pour Flags.

Dans la deuxième version du changement de mot de passe, le code 6 est utilisé. La longueur du champ est de 1 114 octets, qui se décomposent de la façon suivante :

- 516 octets pour Password Encrypted with Old NT Hash ;

- 16 octets pour Old NT Hash Encrypted with New NT Hash ;

- 516 octets pour Password Encrypted with Old LM Hash ;

- 16 octets pour Old LM Hash Encrypted With New NT Hash ;

- 24 octets pour LAN Manager compatible challenge response ;

- 24 octets pour Windows NT compatible challenge response ;

- 2 octets pour Flags1.

Les mécanismes d'authentification de Windows NT utilisent un mot de passe. Ce dernier est constitué d'une chaîne Unicode de 256 caractères au plus. Le NTPasswordHash est le résultat d'un Hash MD4 produisant 16 octets (128 bits). Ce NTPasswordHash est complété par 5 octets nuls. On obtient ainsi 21 octets, décomposés en trois clés DES de 7 octets. Le challenge de 8 octets est chiffré par les trois clés DES, qui produisent une réponse de 24 octets : DES1(challenge), DES2(challenge) et DES3(challenge).

Le PasswordHash (128 bits) est également utilisé comme clé de chiffrement RC4 dans les messages de modification de mot de passe. Un mot de passe est complété pour atteindre 256 caractères (512 octets) par une suite aléatoire. Cette valeur concaténée à la taille réelle (un entier de 4 octets) est chiffrée par la clé RC4, soit 516 octets.

MS-CHAP-V2

Le protocole MS-CHAP-V2 a été normalisé en 2000 par l'IETF sous la RFC 2759. MS-CHAP-V2 est une extension du protocole précédent, avec lequel il est compatible. L'objectif de cette nouvelle version est d'offrir une sécurité supérieure aux connexions d'accès distant en corrigeant certains problèmes de la précédente, comme la faiblesse des clés de chiffrement.

La demande d'authentification MS-CHAP-V2 est indiquée par la valeur 0x81 du champ Algorithm du protocole CHAP. Le format des paquets de la version 2 est similaire à celui de la version 1.

Le processus d'authentification est le suivant : le serveur d'authentification délivre un nombre aléatoire de 16 octets (AuthenticatorChallenge) ; le client 802.1x calcule un nombre de 8 octets à partir de cette valeur, d'un aléa (PeerChallenge) qu'il génère et du nom de l'utilisateur (login) ; ce paramètre est chiffré comme dans MS-CHAP-V1 par la clé NT pour obtenir une valeur de 24 octets.

Dans une plate-forme Microsoft, un annuaire stocke le nom des utilisateurs et leur mot de passe. La taille de la réponse est de 49 octets, qui se décomposent de la façon suivante :

- 16 octets pour le Peer-Challenge, qui porte un nombre aléatoire ;

- 8 octets réservés et codés à zéro ;

- 24 octets pour le format de réponse NT (NT-Response)

- 1 octet réservé et codé à zéro.

Le champ Name indique l'identifiant du compte utilisateur (nom-de-domaine\nom-utili-sateur). Pour les codes 3-Success et 4-Failure, la longueur du champ Message est de 42 octets.

Le format de ce champ est S=<auth_string> M=<message>, auth_string étant une chaîne de 20 caractères ASCII et message un texte affichable compréhensible.

Lorsqu'un message d'erreur est envoyé en retour, il se présente sous la forme suivante :

```
E=Error-Code R=retry allowed(1/0) C=new-challenge-value(32 hexadecimal value)
V=decimal-version-code
```

La longueur du code 7, qui indique un changement de mot de passe, est de 586 octets, qui se décomposent de la façon suivante :

- 516 octets pour Encrypted-Password ;

- 16 octets pour Encrypted-Hash ;

- 16 octets pour Peer-Challenge ;

- 8 octets pour Reserved ;

- 24 octets pour NT-Response ;

- 2 octets pour Flags (réservé et codé à zéro).

Comme pour la version précédente, les mécanismes d'authentification que l'on trouve dans NT comprennent le mot de passe, qui est une chaîne Unicode de 256 caractères au plus. Pour la génération de la NT-Response, une procédure (ChallengeHash) fondée sur la fonction SHA-1 produit un nombre (challenge) de 8 octets à partir du nombre aléatoire AuthenticatorChallenge, d'un nombre aléatoire PeerChallenge et du UserName.

Le Password est associé à une empreinte MD4 de 16 octets (NTPasswordHash), étendue à 21 octets, et interprété comme une série de trois clés DES de 7 octets. Le champ Challenge (8 octets) est chiffré par les trois clés DES, DES1(challenge), DES2(challenge) et DES3(challenge). Ces 24 octets constituent la NT-Response. Le PasswordHash (128 bits) est utilisé comme clé RC4 pour le chiffrement d'un nouveau mot de passe. Les deux premières clés DES déduites d'un PasswordHash sont utilisées pour le chiffrement du NtPasswordHash associé au nouveau mot de passe.

EAP (Extensible Authentication Protocol)

Le problème de la gestion de la mobilité des utilisateurs est devenu critique dès lors que les internautes ont massivement utilisé des modems et le protocole PPP pour accéder aux ressources offertes par leurs fournisseurs de services. Les systèmes d'exploitation ont donc intégré les fonctionnalités afin de renforcer la sécurité des nomades :

- authentification des utilisateurs par des méthodes de défi telles que CHAP, MS-CHAP ou MS-CHAP-V2 ;

- chiffrement des trames PPP, par exemple à l'aide de l'algorithme MPPE (Microsoft Point-To-Point Encryption), défini par la RFC 3078 en mars 2001 ;

- méthodes de calcul des clés de chiffrement (MS-MPPE-Recv-Key et MS-MPPE-Send-Key) ;

- distribution des clés par le protocole RADIUS.

Le besoin de compatibilité avec des infrastructures d'authentification diversifiées et la nécessité de disposer de secrets partagés dans ces environnements multiples ont conduit à la genèse du protocole EAP, capable de transporter des méthodes d'authentification indépendamment de leurs particularités.

Le protocole EAP fournit un cadre peu complexe pour le transport de protocoles d'authentification. Un message comporte un en-tête de 5 octets et des données optionnelles, comme illustré à la figure 6.12.

Figure 6.12
*Format
d'un message EAP*

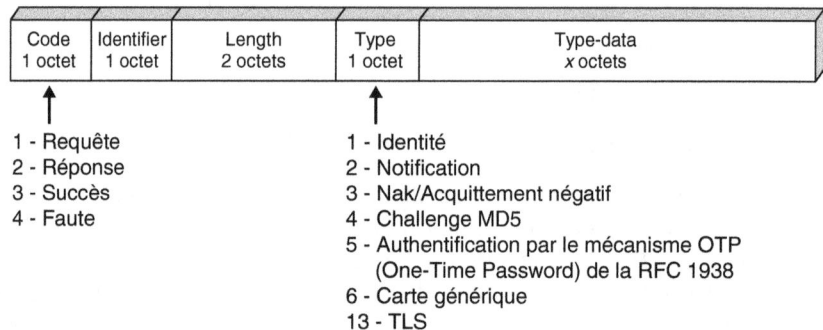

Il existe quatre types de messages, identifiés par un code de 1 octet :

- Request : 1

- Response : 2

- Success : 3

- Failure : 4

Chaque message est étiqueté à l'aide d'un nombre Identifier compris entre 0 et 255. L'étiquette d'une réponse est égale à celle de la requête correspondante. La longueur totale du message, codée sur deux octets, est comprise entre 4 et 65 535.

Le champ Type, compris entre 0 et 255, précise la nature des informations transportées. Les principales d'entre elles sont les suivantes :

- 1 : message relatif à l'identité (Identity).

- 2 : notification. Ce message contient une information affichable, et la réponse à une notification est obligatoirement une notification.

- 3 : notification d'une erreur (NAK).

- 4 : protocole d'authentification à base de défi MD5 (EAP-MD5).

- 6 : OTP.

- 13 : transport de TLS (EAP-TLS).

- 18 : méthode d'authentification fondée sur une carte SIM (EAP-SIM) pour le GSM 11.11, qui est la norme utilisée dans les réseaux GSM.

- 23 : EAP-AKA. Mise en œuvre des cartes USIM définies pour l'UMTS.

- 25 : PEAP. Méthode d'authentification du serveur, fondée sur TLS, et du client variable (MS-CHAP-V2, OTP, TLS, etc.).

- 26 : transport de MS-CHAP-v2.

Dans un réseau 802.11 sécurisé avec 802.1x, une authentification EAP se déroule de la manière suivante :

1. Lorsque la phase d'établissement de la liaison est terminée, le point d'accès envoie une requête d'identité.

2. Le client envoie un paquet EAP RESPONSE, dans lequel il fournit son identité et les méthodes d'authentification qu'il supporte. L'identité de l'utilisateur est indiquée par la valeur EAP-ID associée au message EAP-RESPONSE.IDENTITY.

3. Lorsque ce paramètre est similaire à une adresse de courrier électronique, ou NAI (Network Access Identifier), le point d'accès interprète la partie gauche, avant le caractère @, comme un login utilisateur et la partie droite comme le nom de domaine d'un serveur RADIUS. Une session d'authentification *(voir figure 6.13)* est initiée par le point d'accès grâce au message EAP-REQUEST.IDENTITY.

4. Le point d'accès envoie alors un défi au client.

5. Le client y répond à nouveau par un message EAP RESPONSE.

6. L'authentification se poursuit par une suite de requêtes et de réponses (EAP-REQUEST.TYPE et EAP-RESPONSE.TYPE), relatives à un type, ou scénario d'authentification, particulier et échangés entre le serveur RADIUS et le client 802.1x.

7. Le point d'accès met fin à la phase d'authentification par l'intermédiaire d'un paquet de succès (EAP-SUCCESS) ou d'échec (EAP-FAILURE) qu'il aura reçu du serveur d'authentification AAA (Authentication, Authorization, Accounting). C'est ce dernier qui prend la décision d'accepter ou de refuser l'accès au réseau.

8. Si la phase d'authentification s'est bien déroulée, le serveur d'authentification peut transmettre une clé de chiffrement au point d'accès, qui l'utilisera pour chiffrer les données envoyées au client.

Cette dernière phase est optionnelle pour le protocole EAP, car elle dépend du protocole d'authentification utilisé.

Ce processus est illustré à la figure 6.13.

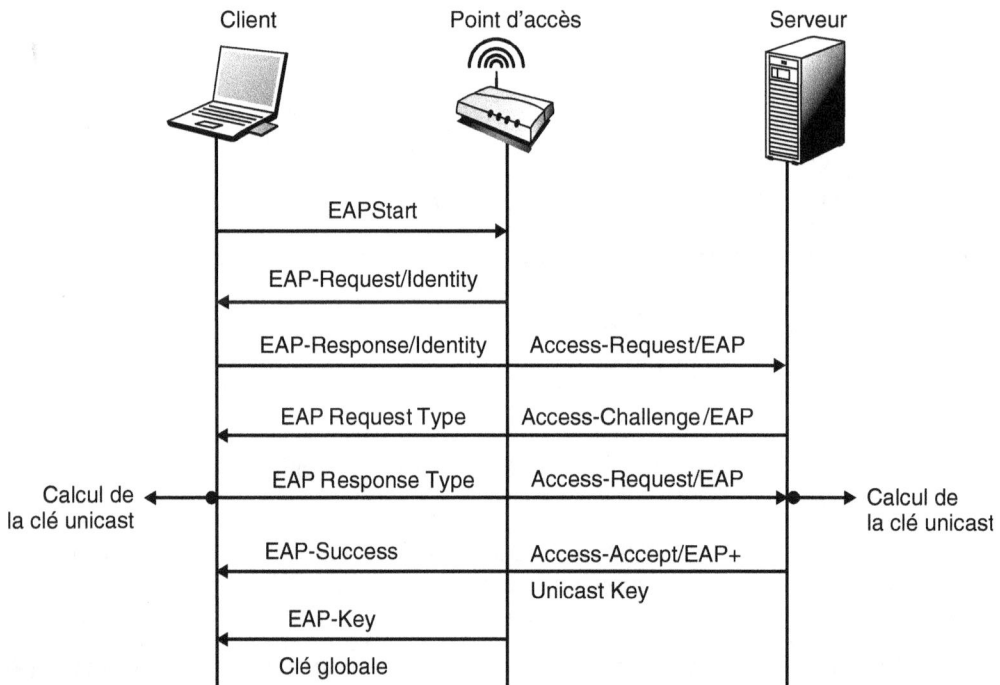

Figure 6.13
Session d'authentification

Un des points faibles du protocole EAP est sa vulnérabilité aux attaques par déni de service. Un pirate peut en effet écouter une session EAP et émettre à l'intention du client 802.1x un message d'échec (EAP-FAILURE). Il ne peut toutefois obtenir la clé globale délivrée par le message EAPOL-KEY car cette dernière est chiffrée et signée par la clé unicast dont il ne connaît pas la valeur.

Autres mécanismes d'authentification

D'autres mécanismes d'authentification, plus simples dans leur conception et liés à des environnements différents, sont couramment utilisés. Les sections suivantes présentent brièvement les deux plus connus, OTP et Kerberos. OTP (One-Time Password) introduit un changement du mot de passe à chaque tentative d'authentification. C'est pourquoi on l'appelle mécanisme à mot de passe valable une seule fois. Kerberos est fondé sur une architecture client serveur à chiffrement symétrique.

OTP (One-Time Password)

Fondé sur un algorithme de hachage répété récursivement afin de générer des mots de passe à usage unique, OTP a fait l'objet de plusieurs tentatives de sécurisation par carte à puce.

L'algorithme OTP fonctionne de la façon suivante :

1. Dans le cas des mots de passe défi/réponse, le serveur envoie un défi aléatoire (random challenge) au client.

2. Le client manipule ce défi en introduisant son secret et envoie la réponse au serveur.

3. Le serveur effectue le même travail et compare les résultats.

L'inconvénient de ce mécanisme est qu'il est possible pour un attaquant de rejouer le même mot de passe une fois que celui-ci a été intercepté. Pour y remédier, on utilise une liste de mots de passe, chacun d'eux n'étant valable que pour une tentative d'authentification. Une telle liste est constituée de mots de passe générés et utilisés séquentiellement par le client à chaque tentative d'authentification. Les mots de passe étant indépendants, il est impossible de prévoir un mot de passe à partir de ceux utilisés précédemment.

La procédure S/KEY

Dans la procédure S/KEY, qui est un cas particulier de la méthode OTN, une liste de mots de passe à usage unique de 64 bits de longueur est générée par le serveur à partir du mot de passe de l'utilisateur. Cela permet au client d'utiliser le même mot de passe sur des machines différentes. La taille des mots de passe OTP est un bon compromis entre sécurité et facilité d'emploi pour l'utilisateur.

Les 8 octets du mot de passe de l'utilisateur sont concaténés avec une séquence aléatoire, ou *seed*. Une fonction de hachage MD4 est appliquée au résultat de la concaténation, puis le résultat obtenu est réduit à 8 octets par un XOR des deux moitiés. Ce résultat, appelé *s*, est fourni en entrée de l'étape suivante.

Le premier mot de passe à usage unique est produit en exécutant *n* fois la fonction de hachage sur *s*. Le mot de passe OTP de rang i (p_i) est produit en appliquant la fonction de hachage $n - i$ fois. Les deux équations suivantes indiquent le calcul du premier mot de passe (exécution de n fois la fonction de hachage sur s) et du i-ème mot de passe (exécution de $n - i$ fois la fonction de hachage sur s) :

$$p_0 = f_n(s)$$

$$p_i = f_{n-i}(s)$$

Un attaquant qui a surveillé l'utilisation du mot de passe p_i n'est pas en mesure de générer le prochain mot de passe de la séquence (p_{i+1}) puisque la fonction de hachage est irréversible.

Quand un client tente d'être authentifié, la séquence d'octets aléatoires et la valeur courante de i sont passées au client. Le client retourne le prochain mot de passe. Le serveur sauvegarde dans un premier temps une copie de ce mot de passe puis lui applique la fonction de hachage :

$$p_i = f(f_{n-i-1}(s)) = f(p_{i+1})$$

Si l'égalité ci-dessus n'est pas vérifiée, la requête échoue. Dans le cas contraire, le fichier de mots de passe est mis à jour avec la copie du mot de passe OTP qui a été sauvegardé. Cette mise à jour avance la séquence de mots de passe.

Ce mécanisme empêche les attaques par rejeu mais n'a malheureusement aucun effet sur les attaques actives.

Kerberos

Fondé sur une architecture client-serveur distribuée, Kerberos se repose sur un ou plusieurs serveurs pour fournir un service d'authentification en employant un protocole dérivé de celui proposé par Needham et Schroeder. Clients et serveurs font confiance à la médiation de Kerberos pour s'authentifier mutuellement.

Kerberos est un protocole d'authentification à chiffrement symétrique. Son utilisation empêche un pirate qui écoute le dialogue d'un client à l'insu de ce dernier de se faire passer pour lui par la suite. Ce système permet à un processus client travaillant pour un utilisateur donné de prouver son identité à un serveur, mais sans envoi de données dans le réseau, afin d'éviter à un tiers de découvrir le code d'authentification.

Ce projet a été développé à partir des années 80 pour aboutir à la version v5, qui peut être considérée comme le standard actuel. L'idée sous-jacente est que le processus client doit prouver qu'il possède la clé secrète de chiffrement, laquelle est connue des seuls utilisateurs et du serveur.

Pour éviter l'envoi de mots de passe en clair, Kerberos introduit un nouveau serveur, connu sous le nom de serveur de tickets, ou TGS (Ticket Granting Server). Le serveur

TGS fournit des tickets aux utilisateurs qui ont été authentifiés par le serveur d'authentification, ou AS (Authentication Server), Kerberos.

Une authentification se déroule de la façon suivante *(voir figure 6.14)* :

1. L'utilisateur demande au serveur d'authentification un ticket pour communiquer avec le TGS. Le message inclut un horodatage de façon que l'AS sache que le message est valide.

2. Le serveur d'authentification répond par un message chiffré avec une clé Kc dérivée du mot de passe de l'utilisateur. Le message chiffré contient le ticket et une copie de la clé de session $K_{c,tgs}$ pour un futur dialogue entre le client et le TGS. Le message 2 inclut plusieurs éléments du ticket permettant au client C de confirmer que le ticket est bien pour le TGS et de connaître son délai d'expiration.

3. Quand la réponse parvient au client, ce dernier demande à l'utilisateur son mot de passe, génère la clé Kc et essaye de déchiffrer le message entrant. Si le mot de passe fourni est correct, le ticket est récupéré avec succès. La même clé de session est incluse dans le ticket et ne peut être lue que par le TGS. La clé de session est ainsi délivrée de manière sécurisée au client C et au TGS. Une fois que le client a un ticket pour le TGS, il peut obtenir l'accès à n'importe quel serveur d'applications. Agissant pour le compte de l'utilisateur, le client C demande un ticket de service. À cette fin, le client C transmet un message au TGS contenant l'identifiant du service désiré et le ticket préalablement obtenu auprès de l'AS.

Le TGS peut déchiffrer le ticket à l'aide de la clé qu'il partage avec l'AS. Il s'assure également que la durée de vie n'a pas expiré. Par sa présence, ce ticket indique que l'on a fourni à l'utilisateur la clé de session $K_{c,tgs}$. Le TGS emploie cette même clé de session pour déchiffrer l'authentifiant. Le TGS vérifie alors les nom et adresse contenus dans l'authentifiant avec ceux du ticket et avec l'adresse réseau du message entrant. Si tout correspond, le TGS est assuré que l'expéditeur du ticket est bien le propriétaire réel du ticket.

4. Si l'utilisateur est autorisé à accéder au serveur d'applications, le TGS génère un ticket pour accorder l'accès au service demandé. Ce dernier a le même format que le ticket pour le TGS. La réponse du TGS dans le message 4 suit donc la forme du message 2. Le message est chiffré avec la clé de session partagée entre le TGS et le client ($K_{c,tgs}$) et inclut une clé de session destinée à être partagée entre le client C et le serveur d'applications ($K_{c,v}$). Le ticket inclut la même clé de session.

5. Le client C a maintenant un ticket d'accès au service réutilisable pour le serveur d'applications. Quand le client C présente ce ticket, comme indiqué dans le message 5, il envoie également un authentifiant. Le serveur déchiffre le ticket, récupère la clé de session, déchiffre l'authentifiant et vérifie les données délivrées par le client.

Dans le cas où une authentification mutuelle est exigée, le serveur peut répondre par un sixième message, dans lequel il incrémente puis retourne la valeur de l'horodatage chiffrée avec la clé de session. D'autres configurations, comme la gestion multidomaine, sont possibles, mais le principe reste le même.

Figure 6.14
Authentification
Kerberos

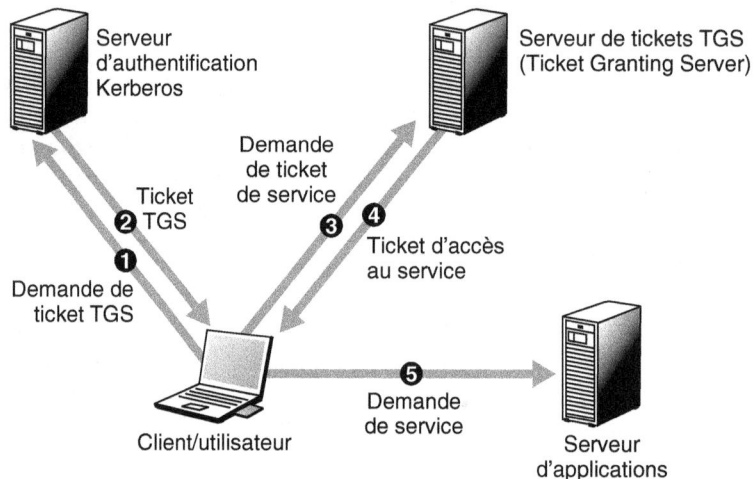

RADIUS (Remote Authentication Dial-In User Server)

Outre-Atlantique, les fournisseurs de services Internet, ou ISP, utilisent fréquemment des pools de modems installés dans les centraux téléphoniques urbains. Cette infrastructure, permettant des accès bon marché, est baptisée POP (Point Of Presence), ou point de présence. Plutôt que de dupliquer et de mettre à jour dans chaque POP la base de données des comptes client, les ISP ont déployé une architecture centralisée, assurant la gestion à distance de leurs clients et s'appuyant sur les trois niveaux fonctionnels suivants :

• Utilisateur muni d'un login et d'un mot de passe, c'est-à-dire le supplicant 802.1x dans notre cas.

• Serveur NAS (Network Access Server) contrôlant l'ensemble des modems et assurant l'interface avec le serveur d'authentification. Analogue à un authenticator 802.1x.

• Serveur RADIUS jouant le rôle de serveur d'authentification 802.1x. Ce dernier système assure l'interface avec la base de données gérant les comptes utilisateur. Le dialogue d'authentification usuellement fondé sur les protocoles PAP ou CHAP est relayé par le NAS entre utilisateurs et serveur d'authentification.

Le NAS réalise un pont applicatif entre les protocoles PAP ou CHAP transportés par PPP et le serveur RADIUS, comme l'illustre la figure 6.15. Dans le cas de PAP, il transmet au serveur RADIUS à des fins de vérification l'identité de l'utilisateur et son mot de passe. Le serveur RADIUS indique au NAS le succès ou l'échec de l'opération. Le NAS mesure également le temps d'utilisation du service par le client et transmet une requête de facturation lorsque ce dernier quitte le POP.

Figure 6.15
RADIUS et base de données client

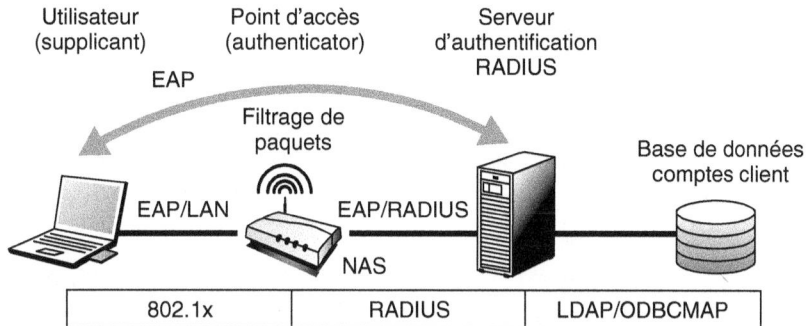

Spécifications du protocole RADIUS

Les RFC qui décrivent l'environnement RADIUS sont les suivantes :

* RFC 2865 Remote Authentication Dial In User Service (RADIUS)

* RFC 2866 RADIUS Accounting

* RFC 2869 RADIUS Extensions

* RFC 2548 Microsoft Vendor-specific RADIUS Attributes

* draft-congdon-radius-8021x-29.txt, IEEE 802.1x RADIUS Usage Guidelines

Le protocole RADIUS est spécifié par la RFC 2865. La RFC 2866 (RADIUS accounting) définit les attributs utiles à la facturation. Les messages sont transportés par des paquets UDP, utilisant les ports 1812 (radius) et 1813 (radacct). Un fournisseur de services Internet réalise ou vend un lien entre un terminal (PC) et son réseau IP. De manière logique, le client est connecté *via* une liaison point-à-point (PPP, ADSL, etc.) à un POP (Point Of Presence) géré par l'ISP, qui peut loger les serveurs abritant les services (messagerie, site Web, etc.) et qui offre généralement des éléments de sécurité (pare-feu, protection contre les virus, etc.). Le POP est un point d'entrée vers le réseau Internet de l'ISP pour aller vers d'autres POP contenant d'autres serveurs.

La figure 6.16 illustre l'architecture du protocole RADIUS.

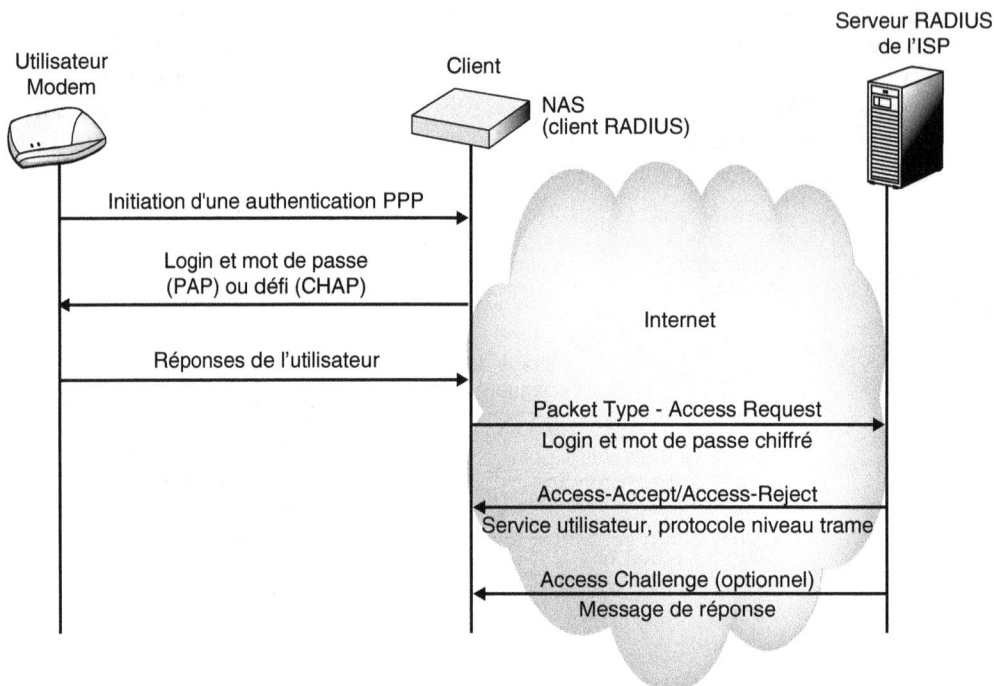

Figure 6.16
Architecture du protocole RADIUS

Éléments de sécurité de RADIUS

Comme expliqué précédemment, le NAS gère un pool de modems. Il émet des demandes d'authentification vers le serveur RADIUS, lequel possède un lien avec la base de données client (annuaire LDAP, ODBC, JDBC, etc.). L'association NAS-serveur RADIUS est protégée à l'aide d'un secret partagé, le secret RADIUS.

Un serveur RADIUS peut se comporter comme un proxy routant un message vers un autre serveur. Dans ce cas, on construit un cercle de confiance, chaque arc étant sécurisé par un secret différent. Un serveur proxy ne modifie que les paramètres liés à la sécurité, c'est-à-dire le champ Authenticator et l'attribut MESSAGE-AUTHENTICATOR. Lorsque le protocole d'authentification est encapsulé par PPP, le NAS agit comme un pont protocolaire entre PPP et RADIUS. Lorsque c'est EAP qui est utilisé, il réagit comme un répéteur passif des messages EAP. Le transport (RFC 2869, RADIUS extensions, de juin 2000) quasi transparent du protocole EAP par RADIUS permet de mettre en place une architecture générique, indépendante des méthodes d'authentification utilisées par les ISP.

Une requête d'authentification est transportée par un message ACCESS-REQUEST, à laquelle le serveur répond par l'un des trois messages ACCEPT-ACCEPT, ACCEPT-REJECT ou ACCESS-CHALLENGE. Dans ce dernier cas, le serveur d'authentification demande des éléments additionnels (réponse à un défi, etc.), qui seront délivrés par un nouveau paquet ACCESS-REQUEST.

Le format d'un paquet RADIUS est illustré à la figure 6.17.

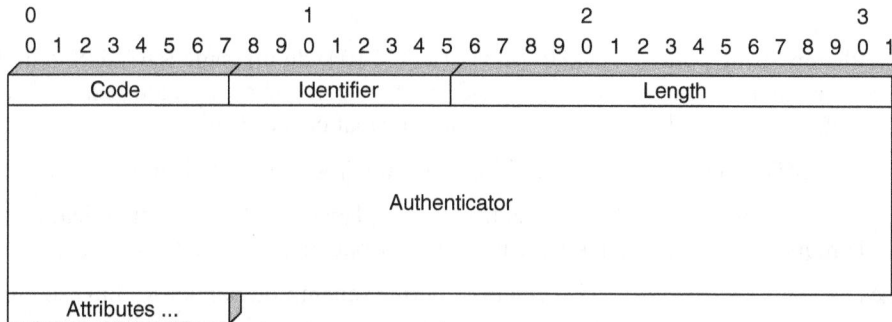

Figure 6.17
Format du paquet RADIUS

Le champ Code comporte les valeurs suivantes :

- 1 : access-request
- 2 : access-accept
- 3 : access-reject
- 4 : accounting-request
- 5 : accounting-response
- 11 : access-challenge

Le champ identificateur (Identifier) permet de déterminer une requête et la réponse associée. Le champ longueur (Length) indique la longueur totale du paquet, en-tête inclus, à partir du champ Code.

La sécurité des échanges RADIUS est assurée à l'aide d'un secret partagé entre serveur d'authentification et NAS. Le NAS produit des messages ACCESS-REQUEST comportant un nombre aléatoire de 16 octets correspondant au champ d'authentification, nommé Authenticator. La réponse du serveur RADIUS est l'un des trois messages ACCESS-CHAL-LENGE, ACCESS-REJECT, ACCESS-SUCCESS. Ces derniers sont signés par une empreinte MD5, le RESPONSE-AUTHENTICATOR, calculée à partir du contenu du message (en-tête inclus à partir de Code), de l'aléa Authenticator et du secret partagé.

Afin d'éviter les attaques MIM (Man In the Middle), les requêtes RADIUS délivrées par le NAS sont signées par l'attribut MESSAGE-AUTHENTICATOR, un HMAC22 (RFC 2104, février 1997) du message, dont la clé est égale au secret RADIUS.

Le MESSAGE-AUTHENTICATOR (#80) se présente comme illustré à la figure 6.18.

Figure 6.18
*Structure
du MESSAGE-
AUTHENTICATOR*

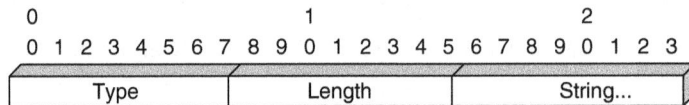

Le champ String porte le HMAC-MD51 (RFC 2104) du message RADIUS, dont la clé a pour valeur le secret partagé RADIUS. Pour une requête, le calcul est réalisé sur le message, avec les valeurs des 16 octets de l'attribut codées à zéro :

HMAC-MD5(Code || ID || Length || RequestAuth || Attributes || Secret)

Dans les autres cas, le calcul est réalisé en remplaçant le champ Authenticator par celui de la requête. Les valeurs des 16 octets de l'attribut sont alors codées à zéro.

Les attributs (Attributes), qui forment le dernier champ du paquet Radius, se présentent sous la forme illustrée à la figure 6.19. Le type indique l'identifiant d'un attribut (valeur entre 0 et 255), la longueur est comprise entre 2 et 255 octets, et le champ Value indique la valeur de l'attribut.

Figure 6.19
*Format des attributs
(dernier champ du
paquet RADIUS)*

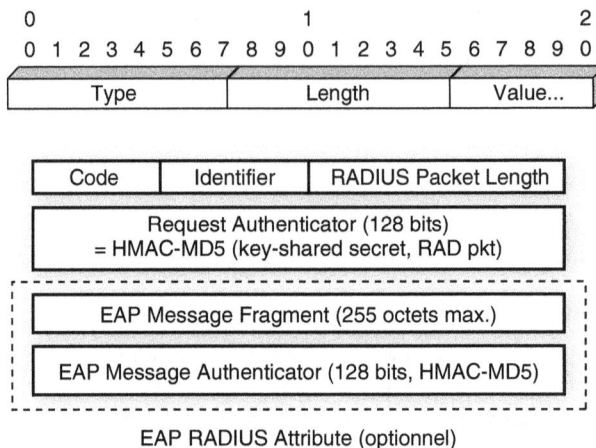

EAP RADIUS Attribute (optionnel)

Certaines architectures s'appuient sur IPsec pour renforcer la sécurité du lien avec le serveur d'authentification. Bien que non standardisée, l'interface entre le serveur RADIUS et la base de données des comptes client (SGBD, annuaire LDAP, etc.) est un élément essentiel. Dans certain cas, ces deux entités sont logées dans une même machine. Des locaux sécurisés sont cependant nécessaires pour éviter le pillage des données critiques. Lorsque la base cliente et le serveur RADIUS sont distants, un lien sécurisé est nécessaire au moyen de protocoles tels que SASL (Simple Authentication and Security Layer), défini par la RFC 2222 d'octobre 1997, SSL/TLS, IPsec, etc.

Les procédures d'authentification liées à EAP

Comme expliqué précédemment, EAP (Extensible Authentication Protocol) est devenu le tunnel standard pour l'authentification. On met en place ce tunnel pour réaliser la procédure d'authentification elle-même. Un vaste choix de mécanismes d'authentification est possible. LEAP (Lightweight Extensible Authentication Protocol) est la solution choisie par Cisco Systems pour ses premiers équipements de réseau sans fil.

FAST-EAP devrait être un des standards mis en avant par Cisco à l'avenir, LEAP montrant quelques faiblesses dans des cas particuliers comme l'attaque par dictionnaire pour peu que les mots de passe ne soient pas sophistiqués. EAP/SIM et EAP-TLS sont les deux grands standards du moment. Ils correspondent aux choix effectués par les opérateurs de réseaux de mobiles et par de nombreux éditeurs de logiciels, dont Microsoft. Deux solutions supplémentaires, PEAP (Protected EAP) et EAP par carte à puce, sont poussées par Microsoft pour la première et par les équipementiers de la carte à puce pour la seconde.

LEAP (Lightweight Extensible Authentication Protocol)

L'architecture LEAP s'appuie sur la procédure d'authentification disponible sur les plates-formes Windows.

L'authentification LEAP fonctionne de la façon suivante *(voir figure 6.20)* :

1. À partir du mot de passe utilisateur, on calcule une empreinte MD4 de 16 octets. Cette dernière est complétée par cinq octets nuls. On obtient ainsi une suite de 21 octets interprétée sous la forme de trois clés DES de 7 octets, soit 56 bits. Le mécanisme d'authentification, de type CHAP, consiste à chiffrer un nombre aléatoire de 8 octets à l'aide des trois clés DES associées à un utilisateur, ce qui produit une réponse de 24 octets. LEAP est associé au type EAP 17 (0x11) pour réaliser une double authentification, entre le serveur d'authentification et le supplicant (utilisateur du réseau), d'une part, et entre l'authenticator (point d'accès) et le serveur d'authentification, d'autre part.

2. Au terme d'un scénario d'authentification réussi entre supplicant et serveur RADIUS (correspondant aux phases 1 à 5 de la figure 6.20), les deux entités déduisent une clé de session SK (unicast), qui est transportée à l'aide d'un attribut propriétaire (CISCO-AVPAIR, LEAP SESSION-KEY) du protocole RADIUS. LEAP supporte également des mécanismes de mise à jour de clés WEP, soit par la négociation d'une session RADIUS limitée (Session Timeout), soit par des demandes périodiques de réauthentification par le supplicant à l'aide des trames EAP LOGOFF et EAP START.

Le format du paquet LEAP est illustré à la figure 6.21.

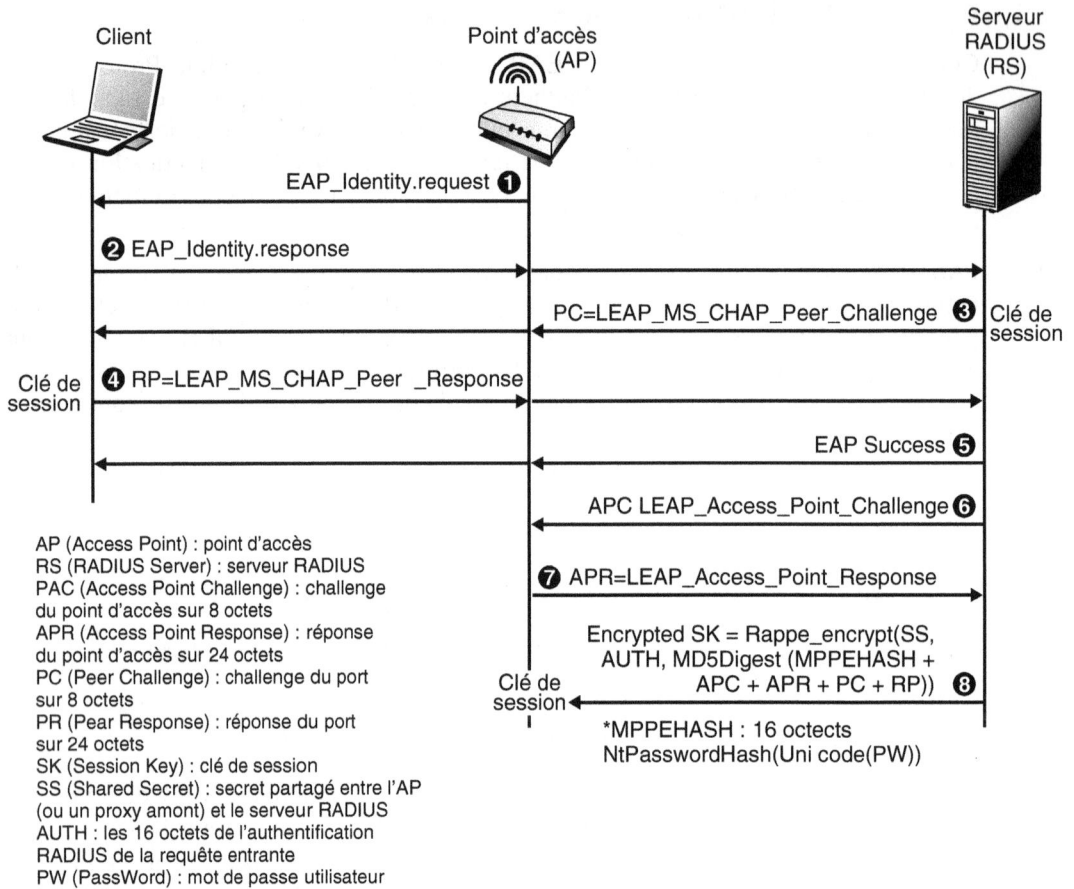

AP (Access Point) : point d'accès
RS (RADIUS Server) : serveur RADIUS
PAC (Access Point Challenge) : challenge
du point d'accès sur 8 octets
APR (Access Point Response) : réponse
du point d'accès sur 24 octets
PC (Peer Challenge) : challenge du port
sur 8 octets
PR (Pear Response) : réponse du port
sur 24 octets
SK (Session Key) : clé de session
SS (Shared Secret) : secret partagé entre l'AP
(ou un proxy amont) et le serveur RADIUS
AUTH : les 16 octets de l'authentification
RADIUS de la requête entrante
PW (PassWord) : mot de passe utilisateur

Figure 6.20
Processus d'authentification LEAP

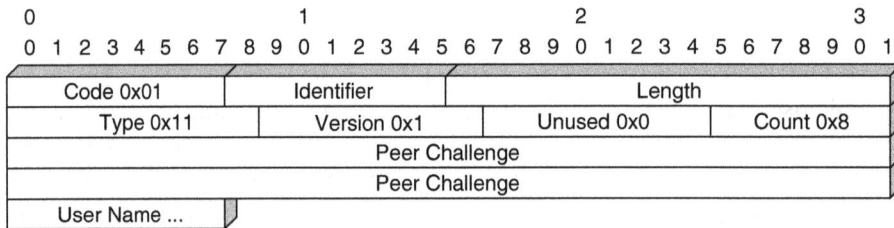

Figure 6.21
Paquet LEAP

EAP-FAST

Pour les nouvelles générations de réseaux 802.11, Cisco Systems propose un nouveau protocole d'authentification appelé EAP-FAST (Extensible Authentication Protocol-Flexible Authentication via Secure Tunneling) et destiné à résoudre une faille de sécurité de son protocole propriétaire LEAP (Lightweight EAP), que nous venons d'examiner, lorsque les mots de passe ne sont pas assez sophistiqués.

Ce protocole vise notamment à contrer les attaques par dictionnaire utilisées avec succès contre LEAP. Contrairement à PEAP, que nous verrons un peu plus loin dans ce chapitre, qui est le fruit d'une alliance entre Cisco, Microsoft et RSA Security, EAP Fast ne requiert pas la mise en place d'une infrastructure complexe de distribution de certificats pour l'établissement de tunnels sécurisés entre machines terminales.

EAP FAST est intégré dans l'ensemble des produits Aironet de Cisco ainsi que dans son serveur VPN Cisco Secure ACS. Les partenaires de Cisco auront aussi accès au standard dans le cadre de la spécification Cisco Compatibility Extensions 3.0.

De façon plus précise, EAP-FAST est une architecture de sécurité de type client-serveur, qui chiffre les transactions EAP au moyen d'un tunnel TLS. Cette solution est assez semblable à PEAP, à la différence essentielle près que le tunnel EAP-FAST est établi à l'aide de secrets forts, qui appartiennent aux utilisateurs. Ces secrets sont appelés PAC (Protected Access Credentials). Ils sont générés par le serveur Cisco Secure ACS à l'aide d'une clé maître connue uniquement du serveur Cisco Secure ACS. Les handshakes réalisés par des secrets partagés étant beaucoup plus rapides à mettre en œuvre qu'une PKI, EAP-FAST est plus simple à mettre en place que les solutions qui chiffrent les transactions EAP, comme EAP-TLS ou PEAP.

EAT-FAST s'exécute en trois phases :

- La phase 0, spécifique d'EAP-FAST, consiste à ouvrir un tunnel sécurisé entre les machines terminales en utilisant les certificats PAC. Le tunnel est établi par un échange de clés au moyen d'une procédure de type Diffie-Hellman. Si l'authentification EAP-MSCHAPv2 réussit, le serveur Cisco Secure ACS donne un certificat PAC à chaque client. Cette phase 0 est optionnelle si les certificats sont introduits par une autre méthode assurant le secret des certificats.

- En phase 1, le serveur Cisco Secure ACS et les machines terminales établissent des tunnels TLS grâce aux PAC présents dans les machines terminales. La façon dont le PAC a été introduit dans la machine terminale est indépendante de la phase 1.

- En phase 2, le serveur Cisco Secure ACS authentifie les certificats des machines terminales par l'intermédiaire d'un EAP-GTC, qui est protégé par le tunnel TLS créé à la phase 1. Le protocole EAP-FAST ne supporte pas d'autre type d'EAP. Cisco Secure ACS autorise un service réseau au travers du point d'accès si la phase 2 s'est déroulée avec succès.

Cette solution est présentée par Cisco comme étant aussi simple que LEAP et aussi sécurisée que PEAP. En fait, EAP-FAST est un compromis entre les deux. Le fait de ne pas utiliser de PKI semble plus simple mais est en réalité aussi difficile à mettre en œuvre pour obtenir une bonne sécurité. De plus, la sécurité n'est pas aussi bonne qu'avec PEAP car la phase 0 peut conduire à des attaques décisives si elle n'est pas aussi sécurisée que peut l'être une PKI.

EAP-SIM (Subscriber Identity Module)

Une solution classique d'authentification est proposée par les opérateurs de téléphones mobiles de deuxième génération, ou GSM, selon une procédure d'authentification réalisée entre le serveur de l'opérateur et la carte SIM (Subscriber Identity Module) située dans le terminal de l'utilisateur. Cette authentification utilise non pas le protocole EAP mais des protocoles provenant de l'ETSI effectuant un travail comparable.

Les sections qui suivent décrivent ce mécanisme avant de présenter EAP-SIM, une extension normalisée d'EAP pour le monde IP que les opérateurs peuvent, par exemple, utiliser dans les hotspots.

L'authentification du GSM

Le GSM est un standard de téléphonie mobile défini par l'ETSI (European Telecommunications Standards Institute). Il supporte des opérations de sécurité telles que l'authentification de l'utilisateur et le chiffrement entre le réseau nominal, où l'abonné est inscrit, et la carte SIM de l'abonné.

Les éléments du réseau GSM intervenant dans ces fonctions de sécurité sont les suivants :

- AuC (Authentication Center), ou centre d'authentification du réseau de l'opérateur.
- HLR (Home Location Register), ou base de données des abonnés de l'opérateur, qui mémorise les données de chaque abonné, telles que son identité internationale, ou IMSI (International Mobile Subscriber Identity), son numéro de téléphone, son profil d'abonnement, etc. Il stocke aussi pour chaque abonné le numéro de VLR courant.
- VLR (Visited Location Register), ou base de données des seuls abonnés localisés dans la zone géographique gérée.

Les données d'authentification sont stockées dans la carte SIM et ne sont pas chargées dans le terminal mobile. La procédure d'authentification consiste donc en un échange de messages entre la carte SIM et le réseau.

Lors de l'inscription d'un nouvel abonné, une clé Ki (jusqu'à 128 bits) lui est attribuée. Cette clé est secrète et n'est stockée que sur sa carte SIM et sur l'AuC de l'opérateur.

La procédure d'authentification se déroule de la façon suivante :

1. Le réseau transmet au mobile un nombre aléatoire RAND, codé sur 128 bits.
2. La carte SIM du mobile calcule la signature de RAND grâce à l'algorithme d'authentification A3 et sa clé Ki. Le résultat, SRES (32 bits), est envoyé par le mobile au réseau.
3. Le réseau compare SRES avec le résultat calculé de son côté. Si les deux coïncident, l'abonné est authentifié.

Une fois l'abonné authentifié, le chiffrement est effectué selon l'algorithme A5. Il utilise la clé Kc, de 64 bits, calculée à partir de la clé secrète Ki et du nombre aléatoire RAND, selon l'algorithme A8.

Il suffit au réseau de disposer d'un triplé (RAND, SRES, Kc) pour authentifier un abonné et activer le chiffrement de ses communications. Cependant, le réseau ne calcule pas ces données en temps réel. L'AuC prépare des triplés pour chaque abonné et les transmet à l'avance au HLR, qui les stocke. Le VLR qui a besoin d'un triplé en effectue la demande le moment venu.

La procédure d'authentification entre l'équipement mobile et le VLR/HLR est illustrée à la figure 6.22.

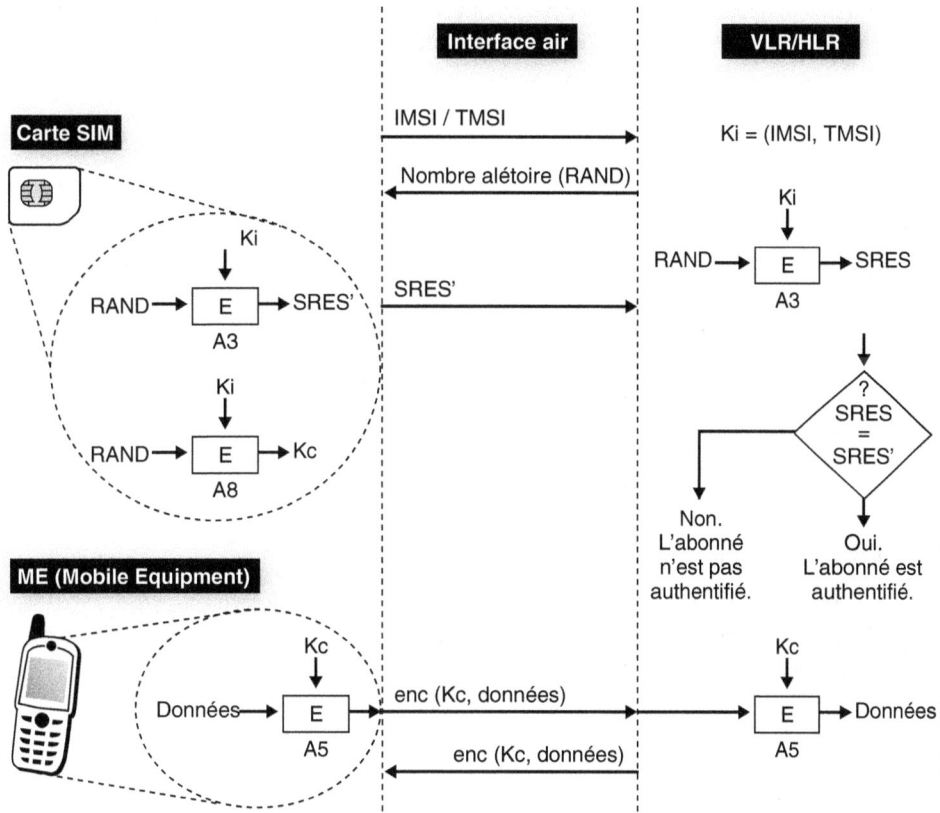

Figure 6.22
Authentification dans les réseaux GSM

L'algorithme A5 est implémenté dans chaque terminal et dans le réseau. Les implémentations des algorithmes A3 et A8, aussi appelés COMP128, existent sur Internet, mais aucun standard n'a encore été publié.

L'authentification EAP-SIM

Les hotspots, ou zones publiques à forte densité de population, telles que gares, aéroports, etc., peuvent être vus par les opérateurs de mobiles comme une extension possible de leur réseau. Il existe pour ces hotspots un mécanisme d'authentification mutuelle fondé sur le module SIM, appelé EAP-SIM. Ce protocole complète les procédures d'authentification utilisées par le GSM en fournissant une authentification entre le centre d'authentification de l'opérateur mobile et chaque module SIM. Les algorithmes d'authentification sont présents à la fois dans le réseau et dans toutes les cartes à puce SIM.

La solution EAP-SIM interagit directement avec les cartes à puce existantes. Sur le terminal, le composant logiciel qui implémente le protocole EAP-SIM peut utiliser PC/SC (Personal Computer/Smart Card), un environnement défini par un groupe d'industriels mené par Microsoft, pour communiquer directement avec la carte à puce de l'abonné. Une telle configuration ne nécessite aucune modification du réseau cœur GSM pour implémenter EAP-SIM. Par contre, il est nécessaire d'implémenter les communications entre le serveur d'authentification et le HLR/AuC, côté serveur, et entre le logiciel EAP-SIM et la carte SIM, côté client.

Une solution innovante a également été mise en place par un des fabricants majeurs de téléphones portables, permettant à une carte réseau 802.11 de communiquer directement avec un module SIM intégré, sans passer par le terminal, renforçant ainsi la sécurité.

L'identité (EAP-ID) est obtenue par la concaténation du caractère 1 de la valeur, exprimée en une suite de chiffres ASCII, de l'IMSI, du caractère @ et du nom de domaine de l'opérateur (EAP-ID = 1IMSI@operator.com).

L'authentification EAP-SIM se déroule de la manière suivante *(voir figure 6.23)* :

1. Soit C le client et A le point d'accès. Dans ce processus, A utilise trois triplés d'authentification (RAND, Kc, SRES) :

```
C ? A: RC
```

   Lors de cette première étape, le client C envoie au point d'accès A un défi aléatoire Rc.

2. A répond au client par la liste des trois nombres aléatoires RAND1, RAND2 et RAND3 provenant de trois triplés. Il envoie aussi le MAC calculé sur ces 3 nombres et sur Rc (MACk) :

```
A ? C: RAND1, RAND2, RAND3, MACk[…, RAND1, RAND2, RAND3, Rc]
```

3. La clé K, permettant le calcul de MACk, a été préalablement calculée par le point d'accès par dérivation d'une clé maître MK=SHA[…,Kc1,Kc2,Kc3,Rc,…], où Kc1, Kc2 et Kc3 sont les clés Kc des 3 triplés :

```
C ? A: MACk[…, SRES1, SRES2, SRES3]
```

4. Quand C reçoit MACk et la liste de nombres aléatoires RAND, il vérifie le MACk. Pour ce faire, C utilise Ki (présente sur la carte à puce de l'utilisateur et partagée avec le serveur d'authentification) pour retrouver les clés Kc1, Kc2 et Kc3. Ces dernières lui permettent de générer MK, qu'il utilise pour calculer K par dérivation.

5. Avec cette même clé K, C calcule le MAC sur les trois valeurs SRES des triplés et envoie le résultat au point d'accès. À son tour, A vérifie le MAC et la liste de SRES qu'il a reçus du réseau GSM. Si les résultats obtenus sont identiques, C est authentifié.

Grâce à la technologie EAP-SIM, les opérateurs de téléphonie peuvent utiliser leur base de données client (HLR) pour assurer la facturation des services sans fil.

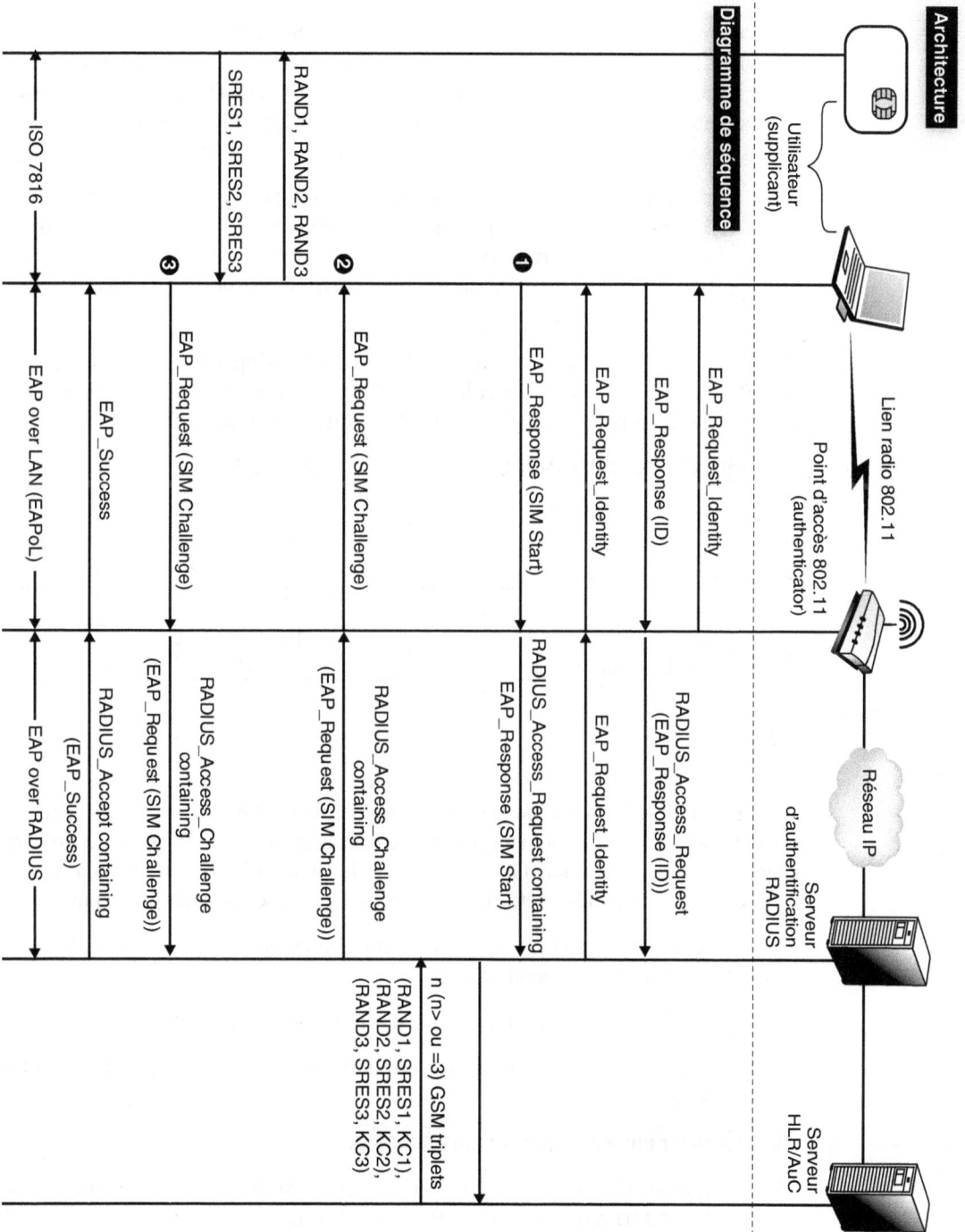

Figure 6.23
Authentification EAP-SIM

EAP-TLS (Transport Layer Security)

L'authentification EAP-TLS (Transport Layer Security) est devenue la technique d'authentification la mieux reconnue et est considérée comme l'une des plus solides grâce à l'authentification mutuelle qui est exercée. En fait, TLS n'est qu'une extension de la procédure SSLv3, qui est fortement utilisée pour les authentifications de niveau application entre client et serveur Web.

Cette solution EAP-TLS est celle qui a été choisie par de très nombreuses entreprises. Microsoft, par exemple, en possède une version en standard dans son système d'exploitation depuis Windows 2000. La procédure EAP-TLS n'est pas forcément utilisée dans un environnement de réseau sans fil. C'est pourtant dans ce cadre qu'elle révèle toute sa puissance.

Défini par la RFC 2716 d'octobre 1999, EAP-TLS s'appuie sur une infrastructure de type PKI. Le serveur RADIUS et le client du réseau sont munis de certificats délivrés par une autorité de certification (Certificate Authority) commune.

Le format du paquet EAP-TLS est illustré à la figure 6.24.

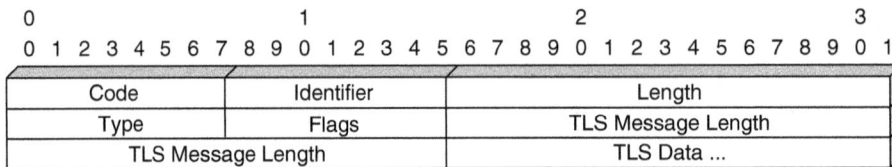

0									1										2										3	
0	1	2	3	4	5	6	7	8	9	0	1	2	3	4	5	6	7	8	9	0	1	2	3	4	5	6	7	8	9	0	1

Code	Identifier	Length
Type	Flags	TLS Message Length
TLS Message Length		TLS Data ...

Figure 6.24
Paquet EAP-TLS

EAP-TLS utilise le handshake TLS pour permettre au client et au serveur d'échanger leur certificat numérique, fondement de l'authentification. Le serveur présente un certificat au client, que ce dernier valide. Optionnellement, le client présente son certificat au serveur. Le certificat peut être protégé côté client par un mot de passe, un code PIN ou une carte à puce.

Une conversation EAP-TLS entre un client demandant un accès au réseau et le point d'accès se déroule de la façon suivante :

1. Le point d'accès envoie un paquet EAP-REQUEST/IDENTITY.

2. Le client répond par un paquet EAP-RESPONSE/IDENTITY, contenant l'identité de l'utilisateur.

3. Le serveur envoie un paquet EAP-TLS/START.

4. La réponse du client est un paquet EAP-RESPONSE contenant un message TLS CLIENT_HELLO HANDSHAKE. Le message CLIENT_HELLO contient la version TLS du client, un nombre aléatoire et une liste d'algorithmes de chiffrement supportés par le client.

5. Le serveur envoie un paquet EAP-REQUEST dont les données contiennent un message SERVER_HELLO HANDSHAKE. Ce message spécifie la version de TLS du serveur, un autre nombre aléatoire, un identifiant de session et un message CIPHERSUITE correspondant à l'algorithme de chiffrement choisi.

6. Le client répond par un paquet EAP-RESPONSE, dont le champ de données encapsule un message TLS_CHANGE_CIPHER_SPEC et un message FINISHED_HANDSHAKE.

La figure 6.25 illustre les différents messages envoyés lors de la phase d'authentification. Ce cas représente une authentification réussie entre l'authentifiant et le client.

Le TLS Master Secret, ou MSK (Master Session Key), est le secret partagé entre le client et le serveur, résultat de la phase de handshake.

Les données suivantes sont dérivées à partir de MSK :

- clé de chiffrement client (MSK(0,31)) ;

- clé de chiffrement serveur (MSK(32,63)) ;

- clé d'authentification client pour le calcul du MAC côté client (MSK(64,95)) ;

- clé d'authentification serveur pour le calcul du MAC côté serveur (MSK(96,127)) ;

- deux vecteurs d'initialisation (IV).

La hiérarchie des clés dérivées est illustrée à la figure 6.26.

La clé de chiffrement client, aussi appelée PMK (Pairwise Master Key), est transmise au point d'accès *via* l'attribut RADIUS MS-MPPE-RECV-KEY. La clé WEP sera chiffrée avec cette clé puis signée avant d'être remise au client.

Le serveur d'authentification peut vérifier si le certificat d'un client est révoqué. Inversement, le client peut vérifier la validité du certificat du serveur. Cette vérification ne peut toutefois s'effectuer qu'une fois la phase de connexion achevée. En effet, un client en train d'initier une conversation de niveau liaison n'a pas de connectivité.

Le transport de messages TLS pose essentiellement un problème de segmentation. La taille d'un enregistrement TLS est d'au plus 16 384 octets, mais le protocole RADIUS limite sa charge utile à 4 096 octets. De surcroît, la taille des trames 802.11 est limitée à 2 312 octets. EAP-TLS doit donc supporter un mécanisme de segmentation des enregistrements. Contrairement à l'usage courant de TLS, mettant en œuvre une authentification simple du serveur, EAP-TLS utilise une authentification mutuelle entre le serveur RADIUS et le client 802.1x *(voir figure 6.27)*.

L'usage d'une clé privé par le client 802.1x soulève le problème critique de la sécurité requise par son stockage ainsi que de la mise en œuvre d'un tel composant. Dans les plates-formes informatiques usuelles, cette sécurité est assurée par des mots de passe permettant de déchiffrer et d'utiliser la clé privée. La carte à puce constitue une solution de rechange plus sécurisée à cette méthode.

Couches réseau

EAP
EAPoL
MAC 802.11

EAP	
EAPoL	RADIUS
	UDP
	IP
MAC 802.11	MAC 802.3

EAP
RADIUS
UDP
IP
MAC 802.3

Architecture

Lien radio 802.11

Réseau IP

Utilisateur
(supplicant)

Point d'accès 802.11
(authenticator)

Serveur
d'authentification
RADIUS

Diagramme de séquence

EAP_Request_Identity

EAP_Response (ID)

RADIUS_Access_Request
(EAP_Response (ID))

EAP_Request (TLS Start)

RADIUS_Access_Challenge containing
(EAP_Request (TLS Start))

EAP_Response (TLS client_hello)

RADIUS_Access_Request containing
EAP_Response (TLS client_hello)

EAP_Request (TLS server_hello,
TLS certificate,
[TLS server_key_exchange,]
[TLS certificate_request,]
TLS server_hello_done

RADIUS_Access_Challenge containing
(EAP_Request (TLS server_hello,
TLS certificate,
[TLS server_key_exchange,]
[TLS certificate_request,]
TLS server_hello_done

EAP_Response (TLS certificate,
TLS client_key_exchange,
[TLS certificate_verify,]
TLS change_cipher_spec,
TLS finished)

RADIUS_Access_Request containing
EAP_Response (TLS certificate,
TLS client_key_exchange,
[TLS certificate_verify,]
TLS change_cipher_spec,
TLS finished)

EAP_Request (TLS change_cipher_spec,
TLS finished)

RADIUS_Access_Challenge containing
EAP_Request (TLS change_cipher_spec,
TLS finished)

EAP_Response

EAP_Success

RADIUS_Accept containing
(EAP_Success)

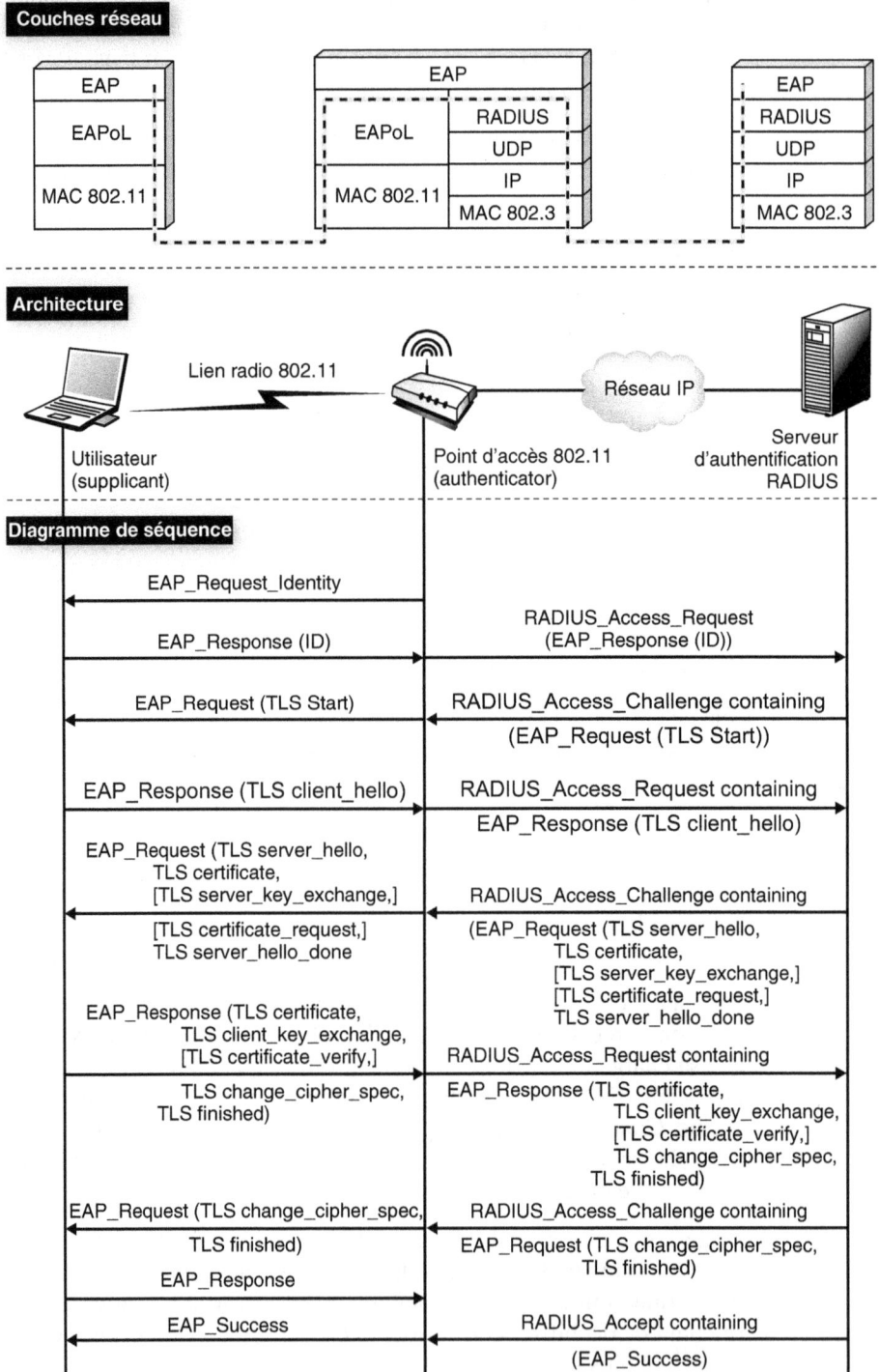

Figure 6.25
Authentification
EAP-TLS

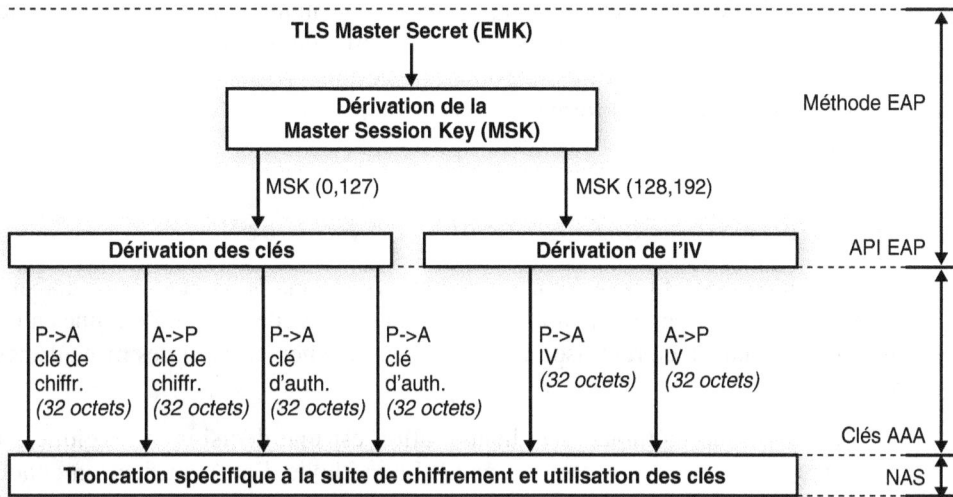

Figure 6.26
Schéma de dérivation des clés dans EAP-TLS

Figure 6.27
*Authentification
mutuelle EAP-TLS*

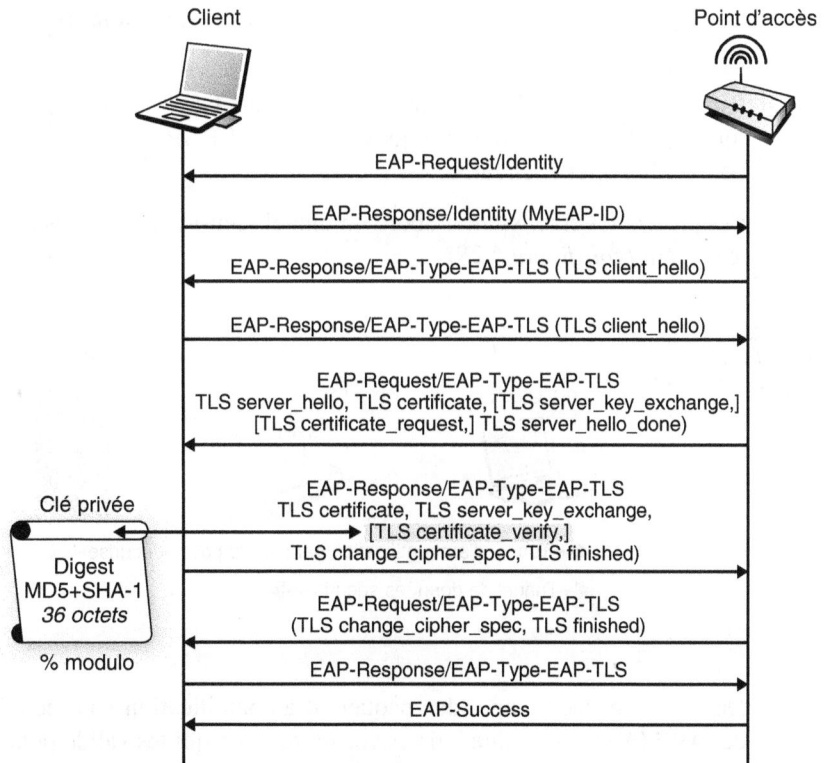

L'utilisation de l'authentification à base de certificats numériques oblige à posséder une infrastructure PKI convenable. Si une telle infrastructure n'est pas déployée, les certificats client entraînent un surplus important de gestion. Toutefois, EAP-TLS est nativement supporté sur les plates-formes Windows, où le certificat client peut être stocké dans une carte à puce.

PEAP (Protected Extensible Authentication Protocol)

Les installations sans fil actuellement déployées utilisent des protocoles d'authentification hétérogènes. De ce fait, la mobilité du client est difficile à gérer. Pour une entreprise, EAP offre l'avantage de réutiliser dans son environnement sans fil des mécanismes déjà adoptés.

La sélection d'une méthode d'authentification est une décision stratégique pour le déploiement sécurisé d'un réseau sans fil. La méthode d'authentification conduit au choix du serveur d'authentification, qui, à son tour, conduit au choix du logiciel client. Dans le cas où une infrastructure PKI n'est pas déjà déployée, il existe d'autres méthodes d'authentification, présentant un niveau de sécurité équivalent à celui obtenu avec les certificats numériques et permettant de s'affranchir des barrières liées à la mise en place d'une infrastructure PKI. Ces méthodes permettent aussi de protéger les procédures d'authentification du client fondées sur des mots de passe.

Par exemple, EAP-TTLS (Tunneled Transport Layer Security) et PEAP conservent les fortes fondations cryptographiques de TLS et d'EAP mais utilisent d'autres mécanismes pour authentifier le client.

Ces protocoles établissent d'abord un tunnel sécurisé TLS, après quoi le client authentifie le serveur *(voir figure 6.28)*.

Figure 6.28
Tunnels PEAP et EAP-TTLS

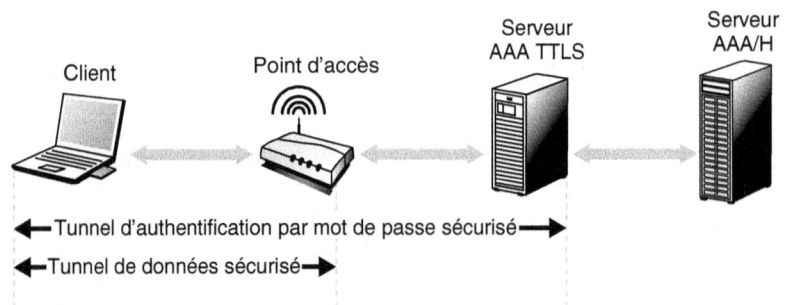

Dans une seconde étape, des paquets d'authentification sont échangés. TTLS échange des AVP (Attribute-Value Pairs) avec un serveur, qui les valide pour tout type d'authentification. Le format des paires de valeurs d'attributs est illustré à la figure 6.29.

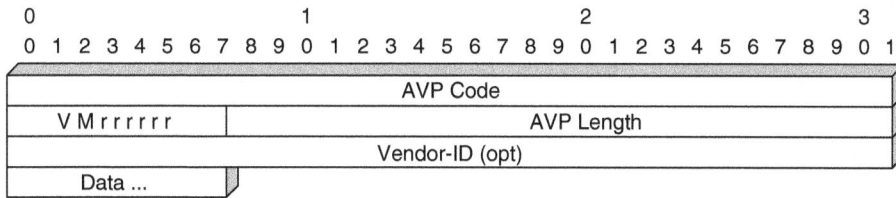

Figure 6.29
Format des paires de valeurs d'attributs

PEAP utilise le canal TLS pour protéger un second échange EAP. MS-CHAP-V2 peut être utilisé pour les clients n'ayant pas de PKI. Pour les clients ayant une PKI, EAP-TLS peut être utilisé. L'avantage de PEAP par rapport à l'EAP-TLS classique est que l'identité du client est protégée lors de l'échange.

La figure 6.30 illustre le principe de fonctionnement de PEAP.

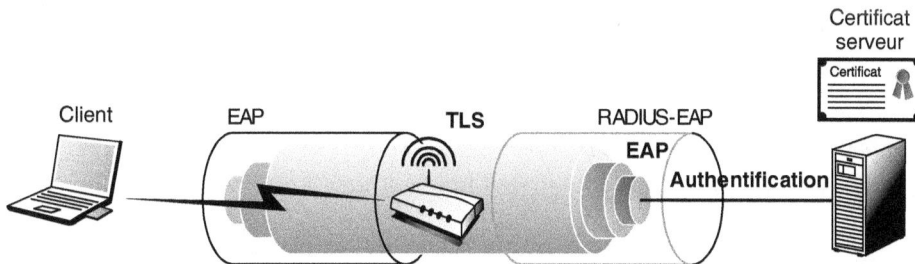

Figure 6.30
Principe de fonctionnement de PEAP

La carte à puce EAP

Nous avons évoqué précédemment l'usage de cartes à puce pour les réseaux de téléphonie mobile (cartes SIM) ou utilisant des infrastructures à clés publiques (PKI). Cette technologie a permis aux opérateurs d'exploiter leur réseau en limitant très fortement le nombre de fraudes, assurant par là même une rentabilité financière. Elle est également le support légal de la signature électronique reconnue par de nombreux pays.

La carte à puce EAP est un projet décrit par un draft de l'IETF de juillet 2003 (P. Urien, A. J. Farrugia, G. Pujolle, M. Groot, J. Abellan, *EAP support in smartcards,* draft-urien-eap-smartcard-02.txt), auquel participent les principaux industriels de ce secteur, qui propose de traiter directement le protocole EAP dans la puce sécurisée. Bien que cette liste ne soit pas exhaustive, les principales applications visées sont EAP-SIM et EAP-TLS.

Les avantages d'un EAP-TLS effectué dans une carte à puce sont nombreux. L'authentification est tout d'abord indépendante d'un éditeur de logiciel, par exemple Microsoft. De plus, la sécurité fournie est bien meilleure qu'avec EAT-TLS réalisé en logiciel par le processeur d'un ordinateur personnel puisqu'il est toujours possible pour un logiciel espion introduit dans le PC de capturer les clés. L'avantage de la carte à puce est que l'ensemble des calculs s'effectue dans la carte et qu'il ne sort de la carte à puce qu'un flux chiffré. Les clés secrètes ne sortent jamais de la carte à puce.

Schématiquement, une carte EAP assure les quatre services suivants :

- **Gestion d'identités multiples.** Le porteur de la carte peut utiliser plusieurs réseaux sans fil. Chacun d'eux nécessite un triplet d'authentification, EAP-ID (valeur délivrée dans le message EAP-RESPONSE.IDENTITY), EAP-Type (type de protocole d'authentification supporté par le réseau) et crédits cryptographiques, c'est-à-dire l'ensemble des clés ou paramètres utilisés par un protocole particulier (EAPSIM, EAP-TLS, MS-CHAP-V2, etc.). Chaque triplet est identifié par un nom (l'identité), dont l'interprétation peut être multiple (SSID, nom d'un compte utilisateur, mnémonique, etc.).

- **Affectation d'une identité à la carte.** L'identité de la carte est une fonction du réseau visité. La carte peut posséder en interne plusieurs identités et s'adapter au réseau auquel le PC et la carte à puce sont connectés.

- **Traitement des messages EAP.** La carte à puce étant doté d'un processeur et de mémoires, elle peut exécuter du code et traiter des messages EAP reçus et en envoyer en réponse.

- **Calcul de la clé unicast.** En fin de session d'authentification, le tunnel EAP peut-être utilisé pour la transmission d'informations diverses, comme des clés ou des profils. Il est possible de faire transiter une clé de session, par exemple, et de la mettre à disposition du terminal désirant accéder aux ressources du réseau sans fil.

La figure 6.31 illustre une procédure d'authentification entre un serveur d'authentification et une carte à puce EAP. Le flot des primitives traverse les logiciels du PC, c'est-à-dire d'abord le logiciel EAP, qui ne réalise qu'une transition des paquets EAP vers le serveur RADIUS d'un côté et vers la carte à puce de l'autre, puis le système d'exploitation de la machine, qui prend en charge l'interface avec la carte à puce, et enfin l'interface IEEE 802.11 de la liaison sans fil. Pour le moment, il faut introduire dans le système d'exploitation un logiciel capable de gérer l'interface avec la carte à puce. Ce logiciel est une DLL dans le cas du système d'exploitation Windows de Microsoft.

Nous revenons en détail au chapitre 7 sur l'authentification par carte à puce pour la sécurisation des réseaux sans fil.

Figure 6.31
Carte à puce EAP

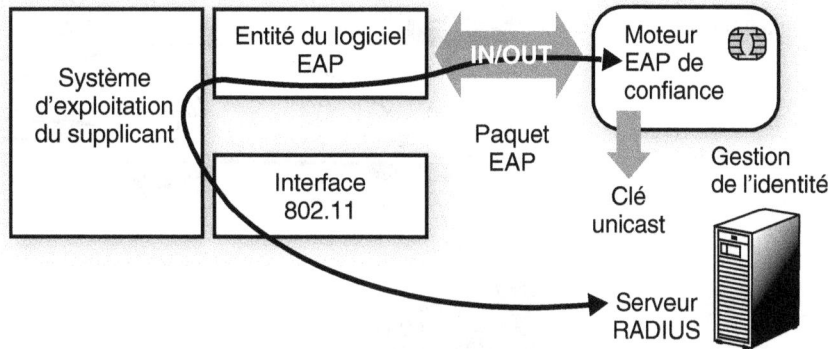

Les autres architectures

Il existe d'autres solutions pour mettre en place un système d'authentification sans utiliser la normalisation EAP. Trois exemples assez connus ont fait leur preuve mais ne sont pas normalisés. Les deux premiers, WFG et SWITCHmobile, sont réalisés par le biais d'un ensemble de mécanismes éprouvés dans d'autres circonstances, tels que SSL et le filtrage d'adresse MAC. Le troisième, OWLAN, provient d'un grand équipementier et s'applique à des cas particuliers.

WFG (Wireless Firewall Gateway)

Issu d'un projet de recherche de la NASA, ce concept est fréquemment utilisé par des opérateurs de hotspots. Il s'appuie sur les quatre éléments suivants :

- Libre allocation d'une adresse IP *via* un serveur DHCP.

- Authentification du visiteur grâce à un numéro de compte et un mot de passe et à l'aide d'une classique session HTTP, sécurisée par SSL.

- Filtrage des adresses IP. Les paquets dont l'adresse IP n'est pas authentifiée sont bloqués par un pare-feu.

- Sécurité de l'information échangée assurée au niveau applicatif, par exemple grâce aux protocoles SSH ou SSL.

Cette solution est illustrée à la figure 6.32, dans laquelle le serveur WFG joue le rôle de DHCP en distribuant les adresses IP. La station est ensuite en communication avec le serveur WFG par le biais d'un protocole de type SSL. Un pare-feu protège le réseau sans fil des arrivées externes et bloque les flots sortants s'ils ne sont pas autorisés. Un serveur RADIUS peut être ajouté en option pour authentifier les stations utilisateur.

Figure 6.32
La solution WFG

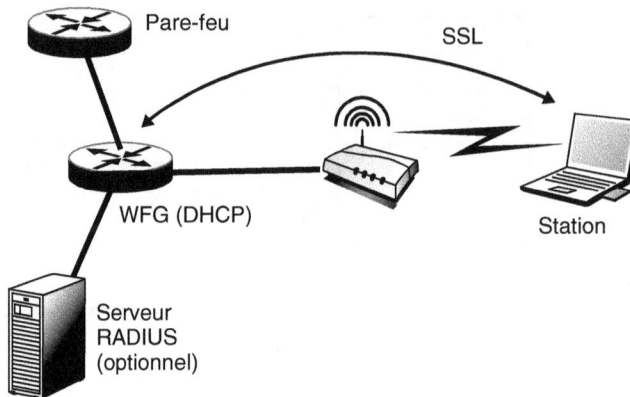

SWITCHmobile

Le système SWITCHmobile est dédié à la gestion de la mobilité en milieu universitaire. Il est fondé sur le filtrage des adresses MAC. Le réseau sans fil visité (Docking Network) comporte un commutateur muni d'une liste d'adresses autorisées. L'allocation des adresses IP est libre. Cependant, les privilèges associés dépendent de l'adresse MAC du demandeur. Une passerelle VPN assure la sécurité des paquets destinés à des domaines distants. Cette solution est illustrée à la figure 6.33.

Figure 6.33
SWITCHmobile

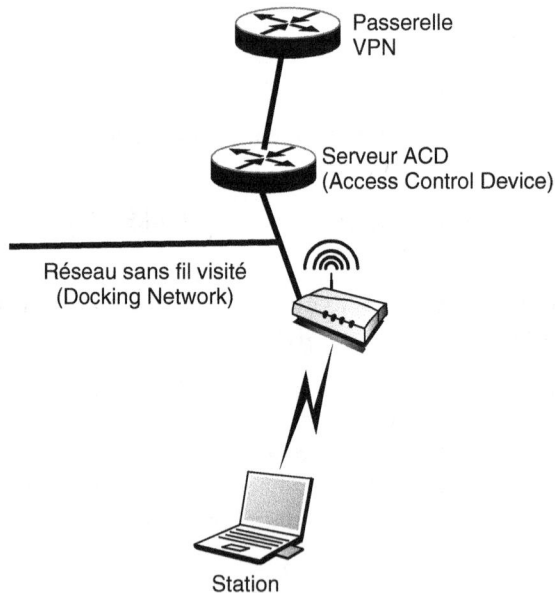

Les stations mobiles se connectent sur le serveur ACD (Access Control Device), qui peut être intégré dans le point d'accès. Ce serveur vérifie que l'adresse MAC est valide pour laisser passer le flot. La passerelle VPN permet de passer d'un VPN entre la station mobile et la passerelle à un VPN externe permettant de chiffrer le flot vers l'extérieur.

OWLAN (Operator Wireless Local Area Network)

Développé par Nokia en 2000, la solution OWLAN est illustrée à la figure 6.34.

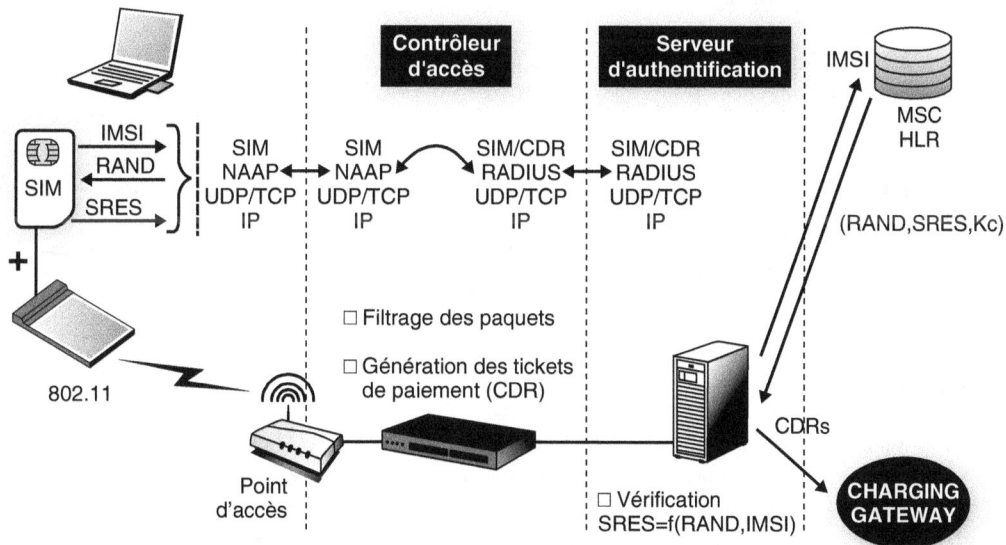

Figure 6.34
OWLAN

Un réseau OWLAN peut être perçu comme un prolongement naturel, en mode IP sans fil, du réseau paquet GPRS d'un opérateur mobile. Cette extension se matérialise côté utilisateur par une carte 802.11b munie d'un lecteur de carte SIM. L'idée directrice est de permettre l'échange de données entre le réseau GPRS d'un opérateur et un réseau local muni de points d'accès sans fil.

Un des avantages de cette approche réside dans l'utilisation d'architectures d'authentification (MSC/HLR) et de facturation (GPRS Charging Gateway) déjà déployées.

Les entités opérationnelles de cette architecture sont en partie similaires au modèle d'accès 802.1x et comportent les éléments suivants :

• Un terminal muni d'une carte 802.11b intégrant un lecteur de module SIM.

- Un protocole propriétaire, appelé NAAP (Network Authentication and Accounting Protocol), utilisant un mode de transport UDP et véhiculant les informations nécessaires à l'authentification de l'abonné. Ces informations peuvent être son IMSI, encapsulé dans un NAI (Network Access Identifier) (RFC 2486), par exemple IMSI@operator.com, ou un nombre aléatoire RAND et une valeur SRES (RAND, IMSI) produite par la carte SIM. Les messages du protocole NAAP sont signés par une empreinte MD5 obtenue à l'aide d'un secret partagé.

- Un contrôleur d'accès (Access Controller). Cette entité réalise le filtrage des paquets et leur éventuelle destruction en fonction de leur adresse source. Elle enregistre également la quantité d'informations échangées à des fins de facturation. Ce serveur analyse les messages NAAP et retransmet les éléments d'authentification qu'ils contiennent vers un serveur d'authentification. Ce dernier possède une interface RADIUS avec le serveur d'accès. Il gère aussi un lien avec la base de données de l'opérateur (HLR) pour recueillir les triplets d'authentification associés à une carte SIM, identifiée par son IMSI (RAND, SRES, Kc). Il assure également la redirection des messages de facturation, ou CDR (Charging Data Record), produits par le contrôleur d'accès et acheminés par le protocole RADIUS vers un bloc de paiement (Charging Gateway).

Ce protocole est très semblable à celui normalisé par 802.1x, mais il a l'avantage d'être parfois plus simple et surtout moins attaqué puisque travaillant dans un contexte particulier.

Conclusion

Nous avons introduit dans ce chapitre les grandes options de l'authentification dans un réseau sans fil. Force est de constater un manque de confiance des équipementiers et des éditeurs de logiciels dans ce domaine, puisqu'il n'existe pas de preuve formelle de l'efficacité d'une méthode. Pour le moment, les techniques de type EAP-TLS ou PEAP sont les plus sûres car elles utilisent des mécanismes forts, qui n'ont pas été cassés jusqu'à présent. Tout le problème réside dans la mise en place de la PKI associée, une technique lourde et contraignante. Chaque méthode a ses faiblesses, et des attaques telles que Man In the Middle ou d'autres sont capables dans certains cas de tromper la vigilance du système de sécurité.

Une troisième solution, beaucoup plus puissante, est actuellement disponible en laboratoire mais pas encore sur le marché. Elle consiste à faire exécuter l'algorithme TLS dans la carte à puce elle-même, ce qui court-circuite toutes les attaques effectuées sur la machine terminale elle-même.

7

Les mécanismes de sécurité de niveau 3

Au cours des chapitres précédents, nous avons examiné les divers mécanismes mis en œuvre dans les réseaux sans fil, et plus particulièrement dans les réseaux Wi-Fi, pour obtenir une sécurité acceptable. Nous avons vu que la première génération de ces mécanismes, avec le WEP, était peu sécurisée et que les deuxième et troisième générations, en cours d'introduction sur le marché, étaient susceptibles de satisfaire aux besoins de sécurité des entreprises. En attendant l'arrivée de ces nouvelles générations, de nombreuses solutions ont été développées ou reprises des réseaux filaires pour pallier les faiblesses de la première génération. Ces solutions peuvent se surajouter à celles provenant des normes IEEE pour assurer une sécurité encore meilleure.

La plupart de ces mécanismes proviennent du traitement des paquets IP et se situent donc au niveau paquet, c'est-à-dire au niveau 3 de l'architecture de référence. Comme nous le verrons, plusieurs des mécanismes décrits dans ce chapitre ne sont que dérivés du niveau 3 et se situent en fait soit au niveau juste en dessous, le niveau trame, soit aux niveaux au-dessus, les niveaux message et application. Certains de ces mécanismes ont été normalisés à l'IETF et d'autres à l'ISO (International Standardization Organization).

La distribution de clés secrètes dans les machines qui veulent communiquer par le mécanisme de l'infrastructure PKI permet à ces dernières de s'authentifier et de chiffrer leurs communications dans les systèmes WPA ou WPA2. Le passage des clés secrètes s'effectue grâce à des algorithmes de chiffrement asymétriques.

Les VPN (Virtual Private Network) assurent une très bonne sécurité des communications qui traversent des réseaux peu sûrs. Les réseaux Wi-Fi n'étant pas des réseaux sûrs, ils peuvent tirer le plus grand profit de cette solution.

Le protocole IPsec est un des protocoles les plus utilisés pour garantir la confidentialité des données mais ses possibilités s'étendent bien au-delà. IPsec est notamment fortement utilisé dans les VPN. Concurrent d'IPsec, SLL intervient à un niveau supérieur au niveau 3 puisqu'il a été conçu pour les échanges entre navigateurs et services Web.

Les technologies de pare-feu et de filtres sont également bien adaptées aux réseaux sans fil.

PKI (Public Key Infrastructure)

Les infrastructures PKI sont à la base des technologies de distribution des clés secrètes, qui sont devenues obligatoires pour traiter sérieusement authentifications et chiffrements. Elles sont notamment obligatoires dans les authentifications EAP-TLS et PEAP.

Un choix important pour le déploiement d'une PKI est le format des certificats numériques utilisés. Le format le plus largement accepté est X.509, de l'UIT. En plus d'une clé publique, un certificat contient un nom, une adresse et d'autres informations décrivant le porteur de la clé secrète. Tous les certificats sont signés par la banque de données qui enregistre les clés publiques des membres de la communauté.

Pour en devenir membre, un abonné doit satisfaire deux conditions :

• Fournir au service d'annuaire une clé publique et des informations d'identification, de telle sorte que les autres personnes soient capables de vérifier la signature de son certificat.

• Obtenir la clé publique du service d'annuaire afin que l'abonné puisse vérifier la signature des autres personnes.

Un certificat étant signé, il est non falsifiable. Son authenticité ne dépend pas du canal par lequel il a été reçu mais est intrinsèque.

Une autorité de certification, ou CA (Certificate Authority), émet, gère et révoque les certificats. La clé publique du certificat du CA doit être reconnue de confiance par tous les utilisateurs finals. Les certificats émis aux utilisateurs finals sont appelés certificats utilisateur, et ceux émis pour validation entre les différents CA sont appelés certificats de CA.

Une autorité de certification pour le monde entier n'étant pas appropriée, une architecture PKI distribuée, où les CA sont autorisées à certifier d'autres CA, est nécessaire. Une CA peut déléguer son autorité à une autorité subordonnée en émettant un certificat de CA, créant ainsi une hiérarchie de certificats. La séquence ordonnée de certificats, de la dernière branche à la racine, est appelée chemin, ou chaîne, de certification.

La figure 7.1 propose un exemple de chemin de certification. Chaque certificat contient le nom de l'émetteur du certificat, c'est-à-dire le nom du certificat directement supérieur dans la chaîne. En règle générale, il peut y avoir un nombre arbitraire de CA sur le chemin entre deux utilisateurs. Pour obtenir la clé publique de son correspondant, un utilisateur doit vérifier le certificat de chaque CA. Ce processus est appelé validation du chemin de certification.

Quand plusieurs CA sont utilisées, la manière dont les CA sont organisées est très importante pour construire l'architecture PKI. Certaines PKI utilisent un modèle hiérarchique, appelé hiérarchie générale, où chaque CA certifie ses pères et ses fils. D'autres PKI utilisent une variante de la hiérarchie générale, dans laquelle les CA certifient seulement leurs fils et le CA racine dans tous les chemins de certification.

Dans une architecture « top-down », tous les utilisateurs doivent utiliser le plus haut CA comme racine. Cela nécessite que tous les utilisateurs obtiennent une copie de la clé publique du CA le plus haut avant d'utiliser la PKI. Tous les utilisateurs doivent pleinement avoir confiance dans le CA racine, ce qui rend cette architecture impraticable pour une PKI globale.

La certification croisée, ou Cross-Certification, aide à réduire la longueur du chemin, au risque d'en compliquer sa découverte lors de sa validation.

Un exemple de chemin de certification est illustré à la figure 7.1. La figure 7.2 illustre les interactions entre CA.

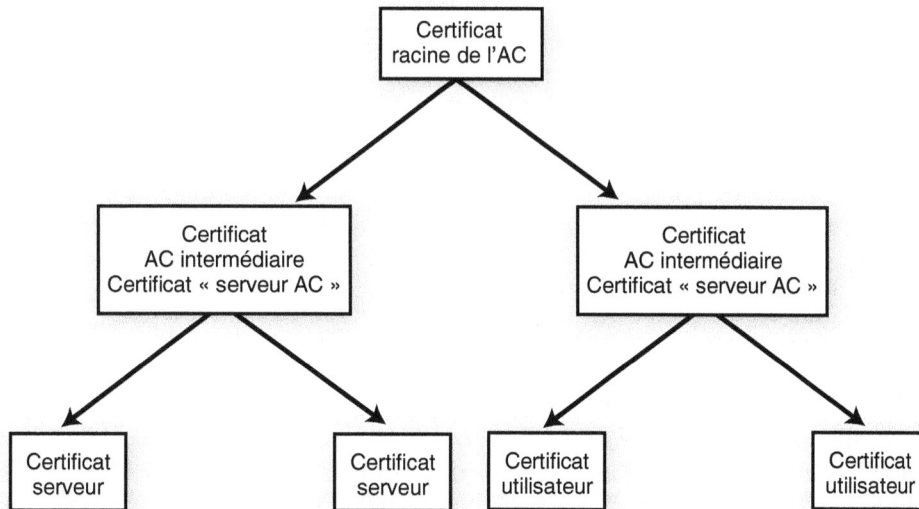

Figure 7.1
Exemple d'un chemin de certification

Figure 7.2
Interactions
entre CA

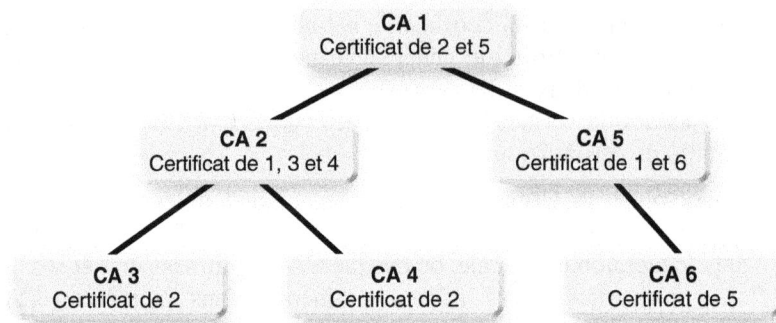

Dans l'optique d'une communication extérieure à l'entreprise, l'interopérabilité des PKI est essentielle. Les principaux efforts de normalisation émanent des laboratoires RSA, avec PKCS (Public-Key Cryptography Standards). Actuellement, les normes PKCS font office de standards et sont unanimement adoptées, notamment pour la cryptographie et l'échange de clés. Parallèlement, l'IETF produit des normes plus générales, comme les RFC PKIX (Public Key Infrastructure X.509). Certains aspects demeurent toutefois insuffisamment normalisés, comme les politiques et les pratiques de certification ou les paramètres des certificats.

Les VPN de niveau 3

Les VPN sont l'équivalent d'un réseau privé interconnectant les différents sites géographiquement distribués d'une même entreprise. En d'autres termes, les différents sites d'une même entreprise peuvent être interconnectés entre eux par un réseau VPN comme si le réseau n'appartenait qu'à la compagnie. Il est impossible qu'un client venant d'un autre horizon que l'entreprise puisse accéder à l'entreprise. À l'inverse, un client de l'entreprise ne peut sortir de ce réseau sans des autorisations particulières. En résumé, un VPN est un réseau qui semble privé mais qui n'est rien d'autre qu'un réseau d'opérateur partagé et protégé, de telle sorte que les différentes entreprises clientes soient indépendantes les unes des autres et aient l'impression que le réseau complet de l'opérateur leur appartient.

Les opérateurs sont particulièrement intéressés par les VPN. S'ils arrivent à bien répartir leurs ressources entres les différents clients de telle sorte que ces derniers aient l'impression que le réseau leur appartient et qu'ils aient un temps de réponse satisfaisant, un multiplexage important des ressources réseau est possible, ce qui augmente d'autant les bénéfices des opérateurs puisque les ressources sont revendues plusieurs fois à différentes entreprises.

Les VPN sont des réseaux privés dans lesquels une allocation des ressources est effectuée au fur et à mesure de la demande. Les portes d'accès au VPN peuvent se situer à différents niveaux de l'architecture, mais il s'agit le plus souvent du niveau IP.

Le niveau paquet (couche 3) étant aujourd'hui un niveau IP, les VPN de niveau 3 sont appelés VPN-IP. Cette génération de VPN date du début des années 2000. Ils permettent de rassembler toutes les propriétés que l'on peut trouver dans les réseaux intranet et extranet, notamment le système d'information d'une entreprise distribuée. La solution IP permet d'intégrer à la fois des terminaux fixes et des terminaux mobiles.

Un VPN-IP est illustré à la figure 7.3. Les entreprises A, B et C ont des VPN de niveau IP. Leurs points d'accès sont des routeurs IP, qui permettent de laisser entrer et sortir les paquets IP destinés à leurs succursales.

Figure 7.3
VPN-IP

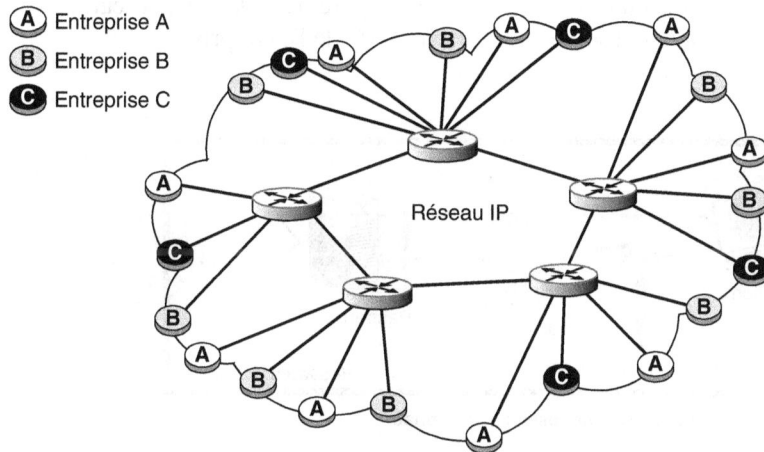

Les clients d'un même VPN utilisent le réseau IP pour aller d'un point d'accès à un autre point d'accès appartenant au VPN. La qualité de service et la sécurité sont prises en charge par l'utilisateur. Comme la sécurité est un élément essentiel de ces réseaux, la première génération de VPN-IP a utilisé le protocole IPsec pour réaliser les communications. Ce protocole permet de créer des tunnels chiffrés en proposant un environnement offrant à l'utilisateur la possibilité de choisir ses algorithmes de chiffrement et d'authentification. Les points d'accès des VPN communiquent entre eux par l'intermédiaire de ces tunnels chiffrés.

Les VPN utilisent des techniques cryptographiques pour protéger le trafic IP lorsqu'il passe d'un réseau à un autre.

Aujourd'hui, la majorité des VPN utilise les protocoles IPsec ou SSL, normalisés à l'IETF. IPsec fournit les protections suivantes : confidentialité, intégrité, non-répudiation, authentification et protection contre l'analyse de trafic. L'en-tête ESP (Encapsulating Security Payload), lorsqu'il est utilisé, signifie que les données transitant dans le tunnel IPsec sont chiffrées. Leur confidentialité est alors garantie. De même, l'utilisation de l'en-tête AH (Authentication Header) indique que les données transportées sont protégées contre les modifications malicieuses (protection des données en intégrité mais pas en confidentialité).

Le protocole IKE (Internet Key Exchange) permet l'échange de clés secrètes et de paramètres de sécurité avant la communication sans nécessiter l'intervention de l'utilisateur. Les services de sécurité sont fournis à la couche réseau. Les applications et protocoles qui opèrent au-dessus sont protégés par IPsec.

La figure 7.4 illustre un exemple de réseau sans fil avec un VPN. À l'aide de terminaux sans fil, les utilisateurs peuvent se connecter de manière sécurisée au réseau d'entreprise en passant par la passerelle VPN se trouvant à l'extrémité du réseau. Au-dessus du WEP, les clients sans fil établissent des connexions IPsec avec la passerelle VPN.

L'utilisation d'un VPN diffère légèrement dans un réseau public, le tunnel IPsec étant prolongé jusqu'à la passerelle VPN de l'entreprise.

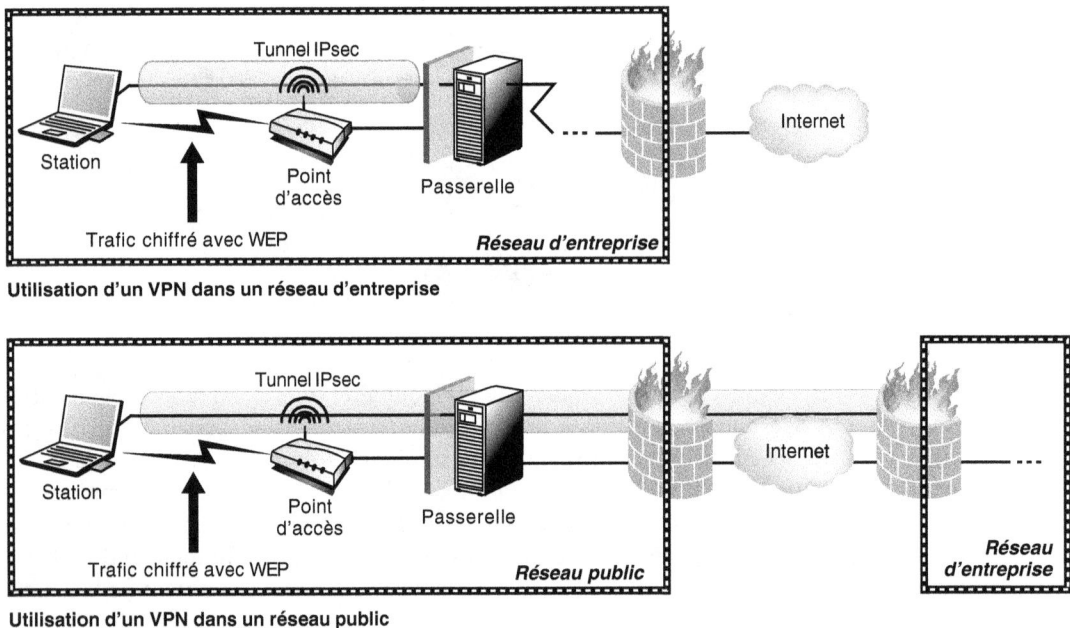

Utilisation d'un VPN dans un réseau d'entreprise

Utilisation d'un VPN dans un réseau public

Figure 7.4
Utilisation de VPN dans les réseaux sans fil

La passerelle VPN peut utiliser des clés cryptographiques partagées ou des certificats numériques pour l'authentification du client sans fil. Les entreprises ayant mis en œuvre une PKI à base de carte à puce pour stocker le certificat de l'utilisateur peuvent utiliser cette carte dans des solutions VPN.

IPsec

Le monde TCP/IP permet d'interconnecter plusieurs millions d'utilisateurs qui peuvent souhaiter que leur communication reste secrète. De plus, Internet a massivement adopté le commerce électronique, dans lequel une certaine confidentialité est nécessaire, par exemple pour prendre en charge la transmission de numéros de carte bancaire.

L'idée développée dans les groupes de travail sur la sécurité du commerce électronique dans le monde IP consiste à définir un environnement contenant un ensemble de mécanismes de sécurité. Toutes les communications n'ayant pas les mêmes caractéristiques, leur sécurité ne demande pas les mêmes algorithmes. Les mécanismes de sécurité appropriés sont donc choisis par ce qu'on appelle une association de sécurité.

Chaque communication se définit par sa propre association de sécurité. Les principaux éléments d'une association de sécurité sont les suivants :

• algorithme d'authentification ou de chiffrement utilisé ;

• clés globales ou spécifiques à prendre en compte ;

• autres paramètres de l'algorithme, comme les données de synchronisation ou les valeurs d'initialisation ;

• durée de validité des clés ou des associations ;

• sensibilité de la protection apportée (secret, top secret, etc.).

La solution IPsec introduit des mécanismes de sécurité au niveau du protocole IP, de telle sorte qu'il y ait indépendance vis-à-vis du protocole de transport. L'utilisation des propriétés d'IPsec est optionnelle dans IPv4 et obligatoire dans IPv6.

Une base de sécurité, appelée SAD (Security Association Database), regroupe les caractéristiques des associations par l'intermédiaire des paramètres de la communication. Leur utilisation est définie dans une autre base de données, la SPD (Security Policy Database). Une entrée de la base SPD regroupe les adresses IP de la source et de la destination, ainsi que l'identité de l'utilisateur, le niveau de sécurité requis, l'identification des protocoles de sécurité mis en œuvre, etc.

Le format des paquets IPsec est illustré à la figure 7.5. La partie la plus haute de la figure correspond au format d'un paquet IP dans lequel est encapsulé un paquet TCP. La partie du milieu illustre le paquet IPsec. L'en-tête d'IPsec vient se placer entre l'en-tête IP et l'en-tête TCP. La partie basse de la figure montre le format d'un paquet dans un tunnel IP. La partie intérieure correspond à un paquet IP encapsulé dans un paquet IPsec de telle sorte que le paquet IP intérieur soit bien protégé.

Dans un tunnel IPsec, tous les paquets IP d'un flot sont transportés de façon totalement chiffrée. Il est de la sorte impossible de voir les adresses IP ni même les valeurs du champ de supervision du paquet IP encapsulé. La figure 7.6 illustre un tunnel IPsec.

Figure 7.5
Format des paquets
IPsec

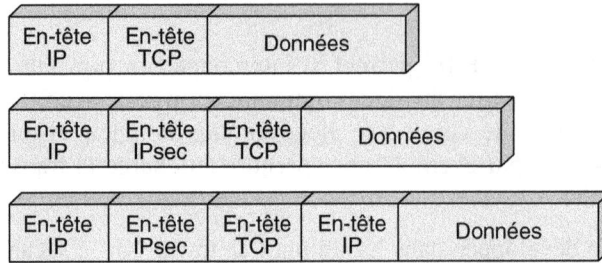

Figure 7.6
Tunnel IPsec

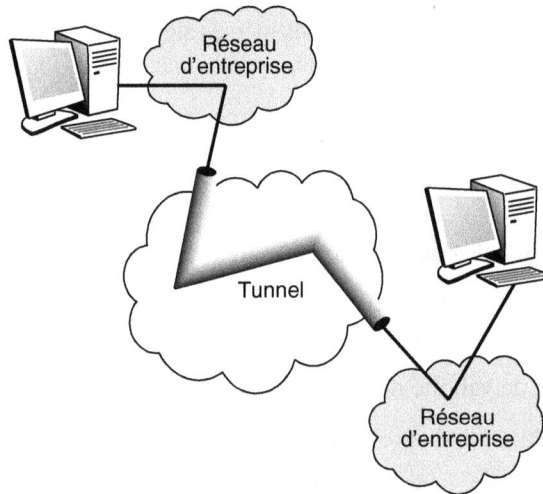

L'en-tête d'authentification AH

L'en-tête d'authentification est ajouté immédiatement derrière l'en-tête IP standard. À l'intérieur de l'en-tête IP, le champ indiquant le prochain protocole, le champ Next-Header, prend la valeur 51. Cette valeur précise que les champs IPsec et d'authentification sont mis en œuvre dans ce paquet IP. Bien évidemment, l'en-tête IPsec possède lui-même un champ indiquant le protocole suivant. En d'autres termes, lorsqu'un paquet IP doit être sécurisé par IPsec, il repousse la valeur de l'en-tête suivant, qui était dans le paquet IP, dans le champ en-tête suivant de la zone d'authentification d'IPsec et met la valeur 51 dans l'en-tête de départ.

La figure 7.7 illustre l'en-tête d'authentification. Comme indiqué précédemment, cet en-tête commence par une valeur indiquant le protocole transporté. Le champ LG (Length), sur 1 octet, indique la taille de l'en-tête d'authentification. Vient ensuite une zone réservée, sur 2 octets, qui prend place avant le champ sur 4 octets donnant un index des paramètres de sécurité et qui décrit le schéma de sécurité adopté pour la communication.

Figure 7.7
Format de l'en-tête d'authentification

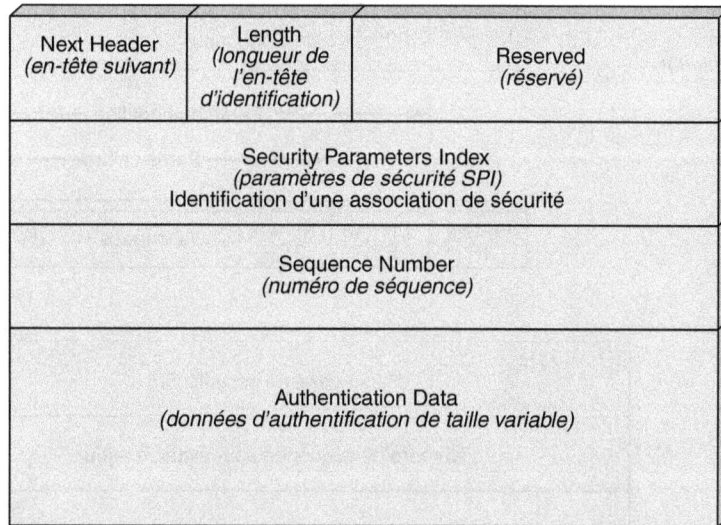

Next Header (en-tête suivant)	Length (longueur de l'en-tête d'identification)	Reserved (réservé)
Security Parameters Index (paramètres de sécurité SPI) Identification d'une association de sécurité		
Sequence Number (numéro de séquence)		
Authentication Data (données d'authentification de taille variable)		

Le champ numéro de séquence, qui contient un numéro de séquence unique, est nécessaire pour éviter les attaques de type rejeu, dans lesquelles le pirate rejoue la même séquence de messages que l'utilisateur par copie pure et simple. Par exemple, si vous consultez votre compte en banque et qu'un pirate recopie vos messages, même chiffrés, c'est-à-dire sans les comprendre, il peut, à la fin de votre session, rejouer la même succession de messages, qui lui ouvrira les portes de votre compte.

L'en-tête d'authentification se termine par les données qui sont associées à ce schéma de sécurité. Il transporte le type d'algorithme de sécurité, les clés utilisées, la durée de vie de l'algorithme et des clés, une liste des adresses IP des émetteurs qui peuvent utiliser le schéma de sécurité, etc.

L'en-tête d'encapsulation de sécurité ESP

Pour garantir la confidentialité des données, qui permet également l'authentification, IPsec utilise une encapsulation dite ESP (Encapsulating Security Payload), c'est-à-dire une encapsulation de la charge utile de façon sécurisée. La valeur 50 est transportée dans le champ en-tête suivant (Next-Header) du paquet IP afin d'indiquer cette encapsulation ESP.

La figure 7.8 illustre ce processus d'encapsulation. L'encapsulation ESP ajoute trois champs supplémentaires au paquet IPsec, l'en-tête ESP, qui suit l'en-tête IP de départ et porte la valeur 50, le trailer, ou en-queue, ESP, qui est chiffré avec la charge utile, et le champ d'authentification ESP de taille variable, qui suit la partie chiffrée sans être lui-même chiffré.

Le paquet ESP illustré à la figure 7.9 décrit de façon un peu plus détaillée les champs internes, à partir du champ ESP d'en-tête.

Figure 7.8
*Processus
d'encapsulation
ESP*

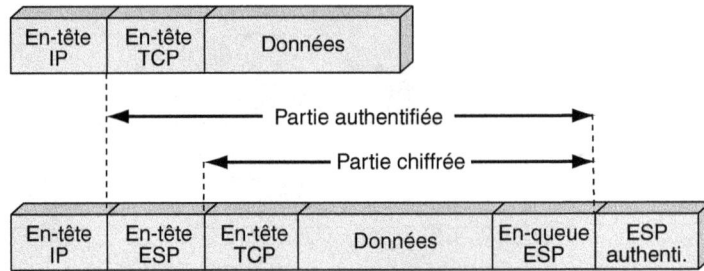

Figure 7.9
*Format
de l'en-tête ESP*

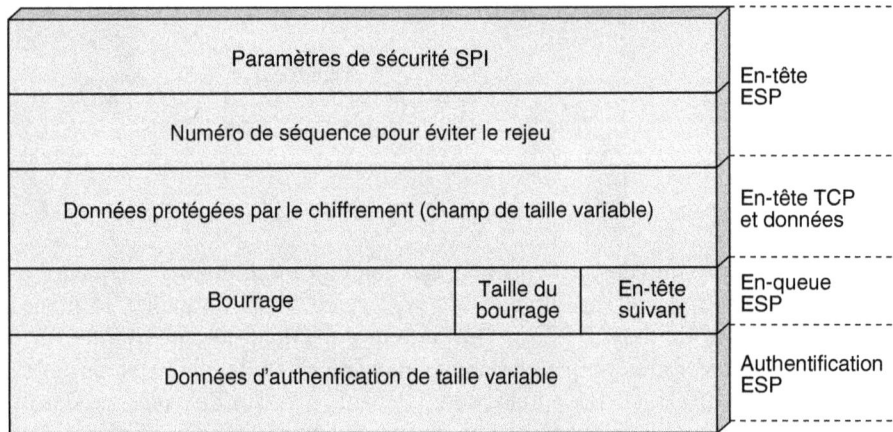

La première partie de l'encapsulation reprend les paramètres SPI et numéro de séquence que nous avons déjà décrits dans l'en-tête d'authentification. Ensuite vient la partie transportée et chiffrée. L'en-queue ESP comporte une zone de bourrage optionnelle, allant de 0 à 255 octets, puis un champ longueur du bourrage (Length) et la valeur d'un en-tête suivant.

La zone de bourrage à plusieurs raisons d'être. La première provient de l'adoption d'algorithmes de chiffrement qui exigent la présence d'un nombre de 0 déterminé après la zone chiffrée. La deuxième raison tient à la place de l'en-tête suivant, qui doit être aligné à droite, c'est-à-dire prendre une place à la fin d'un mot de 4 octets. La dernière raison est que, pour pallier une attaque, il peut être intéressant d'ajouter de l'information sans signification, susceptible de perturber un pirate.

Les compléments d'IPsec

Dans IPsec, le chiffrement ne s'effectue pas sur l'ensemble des champs, car certains champs, dits mutables, changent de valeur à la traversée des routeurs, comme le champ durée de vie. Dans le calcul du champ d'authentification, le processus ne tient pas compte de ces champs mutables.

Les algorithmes de sécurité qui peuvent être utilisés dans le cadre d'IPsec sont déterminés par les RFC suivantes :

- en-tête d'authentification :
  - HMAC avec MD5 (RFC 2403)
  - HMAC avec SHA-1 (RFC 2403)
- en-tête ESP :
  - DES en mode CBC (RFC 2405)
  - HMAC avec MD5 (RFC 2403)
  - HMAC avec SHA-1 (RFC 2404)

IPv6

Le protocole IPv6 contient les mêmes fonctionnalités qu'IPsec. On peut donc dire qu'il n'existe pas d'équivalent d'IPsec dans le contexte de la nouvelle génération d'IP. Les champs de sécurité sont des champs optionnels dont l'existence est détectée par les valeurs 50 et 51 du champ en-tête suivant (Next-Header). La sécurité offerte par IPv6 est donc exactement celle offerte par IPsec.

SSL-TLS (Secure Sockets Layer-Transport Layer Security)

SSL est un logiciel développé par Netscape pour son navigateur et les serveurs Web permettant de sécuriser les communications sous HTTP ou FTP. Son rôle est de chiffrer les messages entre un navigateur et le serveur Web interrogé.

Le niveau d'architecture où se place SSL est illustré à la figure 7.10. Il est compris entre TCP et les applicatifs.

Figure 7.10
Architecture SSL

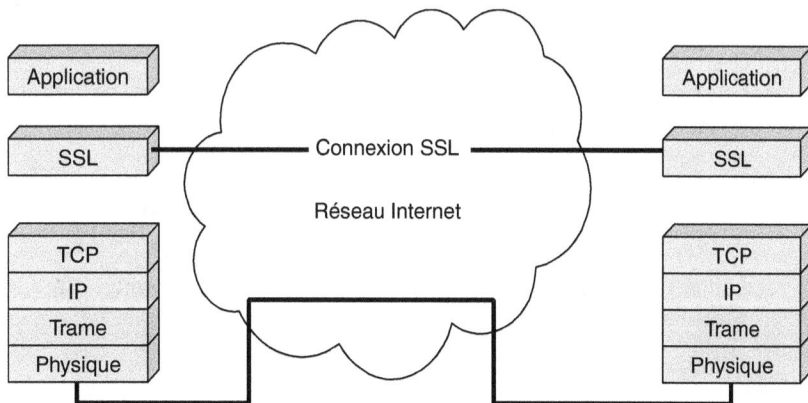

Les signatures électroniques sont utilisées pour l'authentification des deux extrémités de la communication et l'intégrité des données.

L'initialisation d'une communication SSL commence par un handshake, qui permet l'authentification réciproque grâce à un tiers de confiance. La communication se poursuit par une négociation du niveau de sécurité à mettre en œuvre. Cette communication peut se dérouler avec un chiffrement associé au niveau négocié lors de la phase précédente.

Les lacunes du protocole SSL viennent de l'utilisation d'un tiers de confiance et de la nécessité d'ouvrir le port associé à SSL dans les pare-feu.

SSL a pris plus d'importance que la simple sécurisation d'une communication Web. Ce protocole est également utilisé dans le commerce électronique pour sécuriser la transmission du numéro de carte de crédit.

S-HTTP (Secure HTTP), un protocole assez semblable à SSL mais beaucoup moins utilisé, a été développé pour sécuriser les communications sous HTTP.

Les VLAN (Virtual LAN)

Les VLAN suivent les mêmes concepts que les VPN, mais appliqués aux réseaux locaux d'entreprise.

Au départ, un VLAN est un domaine de diffusion limité, c'est-à-dire un domaine qui se comporte comme un réseau local partagé. La différence avec un vrai réseau local provient de l'emplacement géographique des clients, qui peut être quelconque. L'idée est d'émuler un réseau local et donc de permettre à des clients parfois fortement éloignés géographiquement de penser qu'ils sont sur le même réseau local. Cette vision est toutefois moins utilisée aujourd'hui, et le VLAN comme le VPN sert à mettre en place des fonctions de gestion de l'entreprise.

Pour fonctionner, un VLAN doit être doté de mécanismes qui assurent la diffusion sélective des informations. Pour cela, est ajoutée une adresse spécifique, que l'on peut associer à une adresse de niveau paquet. Les nœuds du réseau supportant les VLAN doivent être capables de gérer cette adresse supplémentaire. Les VLAN évitent le trafic de diffusion en autorisant certains flux à n'arriver qu'à des points spécifiques, déterminés par le VLAN. Le VLAN offre en outre à l'entreprise la solution à de nombreux problèmes de gestion.

On peut considérer le VLAN comme un VPN utilisant comme réseau d'interconnexion le réseau local de l'entreprise à la place d'un réseau d'opérateur.

La définition d'un VLAN peut prendre diverses formes, en fonction des éléments suivants :

• numéro de port ;

• protocole utilisé ;

• adresse MAC utilisée ;

- adresse IP ;

- adresse IP multicast ;

- application utilisée.

Un VLAN peut être déterminé par une combinaison des critères précédents mais aussi par d'autres critères de gestion, comme l'utilisation d'un logiciel ou d'un matériel commun. Le VLAN est en outre une solution pour regrouper les stations et les serveurs en ensembles indépendants, de sorte à assurer une bonne sécurité des communications.

Les VLAN peuvent être de différentes tailles, mais il est préférable de recourir à de petits VLAN, de quelques dizaines de stations tout au plus. Il faut en outre éviter de regrouper des stations qui ne sont pas dans la même zone de diffusion. Si c'est le cas, il faut gérer les tables de routage dans les routeurs d'interconnexion pour réaliser les VLAN. Le champ permettant de réaliser cette diffusion vers l'ensemble des points d'accès du VLAN est situé dans la structure de trame illustrée à la figure 7.11.

Figure 7.11
*Structure
de la trame Ethernet
pour les VLAN*

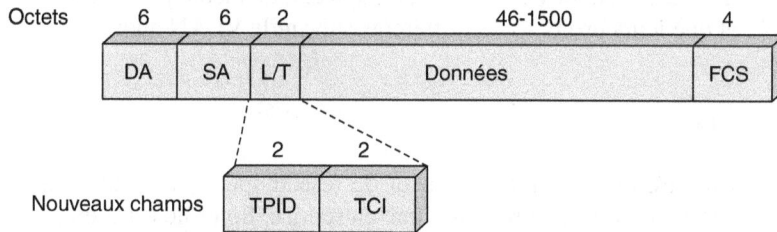

DA (Destination Address) : adresse de destination
SA (Source Address) : adresse source
L/T (Length/Type) : longueur/type
FCS (Frame Check Sequence)
TPID (Tag Protocol Identifier) : identificateur du protocole de référence
TCI (Tag Control Information) : information sur le contrôle de la référence

La valeur du champ TPID (Tag Protocol IDentifier) n'a été définie que pour le cas Ethernet, où il prend la valeur 0x8100.

Le champ TCI (Tag Control Information) comprend les éléments suivants :

- Un champ de niveaux de priorités sur trois éléments binaires, qui permet de déterminer jusqu'à huit niveaux de priorité.

- Le bit CFI (Canonical Format Indicator), qui indique que les données contenues dans la trame sont sous un format standard ou non.

- Un champ VLAN ID, qui identifie l'appartenance de la trame au VLAN et permet son routage vers les différents points du VLAN.

Les trois bits de priorité jouent un rôle de plus en plus important dans les VLAN avec qualité de service. Ils permettent de mettre en place une correspondance entre la gestion de qualité de service DiffServ et le niveau trame du réseau Ethernet. Par exemple, un

VLAN de téléphonie IP permet de réserver la plus haute priorité utilisateur, correspondant à la classe Premium, ou EF, de DiffServ, aux applications de téléphonie.

Les VLAN sont particulièrement utiles dans la protection des environnements de réseau sans fil. Une première application d'un VLAN consiste à l'utiliser pour obliger tous les flux entrant par un réseau Wi-Fi à traverser un serveur de sécurité, qui est souvent un commutateur doté de fonctions de sécurité. Il suffit de mettre les points d'accès et le serveur de sécurité sur le même VLAN. Tous les flots entrant par un point d'accès sont de la sorte obligés de passer par le serveur de sécurité. Cela permet, par exemple, de mettre l'ensemble des points d'accès Wi-Fi directement sur le réseau Ethernet de l'intranet. Les entrées sur les points d'accès utilisent le réseau Ethernet de l'entreprise pour accéder au serveur de sécurité. Ce flot d'accès est multiplexé sur le réseau de l'entreprise mais sans se mélanger aux autres flots circulant en interne.

On peut également utiliser les VLAN pour répartir le trafic et surveiller les entrées dans le réseau Wi-Fi. Par exemple, un client ayant une adresse IP ou MAC déterminée entre dans le VLAN associé, et ce quel que soit l'emplacement de son accès. Il est possible d'avoir plusieurs VLAN par point d'accès, de façon que les clients puissent être distingués et que leurs droits soient différents suivant le VLAN auquel ils appartiennent.

Les pare-feu

Un pare-feu est un équipement de réseau spécifique, qui se trouve à l'entrée, et donc aussi à la sortie, du réseau d'une entreprise. Son rôle est d'empêcher l'entrée ou la sortie de paquets non autorisés.

La position d'un pare-feu est illustrée à la figure 7.12.

Figure 7.12
*Position
d'un pare-feu*

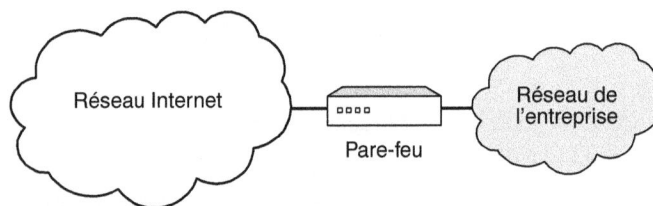

Toute la question est de savoir comment reconnaître les paquets à accepter et ceux à refuser. Il est possible de travailler de deux façons :

- interdire tous les paquets sauf ceux d'une liste prédéterminée ;
- accepter tous les paquets sauf ceux d'une liste prédéterminée.

En règle générale, un pare-feu utilise la première solution en interdisant tous les paquets, sauf ceux qu'il est possible d'authentifier par rapport à une liste de paquets que l'on souhaite laisser entrer. Cela comporte toutefois un inconvénient. Lorsqu'un client de l'entreprise se connecte à un serveur à l'extérieur, la sortie par le pare-feu est acceptée puisque authentifiée. En revanche, la réponse est généralement refusée, car le paquet n'est pas forcément reconnu.

La reconnaissance s'effectue par la valeur d'un port, qui est transportée dans le fragment TCP, et plus exactement dans l'adresse de la socket, c'est-à-dire la concaténation de l'adresse IP et du numéro de l'application. Par exemple, le port 80 représente le port http, et il suffit *a priori* de regarder ce numéro de port pour déterminer l'application à laquelle on a affaire.

L'utilisation des numéros de ports est en réalité un peu plus complexe, surtout avec la dynamicité qui commence à arriver dans les applications les plus modernes, comme les applications P2P ou de téléphonie avec qualité de service. Par exemple, un utilisateur peut envoyer une requête sur un port ouvert, tandis que le port sur lequel se présente la réponse la refuse car ce port est bloqué par mesure de sécurité. Pour éviter cette situation, il faudrait que le serveur s'authentifie afin que le pare-feu lui permette d'accéder au port sur lequel se trouve la réponse.

L'autre option de gestion des pare-feu consiste à ouvrir tous les ports. C'est évidemment beaucoup plus dangereux puisque tous les ports sont ouverts, sauf ceux qui ont été bloqués par la société, et qu'une attaque ne se trouve pas bloquée tant qu'elle n'utilise pas les accès interdits.

Avant d'aller plus loin, considérons les moyens d'accepter ou de refuser des flots de paquets. Les filtres permettent de reconnaître l'appartenance des paquets. Ces filtres sont essentiellement réalisés sur les numéros de port qui sont utilisés par les applications. Nous verrons toutefois un peu plus loin que cette solution n'est pas imparable. Un numéro de port est en fait une partie d'un numéro de socket, cette dernière étant la concaténation d'une adresse IP et d'un numéro de port. Les numéros de port correspondent à des applications. Les principaux ports sont recensés aux tableaux 7.1 et 7.2.

Tableau 7.1 Principaux ports TCP

Numéro	Service	Commentaire
1	tcpmux	Multiplexeur de service TCP
3	compressnet	Utilitaire de compression
7	echo	Fonction écho
9	discard	Fonction d'élimination
11	users	Utilisateurs
13	daytime	Jour et heure
15	netstat	État du réseau
20	ftp-data	Données du protocole FTP
21	ftp	Protocole FTP
23	telnet	Protocole Telnet
25	smtp	Protocole SMTP
37	heure	Serveur heure

Tableau 7.1 Principaux ports TCP *(suite)*

Numéro	Service	Commentaire
42	name	Serveur nom d'hôte
43	whols	Nom NIC
53	domain	Serveur DNS
77	rje	Protocole RJE
79	finger	Finger
80	http	Service WWW
87	link	Liaison TTY
103	X400	Messagerie X.400
109	pop	Protocole POP
144	news	Service News
158	tcprepo	Répertoire TCP

Tableau 7.2 Principaux ports UDP

Numéro de port	Service	Commentaire
7	echo	Service écho
9	rejet	Service de rejet
53	dsn	Serveur de noms de domaine
67	dhcp (serveur)	Serveur de configuration DHCP
68	dhcp (client)	Client de configuration DHCP

Un pare-feu contient donc une table, qui indique les numéros de ports acceptés.

Le tableau 7.3 donne la composition d'un pare-feu classique, dans lequel seulement six ports sont ouverts, dont l'un ne l'est que pour une adresse de réseau de classe C spécifique. Les astérisques correspondent à l'ensemble des possibilités.

Tableau 7.3 Pare-feu classique

Port accepté	Adresse IP
21	*
23	*
25	Adresse réseau C
43	*
53	*
69	*
79	*
80	*

Les pare-feu ne sont toutefois pas des solutions très satisfaisantes. Comme les attaquants n'hésitent plus à entrer par les ports ouverts, comme les ports DNS ou HTTP, il faut faire appel à des filtres beaucoup plus évolués. De tels filtres doivent être capables de suivre l'évolution des ports, y compris des ports standards, lorsque l'application utilise des ports dynamiques, comme P2P, RPC ou les signalisations téléphoniques, afin de détecter quelle application essaie d'entrer par le pare-feu.

Les filtres

Comme expliqué précédemment, les filtrages s'effectuent essentiellement sur les numéros de ports. De plus en plus de ports étant dynamiques, leur gestion n'est pas simple. Lorsque l'émetteur envoie une demande sur le port standard, le récepteur choisit un nouveau port disponible pour effectuer la communication. Par exemple, l'application RPC (Remote Procedure Call) d'accès à distance affecte dynamiquement les numéros de ports.

L'affectation dynamique de port peut être contrôlée par un pare-feu qui se comporte astucieusement. Si la communication est suivie à la trace, il est possible de découvrir la nouvelle valeur du port lors du retour de la demande de transmission d'un message TCP. À l'arrivée de la réponse indiquant le nouveau port, il faut détecter le numéro du port qui remplace le port standard. Un cas beaucoup plus complexe, mais parfaitement possible, est celui où l'émetteur et le récepteur se mettent directement d'accord sur un numéro de port. Le pare-feu ne peut détecter la communication, sauf si tous les ports sont bloqués. C'est la raison essentielle pour laquelle les pare-feu n'acceptent que des communications déterminées à l'avance.

Si cette solution n'est pas suffisante, c'est qu'il est toujours possible pour un pirate de transporter ses propres données à l'intérieur d'une application standard sur un port ouvert. Par exemple, un tunnel peut être réalisé sur le port 80, qui gère le protocole HTTP. À l'intérieur de l'application HTTP peut passer un flot de paquets d'une autre application. Le pare-feu voit alors entrer une application HTTP, qui, en réalité, délivre des paquets d'une autre application.

Une entreprise ne peut pas bloquer tous les ports, faute de quoi ses applications ne pourraient plus se dérouler. Il est bien sûr possible d'ajouter d'autres facteurs de détection, comme l'appartenance à des groupes d'adresses IP connues, c'est-à-dire à des ensembles d'adresses IP qui ont été définies à l'avance. De nouveau, l'emprunt d'une adresse connue est assez facile à mettre en œuvre.

Les attaques les plus dangereuses s'effectuent par le biais de ports qu'il est impossible de bloquer, comme le port DNS. L'une d'elles consiste à ouvrir un tunnel sur le port DNS. Encore faut-il que la machine réseau de l'entreprise, celle qui gère le DNS, ait des faiblesses pour que le tunnel puisse se terminer et que l'application pirate s'exprime dans l'entreprise. Nous verrons à la section suivante comment il est possible de renforcer la sécurité d'un pare-feu.

Pour sécuriser l'accès à un réseau d'entreprise, une solution beaucoup plus puissante consiste à filtrer non plus aux niveaux 3 ou 4 (adresse IP ou adresse de port) mais au niveau applicatif. Cela s'appelle un filtre applicatif. L'idée est de reconnaître directement sur le flot de paquets l'identité de l'application plutôt que de se fier à des numéros de port. Cette solution permet d'identifier une application insérée dans une autre et de reconnaître les applications sur des ports non conformes. La difficulté avec ces filtres réside dans la nécessité de les mettre à jour chaque fois qu'une nouvelle application apparaît. Un pare-feu muni d'un tel filtre applicatif peut interdire toute application non reconnue, ce qui permet de rester à un niveau de sécurité élevé.

Une des solutions pour réaliser un pare-feu applicatif consiste à travailler sur la « grammaire » des flots, c'est-à-dire sur la façon dont les flux de 0 et de 1 sont composés à des endroits particuliers. Chaque application ayant sa propre grammaire, il est possible de détecter tous les types de flots sans avoir à se référer au numéro de port.

Reconnaître un flot n'est toutefois pas suffisant pour parer une attaque. Même si un protocole est reconnu, il peut comporter des failles permettant une attaque interne. Pour aller plus loin, il faudrait que les filtres soient capables de vérifier que l'ensemble des champs et des options d'une application sont conformes à ses RFC. Cette vérification peut être très lourde car le nombre de bits et d'options à vérifier est important.

La sécurité autour du pare-feu

Comme nous l'avons vu, le pare-feu permet de filtrer les flots de paquets mais ne doit pas empêcher le passage des flots utiles à l'entreprise, flots que peut essayer d'utiliser un pirate. La structure de l'entreprise peut être conçue de différentes façons. Les deux solutions illustrées aux figures 7.13 et 7.14 sont généralement mises en œuvre pour cela.

À la figure 7.13, la communication traverse le pare-feu et se dirige au travers du réseau d'entreprise vers le poste de travail de l'utilisateur. Ce dernier doit être sécurisé afin d'empêcher les flots pirates qui auraient réussi à passer le pare-feu d'entrer dans des failles du système de la station. Comme cette solution est très difficile à sécuriser, puisqu'elle concerne l'ensemble des utilisateurs de l'entreprise, la plupart des architectes réseau préfèrent mettre en entrée de réseau une machine sécurisée, que l'on appelle machine bastion. C'est la solution illustrée à la figure 7.14.

La machine bastion pose toutefois quelques difficultés de gestion. Comme c'est elle qui prend en charge l'ouverture et la fermeture des communications d'un utilisateur avec l'extérieur, un client utilisant un navigateur ne peut plus accéder à un serveur externe puisque la machine bastion l'arrête automatiquement. Le bastion doit par ailleurs être équipé d'un serveur proxy, et chaque navigateur être configuré pour utiliser le proxy. Dans cas, la communication se fait en deux temps. L'utilisateur communique avec son proxy, et celui-ci ouvre une communication avec le serveur distant. Lorsqu'une page parvient au proxy, ce dernier peut la distribuer au client. Le bastion peut aussi servir de cache pour les pages standards utilisées par l'entreprise.

Figure 7.13
*Place d'un pare-feu
dans l'infrastructure
réseau*

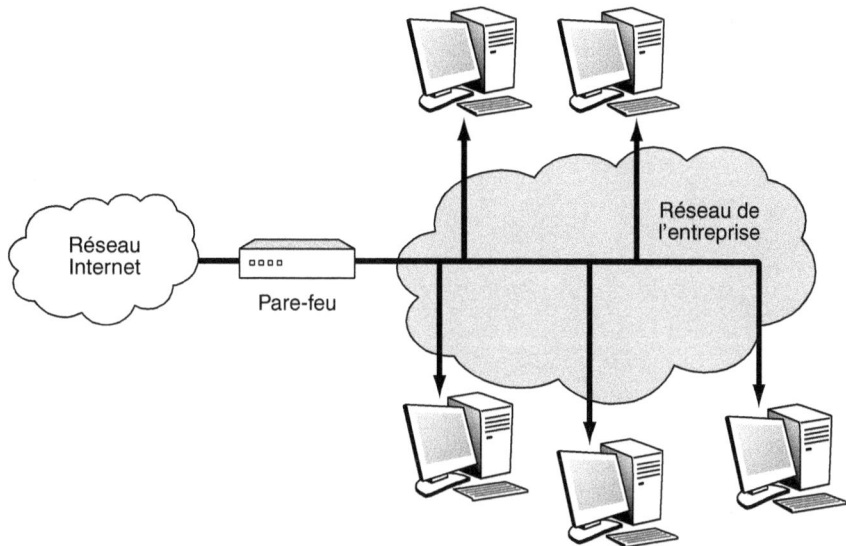

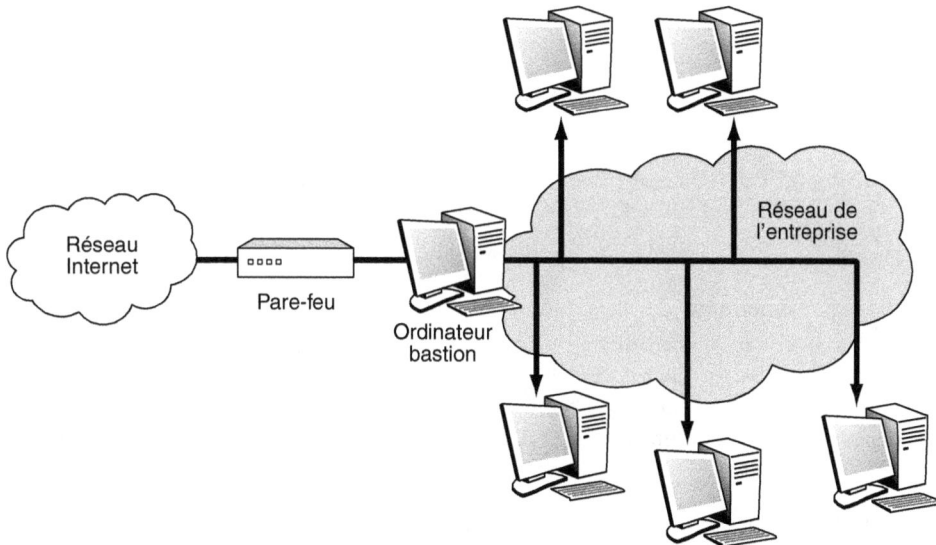

Figure 7.14
Pare-feu associé à une machine bastion

Le défaut de cette architecture provient de sa relative lourdeur, puisqu'il est demandé à une machine spécifique d'effectuer le travail réseau pour toutes les machines de l'entreprise. De plus, la sécurité peut être menacée pour toute l'entreprise si l'ordinateur bastion n'est pas parfaitement sécurisé, un pirate externe pouvant avoir accès à l'ensemble des ressources de l'entreprise. De ce fait, l'architecture de sécurité peut s'avérer plus complexe lorsqu'une machine bastion est mise en place.

La figure 7.15 illustre quelques-unes des architectures de sécurité avec machine bastion qui peuvent être mises en place.

Figure 7.15
Architectures de sécurité avec machine bastion

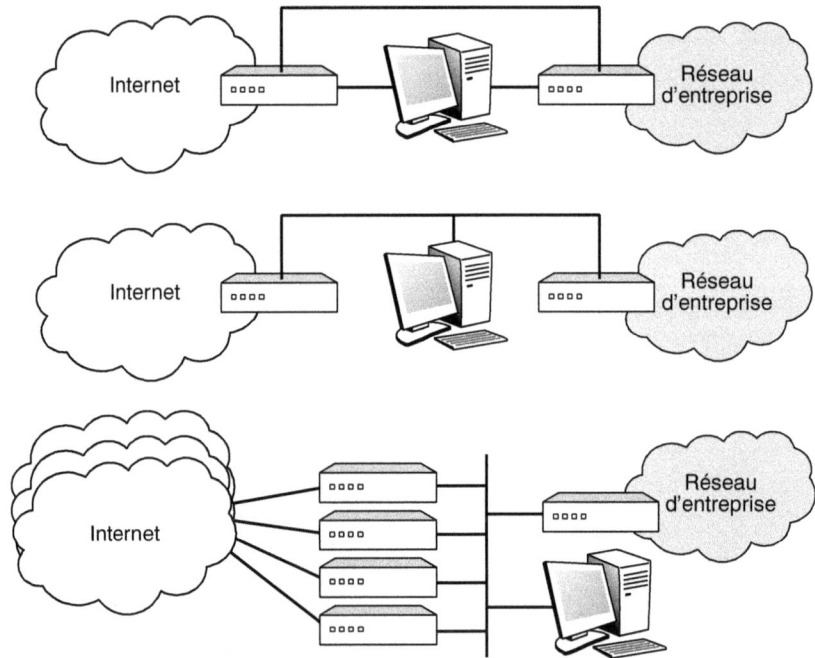

La partie supérieure de la figure représente une organisation assez classique, dans laquelle la machine bastion est protégée des deux côtés par des pare-feu, aussi bien pour filtrer ce qui arrive de l'entreprise que ce qui arrive de l'extérieur. Il est possible de rassembler les deux pare-feu en un seul et d'y connecter la machine bastion. Il est aussi possible de mettre en place manuellement une connexion directe entre les deux pare-feu pour effectuer des tests et des mises au point.

La deuxième partie de la figure 7.15 est assez semblable à la précédente. Elle montre toutefois une organisation un peu différente utilisant un réseau local pour relier les deux pare-feu et la machine bastion. La troisième partie de la figure montre une architecture encore plus complexe, dans laquelle une entreprise peut accéder à plusieurs opérateurs simultanément. Dans ce cas, un pirate pourrait entrer dans le réseau d'un opérateur en provenance d'un autre opérateur en passant par la passerelle de l'entreprise. Là, le piratage ne vise pas l'entreprise mais une autre entreprise située sur le réseau de l'opérateur piraté. Pour sécuriser ce passage, la machine bastion doit de nouveau jouer le rôle de proxy, empêchant le passage direct.

Les réseaux Wi-Fi doivent se doter de filtres de niveau applicatif dans le serveur de sécurité. Ce dernier se trouve entre les points d'accès et l'entrée dans le réseau intranet. De manière pratique, le serveur de sécurité est soit relié physiquement directement au point d'accès, soit connecté au réseau d'entreprise. Dans ce dernier cas, le passage par le serveur de sécurité est assuré par la mise en place d'un VLAN, qui réunit les points d'accès et le serveur de sécurité. Le filtre se trouve dans le serveur de sécurité et joue le rôle de pare-feu. Ce filtre détermine les applications véhiculées à l'intérieur des flots et les classe en flots conformes ou non conformes. En règle générale, il détruit tous les paquets qui ne sont pas conformes. Une fois le filtre franchi, les flots peuvent entrer sur le réseau d'entreprise avec la possibilité de se diriger vers une machine particulière, un serveur ou une passerelle pour aller vers Internet.

Les filtres applicatifs sont de plus en plus intégrés dans les pare-feu afin de couper court à toute attaque de niveau applicatif.

Conclusion

Ce chapitre a examiné un grand nombre de mécanismes de sécurité parmi les plus importants. Les réseaux Wi-Fi les ont adoptés pour pallier les insuffisances des mécanismes de sécurité proposés en standard dans les équipements Wi-Fi. Parmi eux, les codages par l'intermédiaire d'IPsec sont les plus utilisés : chaque machine dispose de sa propre clé de chiffrement, et les communications s'effectuent sous IPsec.

Les pare-feu et les filtres sont devenus monnaie courante dans les interconnexions entre le réseau Wi-Fi et l'intranet. Ces équipements doivent être de plus en plus sophistiqués afin d'éviter les attaques sur les numéros de ports ou sur des trous de sécurité dans les protocoles normalisés par l'IETF.

Malgré l'arrivée de technologies beaucoup plus efficaces que le WEP, comme WPA ou WPA2, les mécanismes que nous venons de détailler continueront à jouer un rôle important dans la sécurité des réseaux Wi-Fi. En tout état de cause, il ne faut pas hésiter à superposer plusieurs mécanismes de sécurité complémentaires.

8

La sécurité par carte à puce

Le problème principal des systèmes utilisant des terminaux à carte à puce est de s'assurer que la carte présentée est valide et que son porteur est bien la personne autorisée à l'utiliser. Pour vérifier l'identité du porteur, les utilisateurs doivent entrer leur code PIN (Personal Identification Number). Ce code est conservé dans la carte plutôt que sur le terminal, tandis que les procédures d'identification et d'authentification ont lieu au niveau du terminal.

La carte à puce doit fournir un critère d'authenticité lisible par le terminal. Cela s'effectue en chiffrant les communications entre la carte et le terminal. Le chiffrement assure à la fois la confidentialité et l'authentification des messages envoyés.

Pour exécuter des procédures de chiffrement, les cartes à puce dotées de capacités cryptographiques doivent satisfaire les propriétés suivantes :

- avoir suffisamment de puissance de calcul pour exécuter les algorithmes cryptographiques ;

- disposer d'algorithmes cryptographiques sécurisés, empêchant de retrouver une clé à partir de textes chiffrés ;

- être physiquement sécurisées, sans possibilité d'extraire la clé secrète de la mémoire de la carte.

Les capacités atteintes aujourd'hui par les microcontrôleurs permettent de fabriquer des microprocesseurs de carte à puce satisfaisant à ces contraintes.

La carte à puce

De nombreux chercheurs travaillent sur de nouvelles applications intégrant la carte à puce. Il est plus que probable que cette dernière va jouer un rôle majeur dans la sécurité d'Internet, comme le prouvent de récentes innovations dans ce domaine.

La figure 8.1 illustre une carte contenant tous les éléments physiques d'un ordinateur classique, à savoir un microprocesseur, ou CPU (Central Processing Unit), une mémoire ROM (Read Only Memory), une mémoire RAM (Read Access Memory), une mémoire persistante, généralement de l'EEPROM (Electrically Erasable Programmable Read Only Memory), un bus de communication et une entrée/sortie. Jusqu'à l'apparition des nouvelles cartes à puce USB (Universal Serial Bus), le canal de communication était un goulet d'étranglement, mais ce n'est plus le cas désormais.

Figure 8.1
Architecture matérielle de la carte à puce

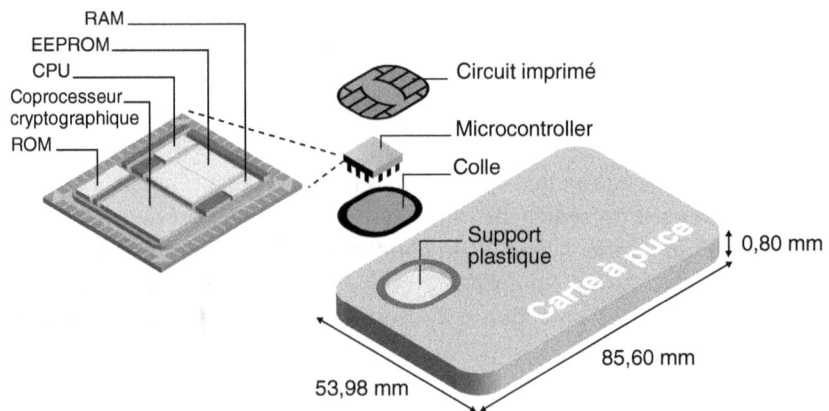

Le cœur de la plupart des cartes à puce repose sur un microprocesseur 8 bits d'une puissance de calcul de l'ordre de 1 à 3 MIPS (million d'instructions par seconde) à une fréquence de 3,5 MHz. Ce type de microprocesseur met 17 ms pour exécuter l'algorithme de chiffrement DES (Data Encryption Standard), par exemple. Il est à noter que la puissance du processeur de la carte à puce augmente à une telle vitesse que de nouvelles cartes de sécurité pourront supporter des algorithmes beaucoup plus lourds.

Les architectures 32 bits fondées sur des processeurs RISC (Reduced Instruction Set Computer) à 1 million de transistors constituent la nouvelle génération de microprocesseurs, d'une puissance de calcul de l'ordre de 30 MIPS à 33 MHz. De tels microprocesseurs ne mettent qu'environ 50 µs pour exécuter un DES et 300 ms pour un chiffrement RSA avec une clé de 2 048 bits.

Outre le processeur, les différents types de mémoire sont les éléments principaux du microcontrôleur. Ils servent à enregistrer des programmes et des données. Les microcontrôleurs de carte à puce sont des ordinateurs à part entière. Ils possèdent généralement entre 1 et 8 Ko de mémoire RAM, entre 64 et 256 Ko de mémoire ROM et entre 16 et 128 Ko d'EEPROM.

La quantité de mémoire EEPROM disponible sur une carte à puce a été longtemps limitée du fait que l'EEPROM n'était pas conçue spécifiquement pour les cartes à puce et que ses limites physiques de miniaturisation étaient atteintes. La mémoire Flash a permis de s'affranchir de cette contrainte. C'est ainsi que l'on a vu apparaître de premiers prototypes de carte à puce à 1 Mo de mémoire persistante de type Flash.

La protection de la carte à puce est principalement assurée par le système d'exploitation. Le mode d'adressage physique pour l'accès aux données n'est disponible qu'après que la carte a été personnalisée et remise à l'utilisateur. L'accès aux données s'effectue au travers d'une structure logique de fichiers sécurisés par des mécanismes de contrôle d'accès.

Sécurisation de la carte à puce

Le contrôle d'accès et la cryptographie sont les deux mécanismes de sécurité principaux pour les applications de carte à puce. Les sections qui suivent détaillent chacun d'eux.

Le contrôle d'accès

Le contrôle d'accès à la carte concerne principalement l'accès aux fichiers. L'en-tête attaché à chaque fichier indique ses conditions d'accès, ses besoins et son statut. Dans son principe, le contrôle d'accès s'appuie sur la présentation correcte des codes PIN et leur gestion.

L'ISO a défini un ensemble de mécanismes élémentaires, tels que l'authentification par mot de passe, clés, codes secrets ou chiffrement, destinés à améliorer la sécurité.

Les différents types de fichiers peuvent être protégés de manière sélective en utilisant des attributs d'accès.

La cryptographie

Les cartes à puce cryptographiques doivent satisfaire aux propriétés suivantes :

- puissance de calcul permettant d'exécuter les algorithmes cryptographiques ;
- algorithmes cryptographiques sécurisés tels que DES ou RSA rendant impossible la déduction de la clé secrète à partir de un ou plusieurs textes chiffrés ;
- sécurisation physique empêchant d'extraire la clé secrète de la mémoire de la carte.

Les instructions cryptographiques dédiées sont maintenant remplacées par des cryptoprocesseurs. Ces derniers offrent généralement les services suivants :

- génération de clés cryptographiques ;
- algorithme allant du simple au triple DES, avec des clés de 64 (DES), 128 ou 192 bits (Triple DES) ;
- algorithme IDEA, avec des clés de 128, 256 ou 384 bits ;

- algorithme RSA, avec un exposant modulaire et des clés de 512, 768, 1 024 ou 2 048 bits.

- fonctions de hachage, telles que MD5 et SHA-1.

Les cryptocoprocesseurs les plus performants mettent 2 ms pour calculer un DES, moins de 2 ms pour un SHA-1, 100 ms pour signer avec une clé RSA de 2 048 bits et 50 ms pour vérifier un RSA.

PKCS#15, la carte à puce dédiée à la PKI

PKCS (Public-Key Cryptography Standards) est un ensemble de standards pour la mise en place des IGC (infrastructure de gestion des clés). Coordonnés par RSA, ces standards définissent les formats des éléments de cryptographie. Par exemple PKCS#15, dont le nom est « Cryptographic Token Information Format Standard », est le standard RSA qui est utilisé pour la carte à puce dédiée à la PKI (Public Key Infrastructure).

La clé privée associée au certificat de l'utilisateur doit être protégée contre toute exposition. Dans certaines solutions de PKI, la carte à puce est utilisée comme coffre-fort pour stocker la clé privée.

Lorsqu'on utilise une carte à puce dans une solution PKI, les certificats, clés cryptographiques et mots de passe de l'utilisateur sont situés sur la carte plutôt que sur le PC. La clé privée associée à la clé publique du certificat ne sort jamais de la carte à puce. À l'aide d'un middleware de type CSP (Communications Support Processor) ou PKCS (Public Key Cryptographic System) #11, le poste client interroge la carte à puce pour obtenir le certificat de l'utilisateur ou pour exécuter des calculs cryptographiques, notamment de signature électronique.

L'utilisation de cartes à puce a été limitée dans un premier temps par leur manque d'interopérabilité à différents niveaux. Il est vrai que l'industrie manquait de standards pour stocker dans un format commun des attributs de sécurité tels que clé, certificat, etc. La création d'applications pouvant fonctionner avec des attributs de sécurité provenant de fournisseurs différents était de ce fait difficile. Les efforts pour résoudre ce problème augmentaient invariablement les coûts de développement et de maintenance. D'un autre côté, les mécanismes permettant aux applications de partager efficacement des attributs de sécurité numériques n'avaient pas encore atteint leur maturité.

La mise au point de PKCS#15 a visé les objectifs suivants :

- garantir l'interopérabilité entre composants s'exécutant sur diverses plates-formes ;

- permettre aux applications de profiter des composants de divers fabricants ;

- autoriser l'utilisation d'avancées technologiques sans avoir à réécrire les applications ;

- maintenir la coexistence avec l'existant.

Structure de fichier à l'intérieur d'une carte à puce

Le contenu d'un fichier dédié, ou DF (Dedicated File), de PKCS#15 dépend du type de carte à puce et de son usage. La structure de fichiers suivante, c'est-à-dire la façon avec laquelle les fichiers sont structurés, est la plus communément utilisée :

- **ODF (Object Directory Files).** Le fichier élémentaire ODF consiste en une liste d'enregistrements, qui pointent vers d'autres fichiers élémentaires, tels que PrKDF, PuKDF, SKDF, CDF, DODF et AODF, chacun de ces fichiers contenant un répertoire d'objets PKCS#15 d'une classe particulière.

- **Cryptographic KDF (Key Directory Files).** PrKDF, SKDF et PuKDF sont les fichiers élémentaires pouvant être vus comme des répertoires de clés. PrKDF contient des informations sur des clés privées, PuKDF des informations sur des clés publiques et SKDF des informations sur des clés secrètes. Ces fichiers contiennent des attributs de clés généraux, tels que restrictions d'usage, identifiant, type d'algorithme, taille de la clé et pointeur sur cette même clé.

- **CDF (Certificate Directory Files).** Ces fichiers élémentaires peuvent être vus comme des répertoires de certificats. Ils contiennent des attributs généraux tels que identifiant, type de certificat et pointeur sur ce même certificat. Des certificats contenant une même clé publique et la clé privée correspondante partagent un identifiant commun. Cela simplifie la recherche de clé privée à partir du certificat et *vice versa*.

- **TCDF (Trusted Certificate Directory Files).** Ces fichiers élémentaires ont la même syntaxe que les CDF ordinaires, mais ils ne contiennent que des certificats d'autorité de certification, ou AC ou encore CA (Certificate Authority).

- **AODF (Authentication Object Directory Files).** Ces fichiers élémentaires peuvent être vus comme des répertoires contenant des objets d'authentification, tels que des codes PIN. Ils contiennent aussi des attributs d'objets génériques servant à l'authentification. Dans le cas du code PIN, ces objets peuvent être des caractères autorisés, une longueur de code, des caractères de bourrage ou un pointeur sur ce même PIN. Les objets d'authentification sont utilisés pour contrôler l'accès à d'autres objets, tels que des clés. Dans ce fichier, chaque objet a une unique référence, qui est croisée avec les références des clés présentes dans les PrKDF.

- **DODF (Data Object Directory Files).** Ces fichiers peuvent être vus comme des répertoires d'objets de données autres que des clés ou des certificats. Ils contiennent des attributs d'objets généraux, tels que l'identification de l'application à laquelle les objets appartiennent et des pointeurs sur les objets eux-mêmes.

- **TokenInfo file.** Ce fichier élémentaire obligatoire contient des informations génériques sur la carte à puce, telles que sa capacité, les algorithmes supportés, le numéro de série, etc. Dans le but d'économiser l'espace de stockage, un peu de mémoire est réservée pour des références croisées de PrKDF, PuKDF et SKDF sur ce fichier.

La figure 8.2 illustre la structure logique des fichiers PKCS#15. Les pointeurs indiqués par des lignes noires vont, par exemple, des fichiers AODF vers les codes PIN associés ou des enregistrements de la base PrKDF vers des valeurs de clés associées ou encore des enregistrements dans la base de données CDF vers des certificats.

Figure 8.2
*Structure logique
des fichiers
PKCS#15*

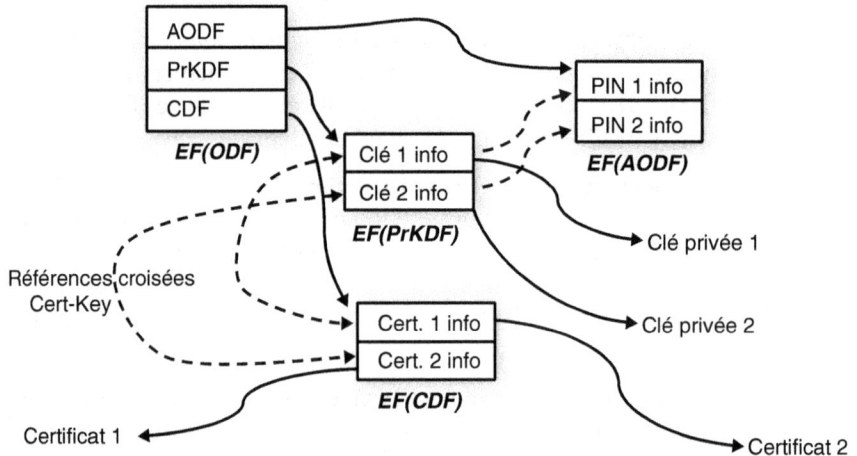

PKCS#15 est une première étape pour s'assurer que les porteurs de carte à puce peuvent les utiliser pour s'identifier électroniquement auprès de tout type d'application. Son objectif ultime est une situation où le porteur pourra utiliser sa carte indépendamment de son type, du fabricant de l'application ou de la plate-forme utilisée.

D'après une récente étude du DoD (Department of Defense) américain, la carte à puce pour la PKI offre le meilleur compromis entre flexibilité, sécurité et coût parmi toutes les technologies à jeton.

Conclusion sur la carte à puce

Les dix-sept objectifs de la sécurité de l'information, énoncés par A. J. Menezes, P. C. Van Oorschot et S. A. Vanstone dans leur livre *Handbook of Applied Cryptography*, peuvent être réduits à quatre propriétés fondamentales : la confidentialité, l'intégrité, l'authentification et la non-répudiation. S'il n'existe pas de système totalement sûr, la carte à puce est de loin l'objet sécurisé qui fournit le meilleur compromis pour ces quatre propriétés.

Une carte à puce est intrinsèquement un objet sécurisé, idéal pour enregistrer des informations et exécuter des processus. La plupart des attaques contre elle ne peuvent être conduites que par des organisations financées, capables de supporter de longues et coûteuses recherches.

L'apport de la carte à puce repose sur deux facteurs principaux : la possession d'informations que l'utilisateur a sur sa carte à puce mais sans en connaître les valeurs et celle d'informations connues — en anglais *something that I have and something that I know*.

La carte est une forme pratique et sûre pour créer et stocker une clé privée. Un lecteur de carte peut vérifier le PIN sans l'exposer à un logiciel malicieux susceptible de se cacher dans une zone accessible et des champs non gardés de la mémoire de l'ordinateur.

Couplée à une solution de biométrie, elle ajoute un troisième facteur de sécurité — *something that I am* (ce que je suis). Si l'incorporation d'une carte à puce dans un système peut le rendre plus sécurisé, la sécurité du protocole reste toutefois fondamentale pour la sécurité du système.

Les communications avec la carte à puce

La carte à puce est toujours le système présentant le plus de sécurité puisque tout ce qui en sort est chiffré. De plus, ce véritable ordinateur est tellement petit qu'il n'est pas possible de placer une sonde sur son bus pour venir l'écouter. Les clés secrètes, qui se trouvent dans une mémoire de la carte à puce, sont ainsi particulièrement bien protégées. Pour les technologies sans fil, la carte à puce permet le nomadisme sécurisé puisqu'elle peut renfermer de nombreuses informations en dehors des clés, que ce soit les noms des réseaux sur lesquels l'utilisateur peut se connecter, le profil de l'utilisateur ou toute autre information confidentielle.

Les sections suivantes examinent brièvement l'environnement de la carte à puce avant d'aborder le fonctionnement des algorithmes de sécurité que l'on peut y implanter.

Le lecteur

Dans le cas d'un PC, l'interaction entre un utilisateur et l'ordinateur est réalisée à l'aide d'un clavier et d'un écran, qui sont ses entrées-sorties de base. De son côté, la carte à puce a besoin d'un terminal pour fonctionner. Ce terminal, appelé CAD (Card Acceptance Device) ou IFD (InterFace Device), a pour fonction de répondre à l'absence d'alimentation et d'entrée-sortie des cartes actuelles. Un distributeur de billets ATM (Automated Teller Machine), par exemple, est un CAD. Une sorte de CAD plus couramment rencontrée par les informaticiens est un lecteur de carte pour PC connecté sur le port série ou USB de ce dernier.

La norme ISO 7816 définit un taux de transfert de données maximal entre la carte et le terminal de 230 400 bit/s en mode half-duplex sur un lien série. La plupart des puces du commerce ne fonctionnent toutefois actuellement qu'à la vitesse de 9,6 Kbit/s. Cette limitation est un inconvénient assez important. Elle ne permet pas à l'ensemble du trafic sortant d'un micro-ordinateur de transiter par la carte à puce. Seuls les flots utiles à la sécurité peuvent donc passer. La puce peut toutefois contenir des processeurs spécifiques de chiffrement permettant de crypter à la volée des flots à bas débit. Pour les données utilisateur qui n'ont pas besoin d'une sécurité du plus haut niveau, on récupère sur le PC des clés générées par la carte à puce, et le chiffrement est effectué à la volée sur le processeur, généralement très puissant, du PC.

À la place du lien série, il est possible d'établir une connexion directe *via* un port USB entre la carte à puce et le terminal. Les débits entre le terminal et la carte à puce peuvent en ce cas atteindre théoriquement ceux décrits dans les spécifications du protocole USB.

On parle de plus en plus d'intégrer sur les futures cartes à puce l'interface sans fil WUSB (Wireless USB) à 480 Mbit/s, mais cette solution n'en est encore qu'à l'état de travaux de recherche.

PC/SC (Personal Computer/SmartCard)

Pour utiliser une carte à puce dans un PC, il est nécessaire de connecter un lecteur et d'avoir un support logiciel sur le PC. Les lecteurs de carte sont attachés à l'une des interfaces standards du PC, comme RS-232, PS/2, PCMCIA ou USB.

Dans le passé, chaque type de terminal nécessitait que son propre pilote soit installé sur le PC. Chaque pilote avait aussi sa propre interface logicielle, ce qui rendait pratiquement impossible la création de logiciels indépendants du lecteur de carte à puce.

L'indépendance vis-à-vis du lecteur étant devenue un besoin général, la première initiative de spécification entre PC et lecteurs apparaît en 1994. En 1996 débute le groupe de travail PC/SC, avec pour objectif de définir un standard international. D'autres initiatives, telles que Opencard, suivent. Le développement de ces spécifications assure désormais l'interopérabilité entre cartes à puce, lecteurs et ordinateurs, et les applications pour carte à puce ne sont plus limitées par le matériel.

Mené par Microsoft et un grand nombre de fabricants de carte à puce, le groupe de travail PC/SC vise à faciliter la création d'applications utilisant la carte à puce dans des environnements PC. Fin 1996, la première version des spécifications PC/SC est publiée. Fondée sur les standards ISO 7816, elle est compatible avec les spécifications industrielles EMV (Eurocard-MasterCard-VISA) et GSM.

Les composants fonctionnels définis pour l'architecture PC/SC sont illustrés à la figure 8.3.

Dans le développement d'applications utilisant PC/SC, les interfaces de programmation sont fournies par le SSP (Smartcard Service Provider). Celui-ci peut être complètement générique ou spécifique de la carte. Au lieu de SSP génériques, il est possible d'ajouter son propre ensemble de SSP dans le but d'activer des fonctions spécifiques de la carte.

Deux SSP génériques sont fournis sur les plates-formes Microsoft Windows : le fournisseur de services carte à puce SSP et le fournisseur de services cryptographiques CSP (Cryptographic Service Provider).

Les fonctions du lecteur, décrites dans son pilote, sont interfacées avec les services fournis par Windows par le biais du pilote IFD (Interface Functional Description), connecté au gestionnaire de ressources. Les fabricants de lecteurs n'ont donc qu'à fournir leur propre pilote IFD.

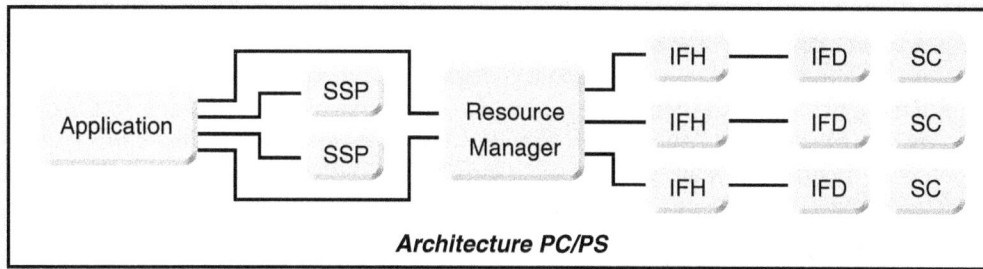

Architecture PC/PS

SC (SmartCard). Carte à microprocesseur sur support plastique.

IFD (Interface Functional Description). Lecteur de carte à puce, autrement dit périphérique d'interfaçage physique à travers lequel la carte à puce communique avec un PC.

IFH (Interface Device Handler). Pilote PC/SC pour un lecteur particulier. Cette couche logicielle bas niveau du PC supporte les canaux d'entrée-sortie spécifiques pour connecter le lecteur au PC et fournir un accès aux fonctions du lecteur.

Resource Manager. Fournit un service au niveau système. Il gère la carte à puce et les ressources du lecteur, contrôle les accès partagés à ses périphériques et supporte les primitives de gestion des transactions.

SSP (Smartcard Service Provider). Responsable de l'encapsulation des fonctionnalités exposées par la carte à puce, il les rend accessibles au travers d'interfaces de programmation de haut niveau. La carte à circuit intégré ICC est la seule à être adoptée dans le standard PC/SC car elle est seule capable d'exécuter des opérations sophistiquées incluant l'authentification, la signature et l'échange de clés.

Application. Programme écrit dans un langage de haut niveau utilisant les API fournies par le SSP.

Figure 8.3
Composants fonctionnels PC/SC

Le bénéfice principal du système PC/SC est la réduction des coûts matériels et de maintenance. L'interopérabilité du système PC/SC permet de fournir une interface avec la plupart des cartes et des lecteurs. Au niveau des applications, il n'est plus nécessaire de se soucier des modifications futures susceptibles d'être apportées à la carte ou au lecteur.

L'équivalent de PC/SC a été porté pour les environnements Linux.

Carte à puce et réseaux sans fil

La carte à puce peut apporter plus ou moins de sécurité à l'environnement de communication suivant l'architecture mise en place. Elle sert essentiellement de coffre-fort pour stocker les clés d'authentification de la carte, les clés de chiffrement et les certificats. Suivant l'endroit où s'exécutent les algorithmes de sécurité, la solution peut être plus ou moins forte. Si l'ensemble de l'algorithme s'exécute dans la carte à puce et que le résultat sorte chiffré, la sécurité est excellente. Si l'algorithme s'exécute sur le processeur de la machine terminale, cela indique que la carte à puce a fourni des clés à l'ordinateur personnel et que, suivant le degré de protection de cette machine, la sécurité est plus ou moins bien sauvegardée. Les deux extrêmes concernent le cas où tout s'exécute dans la carte elle-même, de telle sorte que tout ce qui sort est chiffré, et celui où clés et certificats sont envoyés sur le processeur de la machine sur laquelle la carte à puce est connectée. Dans ce cas, de nombreuses attaques classiques peuvent se produire.

Le gros avantage d'une indépendance complète de la carte à puce est bien sûr son adaptation au monde nomade, puisqu'il n'y a plus de relation avec la machine hôte. Le problème principal de cette solution est la faible puissance des processeurs actuels, qui limite fortement les calculs effectués dans la carte et, par voie de conséquence, la longueur des clés utilisées. Il est cependant possible de mettre en place une authentification par EAP-TLS s'exécutant en moins de 30 secondes dans la carte à puce, à comparer avec les quelques centaines de millisecondes sur le processeur d'un PC.

Le processeur de la carte à puce est souvent appuyé par un processeur de chiffrement spécialisé, qui permet de passer sous les 30 secondes pour exécuter une authentification par EAP-TLS.

Les éléments de sécurité offerts par la carte à puce pour la communication entre une machine terminale et une autre machine terminale sont les suivants :

- **Côté terminal mobile.** La solution de sécurité n'utilisant que la carte à puce a encore un peu de chemin à faire avant de s'imposer, ne serait-ce que parce que les cartes ne sont pas forcément Plug-and-Play sur les machines hôtes. À l'opposé de cette solution, où tous les algorithmes se déroulent dans la carte à puce, une autre possibilité consiste à se servir du client 802.1x de Windows et à ne récupérer sur la machine hôte que les clés nécessaires. Dans ce dernier cas, la carte à puce ne sert que de coffre-fort pour les clés secrètes.

  Entre ces deux solutions extrêmes — tout s'effectue sur la carte à puce ou tout s'effectue dans le PC —, de nombreuses variantes sont possibles, comme l'utilisation du processeur de chiffrement qui se trouve dans la carte à puce pour effectuer un certain nombre de travaux de chiffrement. Un des organismes de normalisation de ces solutions est le WLAN SmartCard Consortium *(www.wlansmartcard.org)*. Ce consortium a déjà publié plusieurs études et une spécification pour l'utilisation d'une carte EAP/SIM pour réaliser l'authentification. Dans cette solution, une grande partie de l'algorithmique pour l'authentification SIM s'effectue dans la machine terminale et non dans la carte à puce. Les spécifications sorties fin 2004-début 2005 proposent l'exécution de l'algorithme EAP-TLS en grande partie dans la carte à puce. Cette dernière solution est plus sophistiquée et mieux sécurisée qu'une exécution dans la machine terminale.

- **Côté carte à puce.** La carte à puce est de plus en plus puissante. Dans quelques années, ce sera un vrai calculateur. À terme, on lui demandera d'assurer l'ensemble de la sécurité des communications avec un réseau Wi-Fi.

La carte à puce joue encore principalement le rôle de chambre forte afin de stocker des informations telles que les clés ou les profils utilisateur. La carte peut cependant être active et effectuer des calculs elle-même au moyen d'un processeur de cryptographie spécialisé. Les caractéristiques de ces deux usages sont les suivantes :

- **Objet de stockage.** La carte n'est utilisée que pour stocker la clé de chiffrement servant aux calculs cryptographiques. Il est possible de gérer la communication entre la machine hôte et le terminal de telle sorte que la sécurité de cette interface soit assurée par un certificat associé permettant de démarrer le processus.

- **Élément de sécurité actif.** La carte est utilisée comme élément actif dans le protocole de sécurité. Elle possède les éléments de sécurité lui permettant d'exécuter certains traitements à la demande de la station utilisateur. Le modèle de sécurité est partagé entre la carte et le terminal. À terme, l'ensemble des algorithmes seront exécutés dans la carte elle-même.

Dans le cas d'un partage des tâches, par exemple pour invoquer l'exécution de traitements cryptographiques, le terminal peut utiliser CSP (Cryptographic Service Provider) ou PKCS#11 (Public Key Cryptography Standards numéro 11), qui sont les deux normes proposées par RSA. La norme numéro 11 est appelée Cryptographic Token Interface Standard.

CSP (Cryptographic Service Provider)

Les API de cryptographie fournies par Microsoft, ou CAPI (Crypto-API), contiennent des fonctions permettant aux applications de chiffrer ou signer numériquement des données, tout en fournissant une protection de la clé privée de l'utilisateur. Toutes les opérations cryptographiques sont exécutées par des modules indépendants, appelés CSP.

Un CSP est un composant logiciel pour plate-forme Windows qui permet la génération et la gestion de clés, la génération de nombres aléatoires et d'autres fonctions cryptographiques. Chaque CSP fournit une implémentation différente de la couche d'API cryptographiques. Certains d'entre eux fournissent des algorithmes cryptographiques forts, tandis que d'autres contiennent des composants hardware sécurisés, comme des cartes à puce.

Chaque CSP comporte une base de données dans laquelle sont stockées les clés cryptographiques persistantes dans un format chiffré. Chaque base de données de clés contient un ou plusieurs conteneurs, chacun renfermant les paires de clés d'un utilisateur. Un conteneur de clés est généralement créé par défaut pour chaque utilisateur.

Chaque conteneur de clés prend le nom du logon de l'utilisateur, c'est-à-dire le nom dont l'utilisateur se sert auprès de son ordinateur ou de son serveur pour s'identifier avant d'entrer son mot de passe. Il peut ensuite être utilisé par n'importe quelle application.

La figure 8.4 illustre le contenu d'une base de données de clés.

Figure 8.4
*Contenu d'une base
de données de clés*

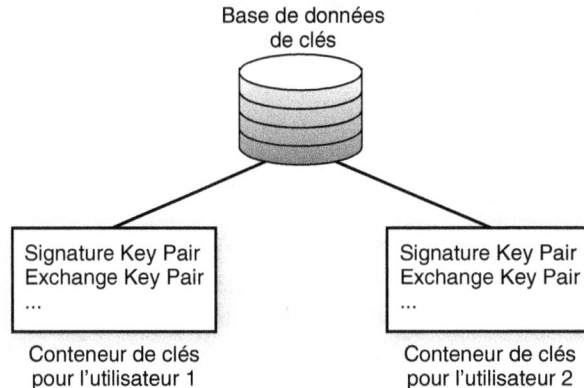

Les clés de session n'étant pas persistantes, elles ne sont pas conservées dans les conteneurs.

PKCS#11

Comme expliqué précédemment, les API de cryptographie fournies par Microsoft ajoutent un niveau supplémentaire d'abstraction. Elles permettent aux développeurs d'utiliser les ressources cryptographiques d'une carte à puce sans avoir à se préoccuper de la spécificité des commandes à lui envoyer. Le rôle joué par PKCS#11 est le même, mais avec un objectif supplémentaire de standardisation.

Le standard PKCS#11 spécifie une API appelée Cryptoki (Cryptographic Token Interface) pour les périphériques qui, comme la carte à puce, gèrent des informations cryptographiques et exécutent des fonctions cryptographiques. Ce document de normalisation PKCS#11 spécifie les types de données et les fonctions utilisables par les applications nécessitant des services cryptographiques. Les types de données et les fonctions sont typiquement fournis dans une bibliothèque qui peut être dynamique, telle une DLL.

Cryptoki joue le rôle d'interface entre les applications et tous types de périphériques cryptographiques portables, tels que ceux fondés sur des cartes à puce, des cartes PCMCIA ou des disquettes Smart. Son interface de programmation de bas niveau garantit l'indépendance des applications vis-à-vis de la technologie en rendant abstraits les détails de ces dispositifs. Le modèle commun présenté à l'application est appelé jeton cryptographique, ou Cryptographic Token.

Le modèle général de Cryptoki est illustré à la figure 8.5.

Figure 8.5
*Modèle général
de Cryptoki*

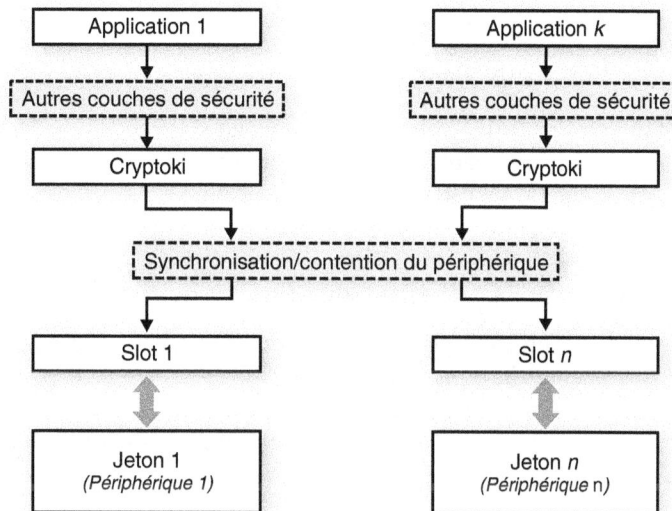

Ce schéma représente une ou plusieurs applications ayant besoin d'exécuter une ou plusieurs opérations cryptographiques faisant appel à des jetons cryptographiques. Il montre que Cryptoki fournit une interface à un ou plusieurs équipements cryptographiques actifs sur le système *via* des slots. Chaque slot correspond à un lecteur physique ou à une interface et peut contenir un jeton. Un jeton est présent dans le slot quand un équipement cryptographique (carte à puce, etc.) est présent dans le lecteur. Étant donné que Cryptoki fournit une vue logique des slots et des jetons, il est possible qu'un lecteur physique soit multislot.

Un équipement peut exécuter des opérations cryptographiques en suivant un jeu de commandes envoyées *via* des pilotes de périphériques standards. L'application n'a pas besoin de s'interfacer directement avec les pilotes du périphérique ni même de connaître lequel est impliqué puisque Cryptoki rend l'application indépendante des couches inférieures. Le dispositif sous-jacent peut être entièrement logiciel. Dans ce cas, aucun élément matériel n'est nécessaire.

La vue logique d'un jeton est un dispositif qui stocke des objets. Cryptoki définit trois classes d'objets :

- Donnée : cet objet est défini par une application.

- Certificat : cet objet contient un certificat.

- Clé : cet objet contient une clé cryptographique. La clé peut être publique, privée ou secrète. Pour voir les objets privés, un utilisateur doit être authentifié auprès du jeton par un PIN ou par toute autre méthode spécifique au jeton, par exemple la biométrie.

La carte EAP

De nombreux protocoles existent au-dessus d'EAP (Extensible Authentication Protocol). Chacun d'eux est lié à un type d'utilisation : accès public, accès privé ou encore accès distant. Cette complexité rend difficile l'interopérabilité entre les réseaux sans fil puisque chacun d'eux a ses propres particularités et ses propres besoins de sécurité.

Un métamécanisme d'authentification peut s'affranchir de cette contrainte en permettant à l'utilisateur de s'authentifier dans tout type de réseau. Dans cette approche, l'utilisateur se sert d'une même carte à puce, quel que soit le type de réseau sans fil auquel il souhaite se connecter. Cette carte est la carte EAP.

Extension de l'architecture de sécurité

EAP est un protocole d'authentification générique, qui permet aux applications d'être indépendantes du protocole d'authentification utilisé. Il a été adopté largement par les industriels des télécommunications avec l'introduction de EAP-SIM et EAP-AKA (USIM). Les industriels des réseaux informatiques l'ont également adopté en normalisant EAP-TLS.

La carte à puce ne permet pas à l'heure actuelle à un utilisateur de s'authentifier à la fois sur un réseau sans fil public, appartenant à un opérateur de téléphonie mobile, et sur un réseau sans fil privé d'entreprise. Il est toutefois possible d'étendre l'utilisation d'une carte à puce unique dans des réseaux hétérogènes en prolongeant l'architecture d'authentification vers la carte, comme illustré à la figure 8.6, en s'appuyant sur le fait que la carte à puce peut exécuter de nombreux protocoles d'authentification. Le terminal agit en ce cas comme un proxy d'authentification vers la carte et ne fait que transmettre les paquets EAP. La même carte à puce peut donc être utilisée indépendamment du type de réseau sans fil, et ce quelle que soit la méthode d'authentification utilisée.

Une telle architecture a des impacts à plusieurs niveaux :

• Au niveau de la carte à puce, les paquets EAP doivent être traités.

• Au niveau du terminal, un composant logiciel doit être capable de récupérer les paquets EAP sur l'interface réseau et de communiquer avec la carte à puce. Les paquets doivent en outre être encapsulés dans des APDU (Agent Protocol Data Unit), unités de données définies par l'ISO 7816, avant d'être envoyés à la carte.

Procédures d'authentification

Deux approches sont possibles pour la procédure d'authentification :

• L'utilisateur connaît ses clés d'authentification (symétrique ou asymétrique) et les protège avec un secret.

• Il ne les connaît pas car elles appartiennent à un fournisseur de services. Une carte à puce peut être utilisée pour stocker les clés de manière sécurisée et réaliser les calculs d'authentification après que l'utilisateur a saisi son code PIN.

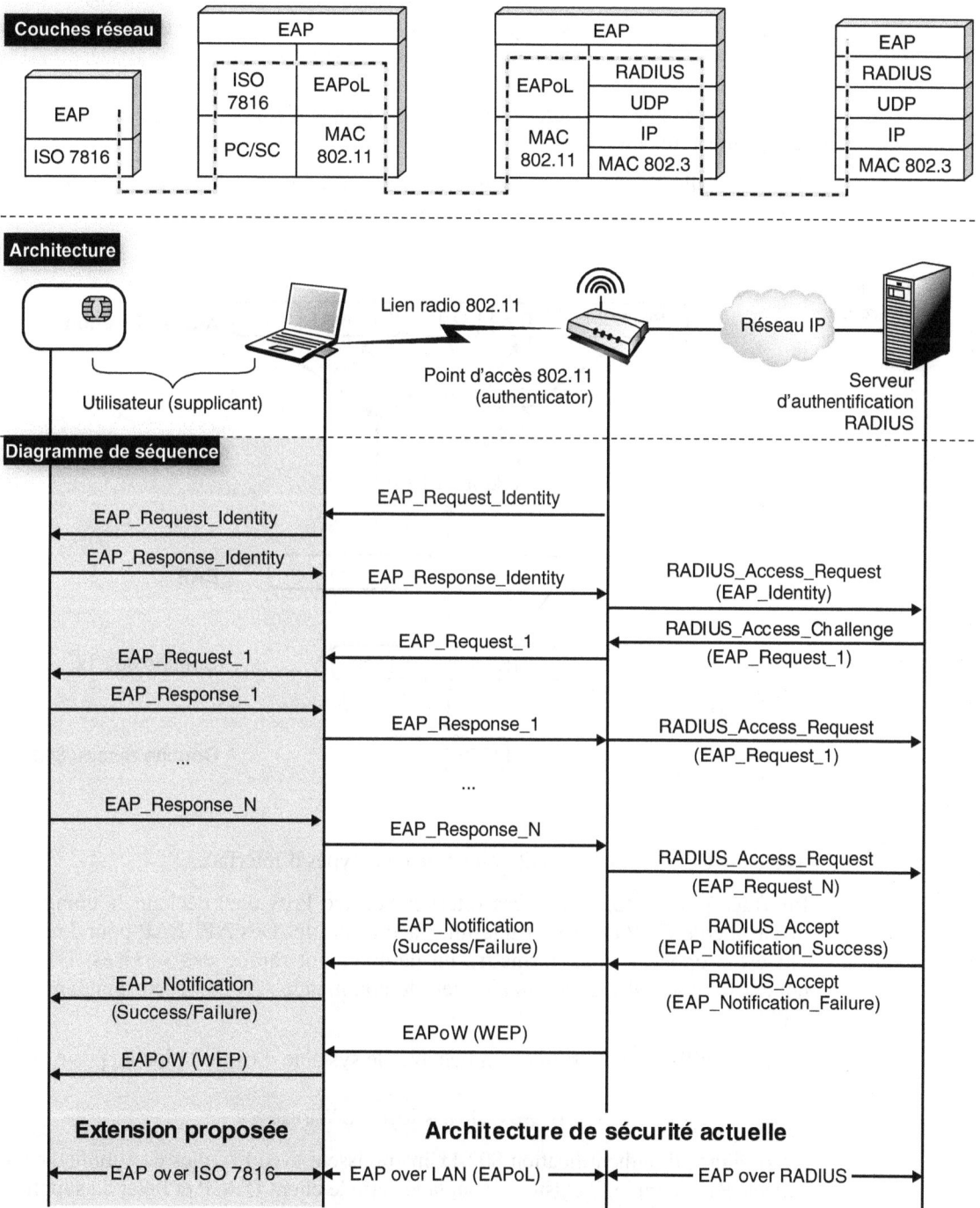

Figure 8.6
Extension de l'architecture d'authentification vers la carte à puce

La carte à puce EAP, normalisée par le consortium WLAN SmartCard et, par exemple, déjà commercialisée par la société UCOPIA *(voir le chapitre 9),* est dédiée aux réseaux sans fil. Elle embarque un moteur EAP sécurisé, qui traite tous les messages EAP et supporte plusieurs combinaisons d'authentification pour répondre aux besoins rencontrés dans des environnements hétérogènes tels que la téléphonie mobile, les réseaux Microsoft ou les architectures PKI.

La figure 8.7 illustre l'intégration de la couche carte à puce EAP dans le processus de mise en place d'un tunnel EAP pour réaliser une authentification.

Figure 8.7
Intégration
de la couche carte
à puce EAP

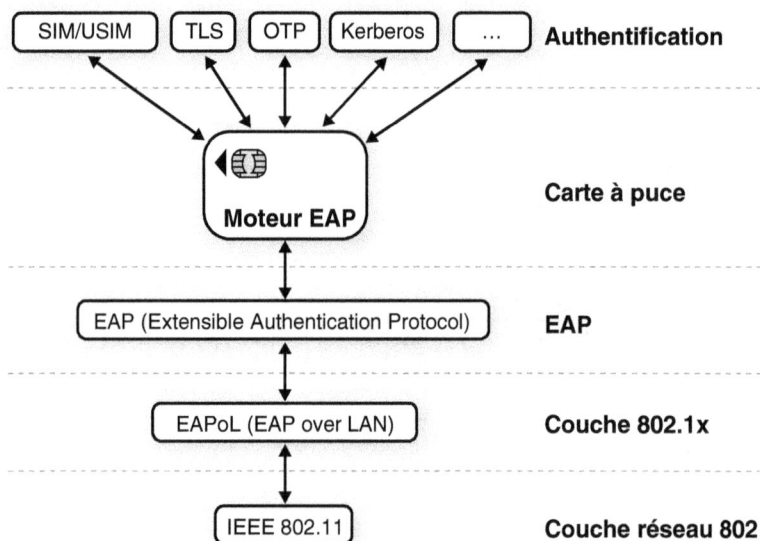

La société UCOPIA finalise la définition de deux types d'interfaces :

• Interface pour WISP (Wireless Internet Service Provider) cachant la complexité du protocole EAP et offrant une interface abstraite. Des API EAP pour JavaCard ont été proposées pour permettre un déploiement rapide des services. Dans les couches basses, il faut ajouter un jeu de commandes APDU correspondant à ces API.

• Interface utilisateur constituant un lien avec le système d'exploitation du poste client.

Intégration des cartes EAP aux plates-formes Windows

Les procédures d'authentification 802.1x interagissent avec les piles de communication installées. Par exemple, il existe un couplage entre le client DHCP et l'état du supplicant 802.1x. De même, le démarrage d'une session d'authentification peut impliquer l'abandon de toutes les connexions TCP en cours.

Nous avons déjà présenté précédemment les interfaces entre les réseaux sans fil et le système d'exploitation Windows. Ce dernier gère tous les états machine et assure la coordination entre le supplicant et les services réseau tels que TCP, DHCP, etc.

L'API d'une bibliothèque EAP comporte huit méthodes, réparties en deux classes :

- **Classe 1.** Regroupe des fonctions obligatoires, telles que RASEAPGETINFO, RASEAPINITIALIZE, RASEAPBEGIN, RASEAPMAKEMESSAGE, RASEAPEND et RasEapFreeMemory.

- **Classe 2.** Contient les procédures qui peuvent être fournies dans des bibliothèques optionnelles telles que RASEAPINVOKECONFIGUI ou RASEAPINVOKEINTERACTIVEUI.

Pour une procédure d'authentification particulière, il ne peut exister qu'une seule instance des fonctions de classe 1. Dans le cas des cartes à puce, les procédures de classe 2 offrent un certain degré de liberté quant à la gestion de composants hétérogènes.

L'interaction entre le système d'exploitation et la carte à puce s'effectue de la manière suivante :

1. Lors du démarrage du système, la classe 1 est chargée en mémoire. La méthode RASEAPGETINFO initialise cet ensemble et met à jour un jeu de trois pointeurs sur les fonctions RASEAPBEGIN, RASEAPEND et RASEAPMAKEMESSAGE.

2. Dès qu'une interface réseau utilise un protocole EAP, un bouton Propriétés permet d'invoquer la méthode RASEAPINVOKECONFIGUI. Celle-ci gère une interface utilisateur sous la forme d'une boîte de dialogue. Dans l'implémentation d'UCOPIA, cette interface graphique est utilisée pour obtenir la liste des identités contenues dans la carte et pour en choisir une. L'utilisateur peut également renseigner son code PIN.

3. Lors de la réception du premier message EAP-REQUEST IDENTITY, le système sélectionne la bibliothèque EAP, déduite du champ EAP-Type. Il active la procédure RASEAPGETIDENTITY, qui retourne l'identifiant utilisateur dans un message EAP-RESPONSE IDENTITY. La bibliothèque EAP extrait cette information de la carte EAP en lui délivrant un message EAP-REQUEST IDENTITY. À ce stade, il est possible d'utiliser la fonction RASEAPINVOKEINTERACTIVEUI si l'utilisateur doit fournir des informations supplémentaires, telles qu'un code PIN.

4. La réception d'un message EAP-REQUEST IDENTITY démarre une nouvelle session. Cet événement est associé à la méthode RASEAPBEGIN, qui marque le début d'une nouvelle session d'authentification. À ce stade, l'application EAP est démarrée dans la carte à puce, avec le contexte précédemment ajusté.

5. Les messages EAP-REQUEST et EAP-NOTIFICATION sont relayés par la méthode RASEAPMAKEMESSAGE, qui réalise tout ou partie d'un protocole d'authentification particulier. Cette procédure redirige les paquets vers la carte EAP en appelant la primitive PROCESSPACKET().

6. Après réception d'un message EAP-NOTIFICATION SUCCESS ou FAILURE, le système d'exploitation met fin à la session d'authentification avec la méthode RASEAPEND.

Cette suite d'échanges est illustrée figure 8.8.

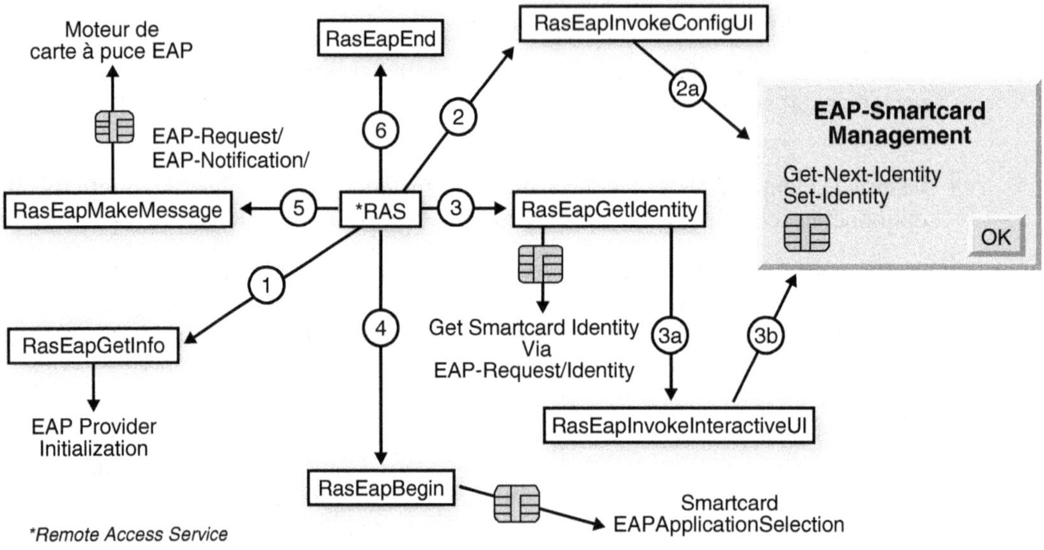

Figure 8.8
Interaction entre le système d'exploitation Windows et la carte EAP

Comparaison des architectures d'authentification à base de carte à puce

Parallèlement à ces travaux sur la carte EAP, d'autres approches d'utilisation de la carte à puce pour l'authentification dans les réseaux sans fil ont été proposées. Celle de la société américaine Raak offre une architecture centralisée alors que celles de la société américaine Koolspan et de la société française UCOPIA s'appuient sur une approche distribuée.

L'approche Raak

L'architecture de Raak est entièrement compatible avec la norme 802.1x. Elle a son propre pilote 802.1x, qui interagit directement avec la couche MAC. Son principal avantage est d'être compatible avec les anciennes versions de Windows, lesquelles ne possèdent pas nativement de client 802.1x.

Dans cette architecture, la méthode EAP-TLS utilise le handshake TLS pour l'authentification. Raak suggère de protéger le certificat de l'utilisateur en le stockant dans une carte à puce. Du fait que le logiciel client gère le protocole TLS en dehors de la carte, la carte à puce joue un rôle passif. Le client l'utilise pour ses qualités cryptographiques en lui demandant, au travers d'un middleware, d'exécuter des calculs cryptographiques.

L'approche Koolspan

L'approche la plus originale est celle de Koolspan. Les cartes à puce y sont utilisées pour sécuriser le lien sans fil entre le client et le point d'accès. Si les autres solutions essayent de développer un mécanisme d'authentification au-dessus de 802.1x, ce n'est pas le cas ici. La volonté de protéger l'extrémité du réseau mène à une architecture distribuée peu classique, dans laquelle les clés sont distribuées entre les clients et les points d'accès.

Les identifiants utilisateur et les clés de chiffrement sont stockés dans une base de données et sont répliqués sur le point d'accès. Côté client, les clés de chiffrement sont stockées sur une carte à puce. Elles ne sont donc jamais échangées entre les deux parties, empêchant les attaques de type MIM (Man In the Middle).

Quand le processus d'authentification se termine, chaque extrémité calcule une clé de session. Cette solution dépasse le WEP en offrant un plus haut niveau de sécurité, fondé sur le standard de chiffrement symétrique par bloc AES. AES n'était pourtant pas attendu dans les réseaux sans fil avant la sortie de la norme 802.11i. Cette norme, en cours de finition, standardise en effet un nouveau type d'encapsulation de données fondé sur AES.

La solution de Koolspan ne semble cependant pas offrir le même niveau de performance et d'interopérabilité. En effet, si Koolspan n'a pas livré de mesures de performance, il est un fait que les réseaux sans fil qui utilisent le WEP voient leur performance se dégrader rapidement lorsque le chiffrement est activé. De plus, l'approche de Koolspan est totalement propriétaire et ne repose sur aucun standard de réseau sans fil. En dépit de ces réserves, l'avantage certain de cette solution est qu'aucun serveur RADIUS n'est nécessaire, ce qui permet aux petites entreprises de l'adopter facilement.

L'approche UCOPIA

Dans l'approche UCOPIA, un utilisateur mobile peut se connecter à de multiples points d'accès. Ses identités, sous forme de NAI (Network Access Identifier), et les identifiants des points d'accès (SSID) sont stockés dans la carte à puce. Une passerelle est installée entre le réseau sans fil et le réseau d'entreprise connecté à Internet pour contrôler l'accès. Elle peut aussi servir à filtrer le trafic et à allouer la QoS (Quality of Service).

L'identité de l'utilisateur est stockée dans un annuaire LDAP, et l'authentification est réalisée par un serveur FreeRADIUS modifié afin qu'il supporte SHA-1.

Côté client, un composant logiciel (DLL) est ajouté au supplicant de Windows XP. Celui-ci transfère à la carte à puce tous les paquets EAP reçus. À l'issue de l'authentification, les clés de session sont calculées par la carte de l'utilisateur. La particularité de cette approche est qu'il s'agit de la seule solution logicielle dans laquelle la carte à puce joue un rôle actif dans le processus d'authentification 802.1x. La DLL récupère les clés et les envoie de manière sécurisée à la carte réseau. Le client agit ici comme un proxy pour la carte.

Le tableau 8.1 compare les différentes approches des architectures d'authentification utilisant la carte à puce.

Tableau 8.1 Comparaison des architectures d'authentification utilisant la carte à puce

	Architecture	Carte à puce	Client	Point d'accès	Serveur	Chiffrement
Raak	Centralisée	Traitement de l'authentification « off card »	Client 802.1x autonome	802.1x	Serveur RADIUS du marché	WEP
Koolspan	Distribuée	Traitement de l'authentification « off card »	Propriétaire (pilote modifié)	Modifié pour supporter les cartes à puce	Aucun	AES (logiciel)
UCOPIA	Distribuée	Traitement du proto-cole EAP « on card »	Client 802.1x de Windows	802.1x	Serveur RADIUS + module SHA-1	WEP

Conclusion

La carte à puce a été longtemps assez mal reconnue aux États-Unis. Cette situation est en train de changer, comme le montrent les rachats partiels de deux des quatre grands équipementiers de carte à puce par des sociétés américaines.

La carte à puce est certainement la solution la mieux sécurisée pour peu que le code PIN de l'utilisateur soit bien protégé. Aucune attaque forte n'a été relevée à ce jour sur une carte à puce. Le principal avantage de cette solution est que même le possesseur de la carte à puce ne connaît pas les secrets qu'elle contient. Comme toute l'information qui en sort est chiffrée, les attaques sont particulièrement complexes à mettre au point.

Une autre solution dont nous pouvons faire mention dans cette conclusion consiste à stocker la carte à puce à l'intérieur du processeur de la machine terminale, autrement dit à l'intégrer au processeur lui-même. Proposée actuellement par IBM, cette solution sera bientôt disponible sur l'ensemble des machines terminales qui abriteront le processeur Palladium d'Intel.

Une telle solution est radicalement différente du point de vue de l'utilisateur. C'est en effet la machine qui est authentifiée et non l'utilisateur qui s'en sert. L'avantage pour les éditeurs de logiciels tels que Microsoft est de pouvoir authentifier les logiciels que le processeur utilise. Cette solution n'est guère satisfaisante pour l'utilisateur nomade, qui se voit contraint de transporter sa machine avec lui et de ne jamais la prêter.

Le modèle opposé est celui où l'utilisateur nomade parcourt le monde avec sa seule carte à puce, intégrée, par exemple, dans une clé USB. Il lui suffit d'introduire sa carte dans une interface USB sur n'importe quelle machine rencontrée pour être sûr de pouvoir travailler en toute sécurité.

Cette solution est défendue par le consortium WLAN SmartCard, qui a été créé par Schlumberger, devenu Axalto, Cisco Systems, qui s'est mis à l'écart du consortium pour être libre de son choix, et UCOPIA. Ce consortium rassemble également tous les fabricants de cartes à puce mais aussi des groupements bancaires, de nombreux opérateurs et des équipementiers du monde des télécommunications.

9

La solution UCOPIA

UCOPIA Communications est une société spécialisée dans les réseaux sans fil et Wi-Fi. Elle propose une solution logicielle de gestion de la mobilité dédiée aux entreprises, campus et administrations. L'objectif de cette solution est de permettre aux employés et aux visiteurs de se connecter en toute sécurité sur le réseau local et d'accéder de façon simple et transparente aux différents services disponibles pour lesquels ils ont une autorisation.

Pour arriver à une telle solution, de nombreux problèmes ont dû être résolus, comme maintenir la sécurité à un niveau élevé, continuer à assurer la qualité de service déterminée par des droits stockés en un endroit géré par l'environnement d'accueil, continuer à bénéficier de son environnement personnel et pouvoir accéder à des services dans son nouvel environnement, comme imprimer sur une imprimante locale ou envoyer un e-mail.

La solution UCOPIA apporte des réponses à l'ensemble de ces problèmes de mobilité.

Les composants de la solution UCOPIA

La solution UCOPIA vient se greffer sur une infrastructure Wi-Fi. Cette infrastructure est connectée au réseau local filaire d'entreprise à travers le contrôleur UCOPIA, qui joue le rôle de passerelle, comme l'illustre la figure 9.1.

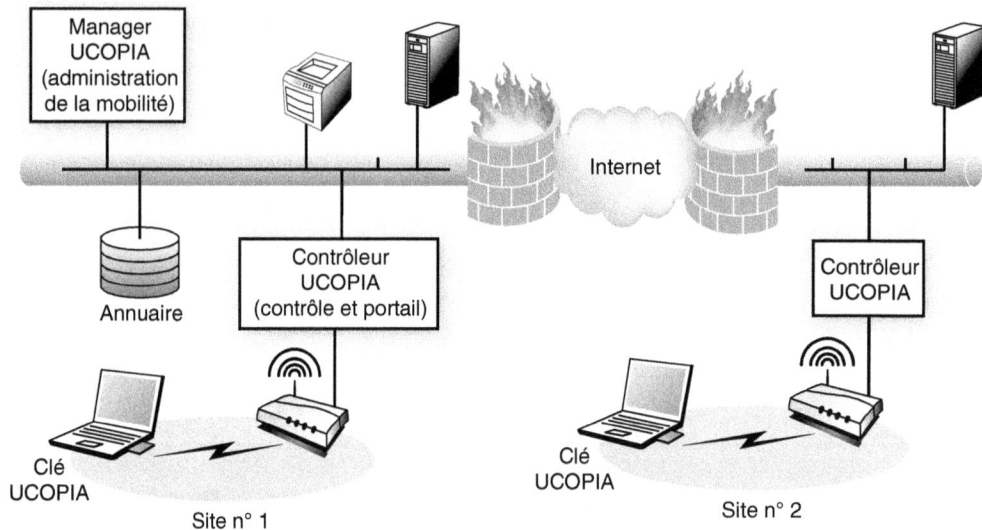

Figure 9.1
Composants de la solution UCOPIA

La solution UCOPIA comporte trois modules logiciels, le manager, le contrôleur et la clé :

- **Manager.** En charge de l'administration des utilisateurs et de leurs droits, des règles de mobilité et des habilitations, il délivre également les clés permettant aux utilisateurs nomades de se connecter.

- **Contrôleur.** Implémente l'authentification, fondée sur une architecture 802.1x et un serveur RADIUS, la confidentialité, le contrôle d'accès par filtrage des flux Wi-Fi, la détection et la correction automatique des flux mal configurés, la qualité de service et l'optimisation de la bande passante.

- **Clé.** Peut être logique (mot de passe ou certificat) ou physique (carte à puce). La clé participe à l'authentification et au chiffrement.

Avant de détailler plus avant les fonctionnalités et l'architecture de la solution UCOPIA, nous la présentons au travers de plusieurs scénarios d'utilisation.

Scénario 1. Authentification d'un employé

UCOPIA propose différents modes d'authentification répondant à des besoins de sécurité et à des catégories d'utilisateurs particuliers. L'authentification la plus forte est réalisée grâce à une carte à puce. Ce mode d'authentification est très souvent privilégié quand il s'agit d'employés nomades de l'entreprise ayant besoin d'accéder à des applications ou à des données sensibles.

Le processus d'authentification par la carte se déroule de la façon suivante :

1. L'utilisateur nomade voulant se connecter sur son site d'accueil (contrôlé par UCOPIA) insère sa carte à puce dans le port USB de son terminal.

2. UCOPIA lui propose d'entrer son code PIN par l'intermédiaire de la fenêtre illustrée à la figure 9.2.

Figure 9.2
*Demande
de code PIN*

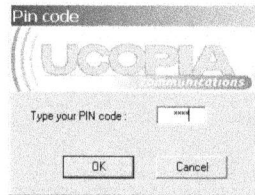

3. Si le code PIN est correct, la carte est débloquée et peut entrer en jeu lors du protocole d'authentification.

4. L'utilisateur s'associe de façon habituelle à un point d'accès sur le réseau Wi-Fi.

5. Le contrôleur dialogue avec la carte à puce à travers le protocole 802.1x EAP, dont le fonctionnement est illustré à la figure 9.3, afin d'authentifier l'utilisateur.

6. L'authentification effectuée, le contrôleur lit le profil de l'utilisateur dans l'annuaire. Les droits de l'utilisateur sont chargés dynamiquement dans le filtre du contrôleur qui en garantit l'application. Toutes les communications sont ainsi analysées et gérées par priorité en fonction de la bande passante disponible. Les erreurs de configuration sont automatiquement corrigées.

Figure 9.3
*Fonctionnement
du protocole 802.1x
EAP*

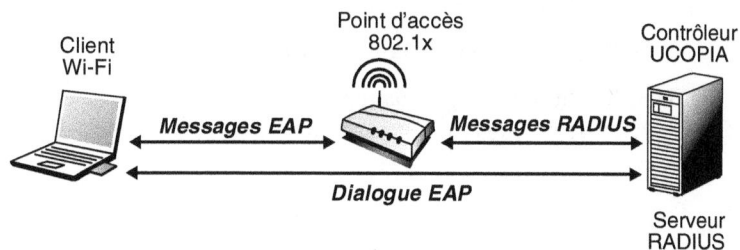

7. Une fois l'utilisateur authentifié et les règles de profil mises en place, UCOPIA présente à l'utilisateur les services autorisés, tels que décrits dans son profil pour ce site, ainsi que quelques autres informations, comme sa qualité de service *(voir figure 9.4)*. Il indique également à l'utilisateur si son mode de communication est chiffré en mode IPsec.

8. Le retrait de la carte du port USB interrompt la connexion. UCOPIA implémente une authentification 802.1x périodique toutes les *n* secondes.

Figure 9.4
*Affichage des
services autorisés
sur le poste client*

Scénario 2. Envoi d'e-mail et nomadisme

UCOPIA permet aux utilisateurs nomades, qu'ils soient employés, clients, partenaires ou fournisseurs de l'entreprise, de se connecter en tout lieu (bureau mobile, salle de réunion ou de formation, etc.), d'accéder à leur messagerie et à Internet, ainsi que d'échanger et d'imprimer des documents. Aucun prérequis, ni aucune installation ou configuration ne sont imposées à l'utilisateur. Ce dernier n'a donc pas besoin de faire appel à l'assistance technique pour imprimer un document ou envoyer un message.

Cette transparence d'accès aux services est réalisée par le contrôleur UCOPIA, qui est chargé de détecter les flux mal configurés (pour le site d'accueil) et d'en assurer la bonne exécution.

Pour illustrer cette fonctionnalité, nous considérons dans ce scénario le cas d'un utilisateur visiteur d'une entreprise voulant envoyer un e-mail avec son client de messagerie depuis l'entreprise visitée. Son client de messagerie est bien sûr configuré pour fonctionner dans son environnement d'origine et non dans l'environnement d'accueil. En particulier, le serveur SMTP spécifié dans sa configuration ne peut être utilisé dans l'entreprise d'accueil.

L'envoi d'e-mail se déroule de la façon suivante :

1. Une fois authentifié, le visiteur vérifie depuis la fenêtre de contrôle UCOPIA que le service de messagerie fait partie des services autorisés, comme illustré à la figure 9.5.

Figure 9.5
*Vérification
des autorisations*

2. Le visiteur envoie son e-mail de façon habituelle sans modifier sa configuration.

3. Le contrôleur UCOPIA détecte le flux SMTP. Comme l'utilisateur est autorisé par son profil à envoyer un e-mail, il redirige automatiquement les paquets SMTP vers le serveur de messagerie approprié, rendant ainsi possible l'utilisation de la messagerie au visiteur.

Scénario 3. Administration centralisée

UCOPIA fournit un ensemble complet d'outils d'administration permettant de mettre en œuvre les différents aspects de la mobilité.

Le Manager UCOPIA permet de définir les politiques de mobilité de l'entreprise et de définir les profils des utilisateurs nomades.

Le scénario suivant montre comment un administrateur peut très simplement modifier un profil existant à travers le Manager en ajoutant le service « mail » à un profil visiteur.

1. Depuis le Manager, l'administrateur sélectionne l'utilisateur dont le profil doit être modifié et passe en mode édition.

2. L'administrateur ajoute le service « mail » au visiteur, comme illustré à la figure 9.6.

Figure 9.6
Ajout d'un service depuis le Manager

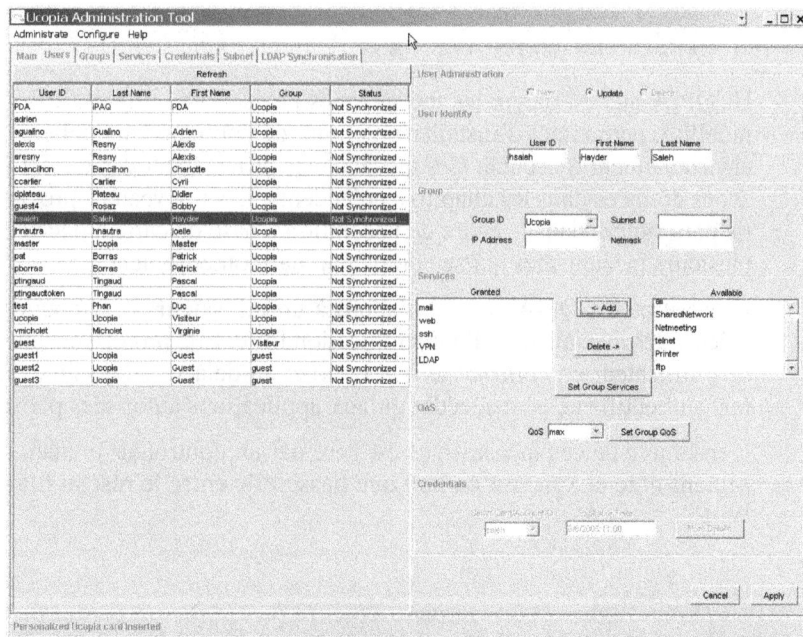

3. Tout utilisateur ayant le profil visiteur peut utiliser le service de messagerie.

Scénario 4. Organisation d'une réunion

Le déroulement d'un rendez-vous dans une salle de réunion de l'entreprise entre des employés et des visiteurs permet de mettre en évidence les principaux avantages du logiciel UCOPIA :

1. L'organisateur de la réunion (un employé) a des droits d'administration en temps qu'utilisateur habilité. Délivrés par l'administrateur réseau, ces droits lui permettent d'accueillir ses visiteurs en octroyant un mot de passe à chacun pour se connecter au réseau durant le temps de la réunion. Les visiteurs ne sont autorisés qu'à utiliser le point d'accès desservant la salle de réunion, avec des droits d'accès définis par l'organisateur à partir de profils types (partenaire, client, fournisseur, etc.).

2. Chacun des participants peut se connecter au réseau selon des modes d'authentification différents : carte à puce pour les employés, mot de passe pour les visiteurs. Les droits d'accès aux services sont également différents.

3. Les participants s'échangent des documents de façon sécurisée, et un contrôle antivirus s'opère au niveau du contrôleur lors de l'échange de fichiers. Un visiteur envoie un e-mail depuis son client de messagerie puis imprime un document sur l'imprimante locale sans reconfiguration particulière de son poste. Un employé accède à une application d'entreprise en communication chiffrée.

Éléments de sécurité de la solution UCOPIA

UCOPIA met en œuvre les mécanismes de sécurité indispensables dans un contexte de mobilité, permettant d'installer un climat de confiance mutuelle entre le nomade et son environnement d'accueil. Ces mécanismes proviennent des différentes normes que nous avons étudiées dans les chapitres précédents. Les nouveautés proviennent d'une ingénierie particulière dans le cadre de la solution à base de carte à puce et d'une intégration de plusieurs mécanismes qui se complètent harmonieusement.

La solution UCOPIA permet d'abord à un utilisateur de se connecter en toute sécurité grâce à des mécanismes d'authentification forte. Elle protège ensuite les communications de l'utilisateur en chiffrant le lien radio et au-delà si nécessaire. Enfin, l'utilisateur une fois authentifié ne peut accéder qu'aux applications autorisées par son ou ses profils.

L'ensemble de ces mécanismes est géré par un contrôleur prenant place dans l'environnement hôte et agissant en tant que passerelle entre le réseau filaire et l'infrastructure Wi-Fi.

L'authentification

UCOPIA propose plusieurs modes d'authentification. S'appuyant sur un serveur RADIUS embarqué dans le contrôleur UCOPIA, ils vont d'une authentification forte par le protocole 802.1x EAP, un logiciel client et une carte à puce jusqu'à une authentification plus classique fondée sur HTTPS et un mot de passe. Les sections suivantes détaillent les trois types d'authentification permis par l'environnement UCOPIA. La solution à base de carte à puce est celle que nous avons introduite au chapitre précédent.

Ces modes d'authentification cohabitent dans un même réseau, avec éventuellement différents sous-réseaux logiques VLAN, correspondant à différentes catégories d'utilisateurs. Par exemple, une entreprise peut proposer à ses employés une authentification forte par carte à puce et certificats et réserver l'authentification par login et mot de passe à ses visiteurs. Dans chaque mode d'authentification, la clé a une durée limitée dans le temps.

Authentification par carte à puce

La carte à puce permet à l'utilisateur non seulement d'être authentifié et de se connecter mais aussi de vérifier au cours du temps que le client est toujours bien celui qui s'est connecté et qu'il n'a pas été remplacé par un utilisateur pirate qui aurait pris sa place.

Le protocole d'authentification forte exécuté entre la carte à puce et le contrôleur UCOPIA est EAP/SHA1. Il s'agit d'une variante prévue dans les standards et développée par UCOPIA du protocole MD5-CHAP. L'algorithme de hachage MD5 étant vulnérable à certain type d'attaque, il est remplacé par SHA1, plus sûr et supporté nativement par la plupart des cartes à puce.

Une authentification est réalisée toutes les n secondes pour relancer une nouvelle authentification par le protocole 802.1x. En effet, le système UCOPIA veut s'assurer que le client est toujours présent et qu'il n'a pas été remplacé par un pirate après sa déconnexion. Cette solution de réauthentification périodique permet de garder le contrôle sur les clients actifs et d'afficher sur la console du manager les utilisateurs effectivement présents dans le réseau.

Authentification par certificats

L'authentification par certificats repose sur le protocole EAP-TLS *(voir le chapitre 4)* et son infrastructure de type PKI. Le serveur RADIUS et le client du réseau sont munis de certificats délivrés par une autorité de certification commune.

UCOPIA peut jouer le rôle d'autorité de certification et délivrer les certificats *via* son outil d'administration, le Manager. UCOPIA peut également s'appuyer sur des certificats émis par un tiers de confiance. Ce mode d'authentification offre un bon compromis entre sécurité et simplicité de déploiement. Tout en garantissant un bon niveau de sécurité, il permet de s'abstraire de la gestion des cartes à puce (personnalisation des cartes à puce, gestion de perte des cartes, etc.).

Authentification par login et mot de passe

L'authentification par login et mot de passe est réalisée à travers le protocole HTTPS. À l'ouverture de son navigateur Web, l'utilisateur se voit automatiquement redirigé vers une page Web d'authentification hébergée par le contrôleur UCOPIA. Celle-ci lui propose de s'authentifier.

Une fois l'authentification réussie, une fenêtre indiquant les services autorisés s'affiche. Tant que cette fenêtre reste ouverte et que le mot de passe n'expire pas, la connexion reste active. Comme dans les autres solutions d'authentification gérées par UCOPIA, une réauthentification périodique est effectuée pour des raisons de sécurité.

Un même ensemble de login et mot de passe ne peut être utilisé pour deux connexions simultanées. L'authentification UCOPIA par mot de passe est interopérable avec les mécanismes de mot de passe à usage unique, ou OTP (One Time Password), comme le Secure ID de RSA.

La sécurité radio

La confidentialité des données transmises est assurée par les équipementiers qui commercialisent les cartes 802.11 et les points d'accès. De type WPA (Wireless Protected Access), cette sécurité offre à la fois la fonction de chiffrement TKIP utilisant des clés dynamiques et la fonction d'authentification 802.1x. La solution UCOPIA est compatible avec ces protocoles.

UCOPIA propose en complément d'établir un VPN de type IPsec entre le poste de l'utilisateur et le contrôleur UCOPIA, comme illustré à la figure 9.7. Les flux sont décryptés au niveau du contrôleur de manière à pouvoir leur appliquer les contrôles d'accès liés aux profils ainsi que la qualité de service voulue. Le VPN peut être rétabli au-delà du contrôleur jusqu'au pare-feu en sortie du réseau d'entreprise.

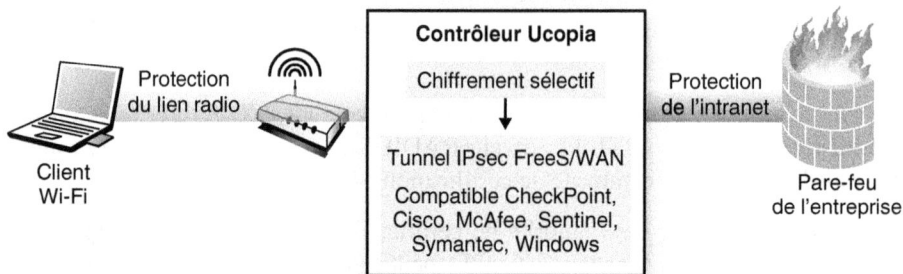

Figure 9.7
VPN UCOPIA

Transparent pour l'utilisateur Wi-Fi, le tunnel VPN est établi automatiquement par UCOPIA dès lors que l'administrateur le décide. Il s'agit d'une propriété du profil de l'utilisateur octroyée par l'administrateur.

La sécurité de la transmission

Les transmissions effectuées par un utilisateur sur un point d'accès doivent être protégées pour différentes raisons :

- Ses données peuvent être confidentielles.

- Un utilisateur visiteur peut vouloir accéder à des serveurs de l'entreprise pour les attaquer.

- Un utilisateur visiteur peut redouter que les données qu'il souhaite faire transiter dans un tunnel de l'entreprise jusqu'à la sortie Internet soient écoutées, voire modifiées.

Il faut donc pouvoir assurer la confidentialité des communications, ce qui est très rarement le cas dans les hotspots des opérateurs de réseaux sans fil. Il faut en outre que les visiteurs ne puissent accéder à un autre équipement que la sortie Internet de l'entreprise, généralement située derrière la DMZ, mais aussi que leurs données ne puissent être interceptées.

UCOPIA propose un environnement IPsec pour sécuriser la communication d'un utilisateur invité.

La figure 9.8 illustre les différents niveaux de tunnels susceptibles d'être mis en œuvre.

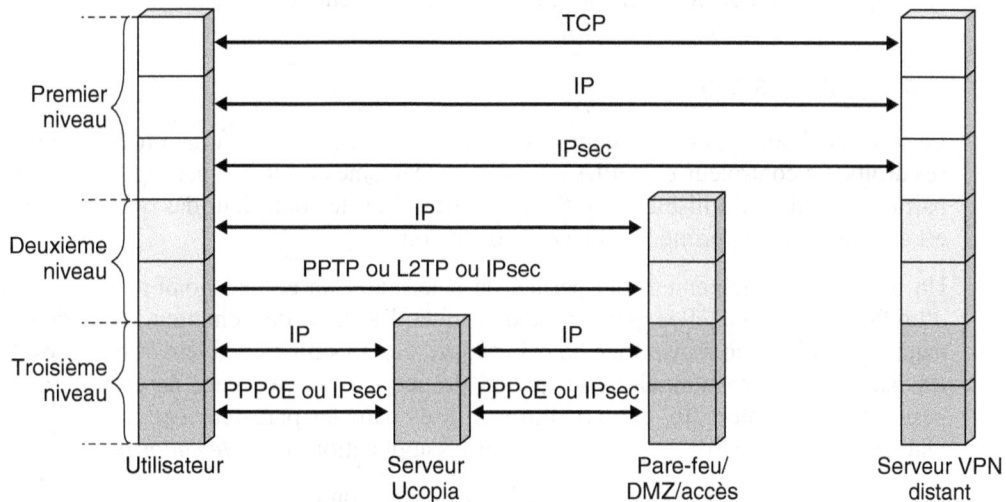

Figure 9.8
Les tunnels dans l'architecture UCOPIA

Les parties qui nous intéressent ici sont les tunnels depuis l'utilisateur vers le contrôleur UCOPIA ou le pare-feu d'accès au réseau intranet de l'entreprise.

En partant du haut de la figure les différents niveaux de tunnels sont les suivants :

• Entre l'utilisateur, qui possède son propre environnement IPsec, et le serveur de son entreprise. Ce tunnel est très classique pour les personnels qui se déplacent et qui ont besoin de se connecter sur le réseau intranet de leur entreprise. Dans le cas qui nous intéresse, cette solution assure que l'entreprise invitante n'est pas apte à comprendre le flot de paquets du visiteur qui s'écoule dans l'entreprise. L'inconvénient est une charge supplémentaire pour l'équipement terminal du visiteur et une lourdeur, qui peut être encore accentuée par le fait que ce flot chiffré peut être chiffré une seconde fois par un WEP ou IPsec.

• Entre l'utilisateur et le pare-feu d'entrée du réseau intranet. Ce tunnel permet de protéger les données du visiteur (si ce dernier fait confiance au VPN qui est mis en place par l'entreprise visitée) et de protéger la société visitée d'une attaque de la part du visiteur. Les paquets qui sortent de l'utilisateur sont chiffrés et ne peuvent être déchiffrés que par le pare-feu d'accès de l'intranet. Il est possible de remplacer le tunnel IPsec par un tunnel moins solide, de type PPTP ou L2TP. Dans ce dernier cas, les paquets de l'utilisateur peuvent toutefois être interceptés dans l'intranet le long du tunnel et être examinés par un utilisateur indélicat de l'intranet.

• Entre l'utilisateur et le contrôleur UCOPIA ou entre le contrôleur UCOPIA et la DMZ. Le premier tunnel ne sert pas vraiment puisque, *a priori,* cette protection est assurée par le WEP, WPA ou WPA2. En revanche, le second peut s'avérer utile et remplacer celui de deuxième niveau allant directement de l'utilisateur à la DMZ.

Le contrôle d'accès par profil

Le contrôle d'accès des utilisateurs s'exerce de manière fine, en fonction du client et de ses droits. Le contrôleur UCOPIA utilise un mécanisme de filtrage par règles, construit à partir du profil de l'utilisateur. Le filtre est installé sur le contrôleur dès qu'un utilisateur est authentifié et supprimé lors de sa déconnexion.

Un filtre est un équipement qui permet de déterminer un certain nombre de propriétés d'un flot de paquets, telles que le type de paquet, l'adresse de l'émetteur, celle du destinataire, l'application transportée dans le paquet, etc. Les filtres peuvent être utilisés dans les pare-feu, les gestionnaires de qualité de service, les serveurs de facturation, les gestionnaires de mobilité, etc. Les filtres utilisés dans les pare-feu sont essentiellement réalisés sur les numéros de port utilisés par les applications *(voir le chapitre 7).*

Le filtre peut proposer de nombreuses autres fonctionnalités, telles que la qualité de service ou la correction à la volée de certains flux mal configurés.

La mobilité

La gestion de la mobilité consiste à définir les politiques de mobilité de l'entreprise et à les mettre en œuvre. L'utilisateur nomade doit pouvoir accéder en tout lieu aux services autorisés de façon simple et transparente et avec la qualité de service nécessaire à la bonne exécution de ses applications.

UCOPIA a défini un modèle de mobilité prenant en compte plusieurs dimensions, appelées Qui ? Quoi ? Quand ? Où ? et Comment ?

- **Qui ?** Identifie les utilisateurs du réseau Wi-Fi.

- **Quoi ?** Ce sont les applications accessibles depuis ce réseau. La plupart des systèmes traitant de la sécurité des réseaux sans fil s'arrêtent à ces deux dimensions.

- **Quand ?** Introduit la notion de temps. Par exemple, les employés d'une entreprise peuvent se connecter à toute heure alors que les visiteurs ne le peuvent qu'aux heures d'accueil de l'entreprise.

- **Où ?** Conditionne les droits d'accès de l'utilisateur. Ces droits peuvent être différents en fonction du site sur lequel se trouve l'utilisateur ou du point d'accès auquel il se connecte.

- **Comment ?** Le fait d'être sur des sites différents peut amener à accéder à un service de façon différente, avec ou sans VPN, par exemple.

La figure 9.9 illustre ce modèle de mobilité d'UCOPIA.

Figure 9.9
Modèle de mobilité d'UCOPIA

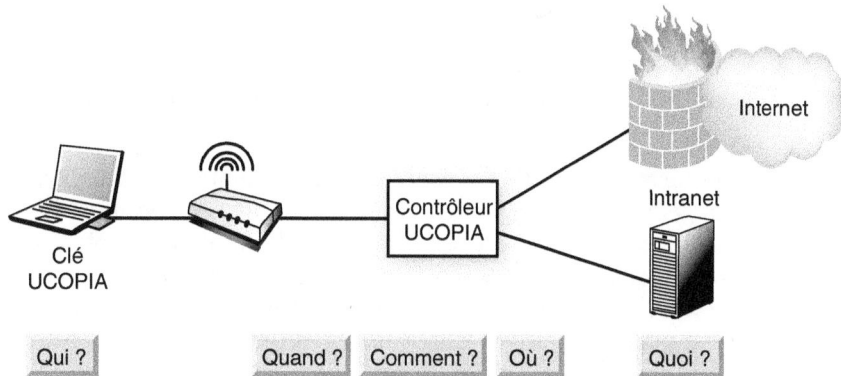

La transparence d'accès

L'objectif de la transparence d'accès est de permettre à des utilisateurs qui ne connaissent pas l'infrastructure d'accueil de pouvoir utiliser leurs applications sans besoin de configuration ou d'installation particulière.

La transparence d'accès gérée par UCOPIA est fondée sur la technologie de filtrage. Puisque le filtre est capable de reconnaître le type d'application ainsi que les utilisateurs émetteur et récepteur, il peut déterminer si l'application est adaptée ou non au contexte en cours.

Par exemple, un client visiteur d'une entreprise se connectant sur le réseau sans fil et souhaitant émettre un message ou imprimer un document ne peut effectuer ces travaux s'il n'en possède pas le droit ou plus simplement s'il n'a pas les drivers nécessaires. Le filtre est capable de détecter ces problèmes et de proposer des solutions.

En voici quelques exemples :

- **E-mail.** Il n'est généralement pas possible pour un utilisateur d'envoyer un e-mail depuis un environnement qui n'est pas son environnement habituel. Les réseaux d'entreprise se protègent de ce type de message susceptible de servir de couverture à des envois de Spam. UCOPIA détecte les messages sortants de type SMTP et redirige automatiquement les paquets vers le serveur SMTP local de l'entreprise. L'utilisateur n'a pas à modifier la configuration de son client de messagerie et peut envoyer son courrier en toute transparence.

- **Accès Internet.** Pour des raisons de sécurité, beaucoup d'entreprises mettent en place des proxy Internet. Les navigateurs des employés sont configurés en conséquence afin d'utiliser le proxy. Si un utilisateur tente d'accéder à Internet dans un environnement sans proxy Web ou avec un autre proxy, il doit modifier la configuration de son navigateur pour obtenir une connexion. UCOPIA assure le fonctionnement du navigateur de l'utilisateur indépendamment de sa configuration et redirige au besoin la demande d'accès vers le proxy.

- **Impression.** Imprimer un document dans un environnement qui n'est pas le sien relève très souvent du défi. Il faut connaître le type d'imprimante, savoir quel est son driver, où il se trouve, comment l'installer, etc. UCOPIA résout ce problème grâce au contrôleur, qui embarque un serveur d'impression. Son rôle est de mettre à disposition de l'utilisateur le driver de l'imprimante la plus proche de lui, et ce de façon transparente.

- **Conférence Web.** Des services tels que la conférence Web, qui nécessitent des téléchargements de composants, peuvent être mis à disposition des utilisateurs de façon transparente. Si ces services nécessitent l'utilisation d'applets, le contrôleur jouant le rôle de proxy héberge les applets et les propose automatiquement. Au-delà de la transparence, ce mécanisme évite que les applets soient bloquées par les pare-feu de l'entreprise et contribue à la sécurité et à l'amélioration des performances.

La qualité de service

UCOPIA permet d'octroyer une qualité de service personnalisée en fonction du profil de l'utilisateur ou du type de service utilisé. Certaines applications, telle la vidéoconférence sur IP, sont très consommatrices de bande passante, et il faut leur réserver une part importante de la capacité disponible.

Le contrôleur UCOPIA peut différencier les flux et gérer leurs priorités en fonction des choix de l'administrateur. Nous revenons en détail dans la suite du chapitre sur les mécanismes mis en œuvre pour assurer la gestion de la qualité de service à partir du contrôleur.

Cette solution est mise en œuvre pour un débit constant du point d'accès dans un sens comme dans l'autre. Une difficulté majeure consiste à permettre à une application de garder un débit déterminé lorsque le débit du point d'accès est fluctuant. En effet, le débit total d'un point d'accès dans le sens entrant et dans le sens sortant est variable dans le temps, et les flux ne sont pas forcément égaux dans un sens et dans l'autre. Une carte IEEE 802.11 peut, par exemple, émettre à 11 Mbit/s et recevoir à 5,5 Mbit/s. Le débit d'un point d'accès dépend fortement de l'emplacement des utilisateurs et des interférences. Les débits sont de 11 Mbit/s mais se dégradent avec la distance ou les interférences à 5,5 puis 2 puis 1 Mbit/s. Il est démontré que le débit global d'un point d'accès est généralement égal ou un peu supérieur à la station terminale la plus lente. Il est donc particulièrement difficile de maintenir le débit d'une application dans ce contexte. Les normalisateurs proposent la norme IEEE 802.11e pour donner une priorité plus forte à certaines stations, mais cela ne supprime pas la difficulté de donner un débit constant à une application comme la téléphonie sur IP passant par un réseau Wi-Fi (WToIP).

Pour permettre cette gestion de la qualité de service, UCOPIA utilise un mécanisme breveté, appelé FRS (Fair Radio Sharing), qui allie qualité de service et sécurité. Deux composants sont mis en œuvre, un serveur d'allocation, qui réside dans le contrôleur UCOPIA, et un composant client, qui peut se situer dans la carte à puce ou dans le terminal utilisateur.

Le composant serveur d'allocation récupère le nombre de clients en cours de transmission, leur vitesse de transmission et les paramètres des règles de politique décidées par l'entreprise. Il peut s'agir, par exemple, d'un partage équitable du temps entre tous les utilisateurs ou d'un partage dépendant de la classe de priorité ou encore d'un partage dépendant de l'application avec un débit déterminé de l'application.

Le serveur d'allocation diffuse aux composants clients, décrits ci-après, le nombre de machines terminales en cours de transmission, leur vitesse de transmission et les paramètres des règles de politique. Le composant client reçoit les messages en provenance du serveur d'allocation. En fonction des messages qu'il reçoit du serveur d'allocation, le client détermine l'affectation du canal radio en fonction de sa vitesse de transmission et des paramètres des règles de politique. Cela lui permet de configurer un régulateur de trafic interne. Le processus d'allocation peut être sécurisé par l'adoption d'une carte à puce gérant la transmission de la station terminale.

Les paramètres pris en compte sont le nombre de machines terminales en cours de transmission dans la cellule, la vitesse de transmission des machines terminales vers le point d'accès et *vice versa* et les règles de politique des utilisateurs. Par l'intermédiaire des règles de politique, des paramètres tels que la priorité accordée au client ou la priorité accordée à l'application peuvent intervenir. Bien d'autres paramètres, comme la consommation d'énergie de chaque coupleur ou la sécurité de la machine terminale, peuvent être inclus dans les règles de politique et pris en compte dans le mécanisme d'allocation.

En résumé, ce procédé consiste en une procédure d'allocation de l'accès au canal radio des différentes cartes d'accès (coupleurs des machines terminales), qui permet d'optimiser le débit du point d'accès en fonction du nombre de machines en cours de transmission, de la vitesse de transmission de chaque machine et d'un ensemble de règles de politique. Cette solution permet de donner aux applications une priorité telle que le débit nécessaire à l'application soit maintenu, même en cas de très forte fluctuation du débit. Il faut bien sûr que le débit garanti soit plus petit que ce que peut transporter le point d'accès dans le pire des cas, c'est-à-dire approximativement 800 Kbit/s si toutes les stations connectées travaillent à 1 Mbit/s, voire un peu plus si une seule travaille à 1 Mbit/s.

L'administration UCOPIA

UCOPIA dispose d'un ensemble complet d'outils d'administration permettant de gérer les politiques de mobilité de l'entreprise ainsi que l'infrastructure Wi-Fi.

Le Manager

Outil d'administration principal de la solution UCOPIA, le Manager permet de définir les politiques de mobilité de l'entreprise. Plus précisément, il permet de définir les services, droits d'accès, qualités de service et VLAN filaires auxquels sont associés les utilisateurs et groupes d'utilisateurs. C'est lui qui délivre les clés aux utilisateurs Wi-Fi à fin d'authentification (carte à puce, certificat, mot de passe). Le Manager permet également à l'utilisateur de se synchroniser avec un annuaire LDAP d'entreprise.

Les droits d'accès ainsi que la QoS peuvent être définis au niveau groupe puis être affinés pour un utilisateur particulier. Par défaut, un utilisateur hérite des propriétés de son groupe.

Les services sont caractérisés par différents paramètres, tels que les numéros de ports, les adresses IP des serveurs impliqués dans le service, les protocoles réseau, etc.

UCOPIA est livré avec un ensemble de services prédéfinis (POP, SMTP, HTTP, FTP, SSH, Telnet, SharedNetwork, etc.) personnalisables. UCOPIA propose aussi des packs de services, tel le pack Réunion, qui incorpore des services additionnels, comme NetMeeting, la vidéoconférence, etc.

Délégation des droits d'administration

Le Manager est géré par l'administrateur du réseau sans fil. Un mécanisme de délégation lui permet de déléguer à des personnes habilitées mais non spécialistes des droits d'administration limités. Par exemple, quand un visiteur est accueilli, il faut pouvoir lui donner des droits d'accès correspondant à son profil (partenaire, client, fournisseur, etc.) et lui octroyer un mot de passe d'une durée limitée lui permettant de se connecter au réseau.

Ces droits d'administration limités sont disponibles *via* une interface Web d'administration.

L'outil de supervision et de journalisation

L'outil de supervision permet de contrôler en temps réel à travers une interface Web les utilisateurs connectés et leurs droits d'accès. Cette supervision est personnalisable. L'administrateur dispose ainsi de l'ensemble des informations journalisées pour réaliser sa propre supervision.

La journalisation consiste à enregistrer et sauvegarder l'activité des utilisateurs d'un réseau à des fins d'audit, de statistiques ou de sécurité. Il s'agit de déterminer quelle exploitation du réseau est faite par les utilisateurs et à quelles tentatives d'intrusion ou d'attaques le réseau est soumis. Une journalisation permet par ailleurs de mettre en œuvre un système de facturation.

Dans le cadre de la solution UCOPIA, les informations sauvegardées sont classées en cinq catégories :

- **Utilisateurs Wi-Fi.** Les login, nom et prénom des utilisateurs sont enregistrés. Les adresses IP et MAC permettent en outre d'identifier totalement l'utilisateur.

- **Type d'authentification.** Il s'agit de déterminer si l'utilisateur s'est connecté au moyen d'une carte à puce ou simplement par mot de passe. L'authentification peut s'effectuer suivant les protocoles EAP-SHA1, EAP-TLS ou par un autre mécanisme. La connexion peut être chiffrée ou non (VPN, WEP), etc.

- **Horaires de connexion.** Il s'agit de définir les heures auxquelles l'utilisateur s'est connecté et déconnecté et donc la durée de la connexion.

- **Ressources.** Les ressources utilisées par un utilisateur incluent le type de point d'accès, la quantité de bande passante utilisée, globale et par service, etc.

- **Services.** Recense les services utilisés, ainsi que les tentatives d'accès à des services non autorisés ou indisponibles.

La connaissance de l'ensemble de ces données d'exploitation du réseau Wi-Fi permet à l'administrateur UCOPIA d'optimiser sa gestion en déterminant, par exemple, si le réseau est correctement dimensionné pour répondre aux besoins des utilisateurs. Il permet également d'identifier les utilisateurs qui se connectent régulièrement sur le réseau, les services les plus sollicités, les ressources déployées pour ces demandes, etc.

Parallèlement, l'administrateur doit pouvoir déterminer les demandes des utilisateurs qui n'ont pu aboutir. Cette catégorie inclut non seulement les demandes d'utilisateurs ne disposant pas des droits requis par le service mais aussi les tentatives d'intrusion et d'attaque sur le réseau. L'analyse des journaux permet de prévenir, au besoin, une prochaine attaque et d'identifier son auteur.

La figure 9.10 illustre le journal d'activité depuis l'outil de journalisation UCOPIA.

Figure 9.10
L'outil de supervision
et de journalisation

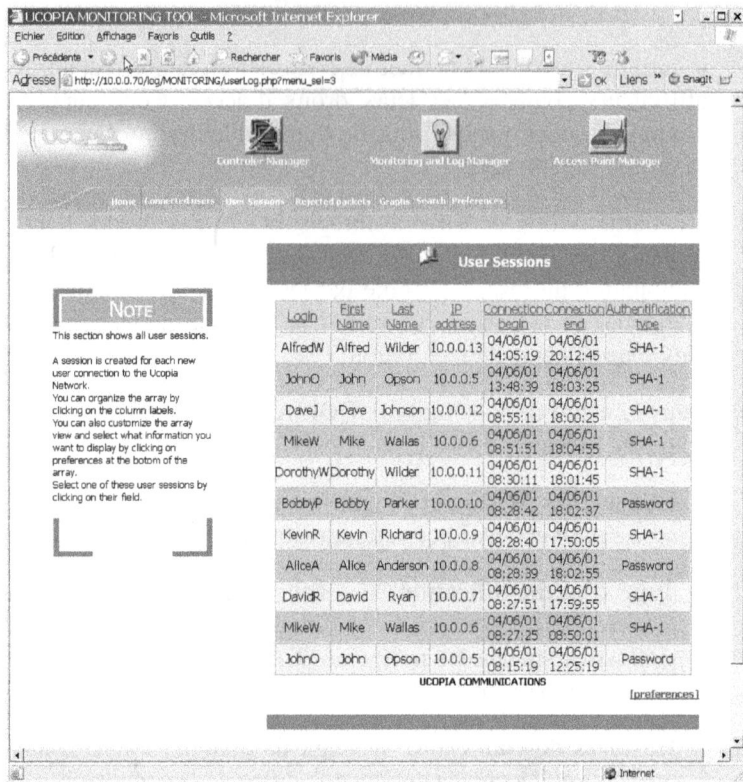

L'administrateur de points d'accès

Cet outil permet l'administration à distance d'un parc de points d'accès Wi-Fi. Il repose sur une architecture distribuée, à base d'agents SNMP.

Les principales fonctionnalités offertes par l'administrateur de points d'accès sont le paramétrage des points d'accès Wi-Fi et la collecte des informations de QoS.

Paramétrage des points d'accès Wi-Fi

La configuration des points d'accès peut se faire de deux façons :

- Manuellement : l'administrateur saisit depuis son navigateur Web les données à modifier.

- Par programmation : soit répétitive (toutes les semaines, etc.), soit réactive (règles de comportement par rapport à une alerte).

La supervision du parc de points d'accès permet le traitement, le tri, le stockage et l'analyse des alertes remontées par les points d'accès.

La figure 9.11 illustre l'utilisation du gestionnaire de points d'accès lors de l'étape de configuration des points d'accès.

Figure 9.11
L'administrateur de points d'accès

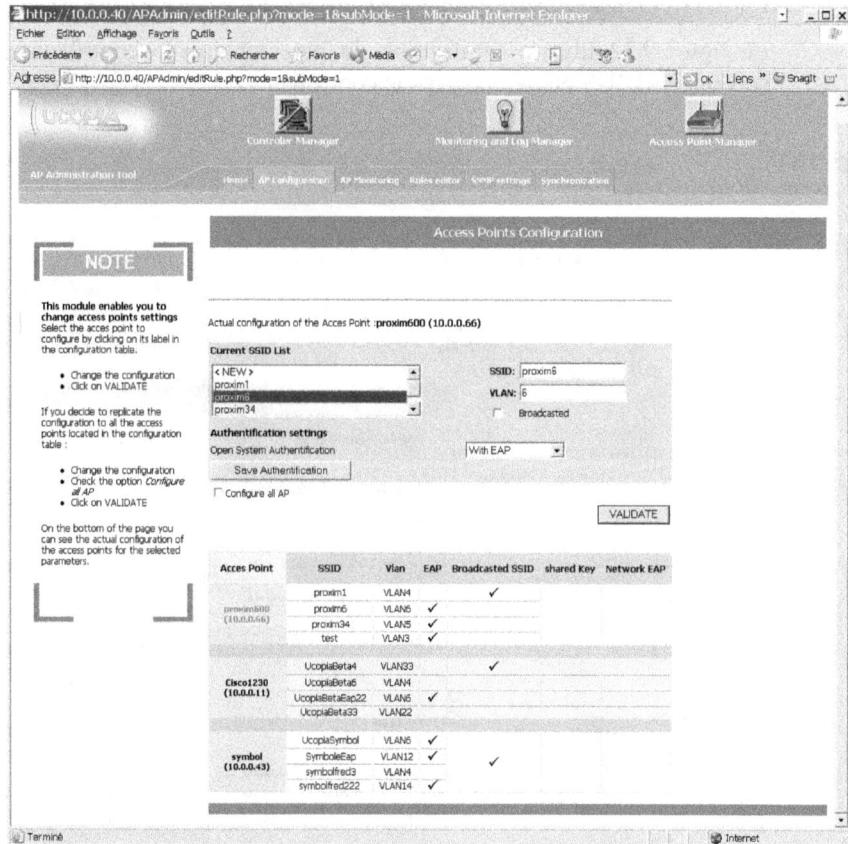

Collecte des informations de QoS

La collecte des informations de QoS inclut :

• La collecte des statistiques et des informations sur l'état des points d'accès en terme de charge et de bande passante.

• Le stockage des données recueillies dans une base de données mise à la disposition d'un gestionnaire de QoS.

Le gestionnaire de contrôleur

Cet outil permet d'administrer à distance un contrôleur UCOPIA dans le cas où celui-ci est vu comme une boîte noire, sans écran ni clavier, comme n'importe quel équipement réseau. La gestion du contrôleur s'effectue à travers une interface Web sécurisée.

Grâce à ce gestionnaire, l'administrateur UCOPIA peut spécifier le paramétrage global du contrôleur (paramètres réseau, adressage en VLAN, etc.) et assurer individuellement l'administration (arrêt, démarrage, configuration) de chaque module du contrôleur (RADIUS, DHCP, VPN, Samba, Apache, etc.).

La figure 9.12 illustre l'utilisation du gestionnaire de contrôleur pour configurer le serveur RADIUS embarqué dans le contrôleur.

Figure 9.12
*L'administrateur
du contrôleur*

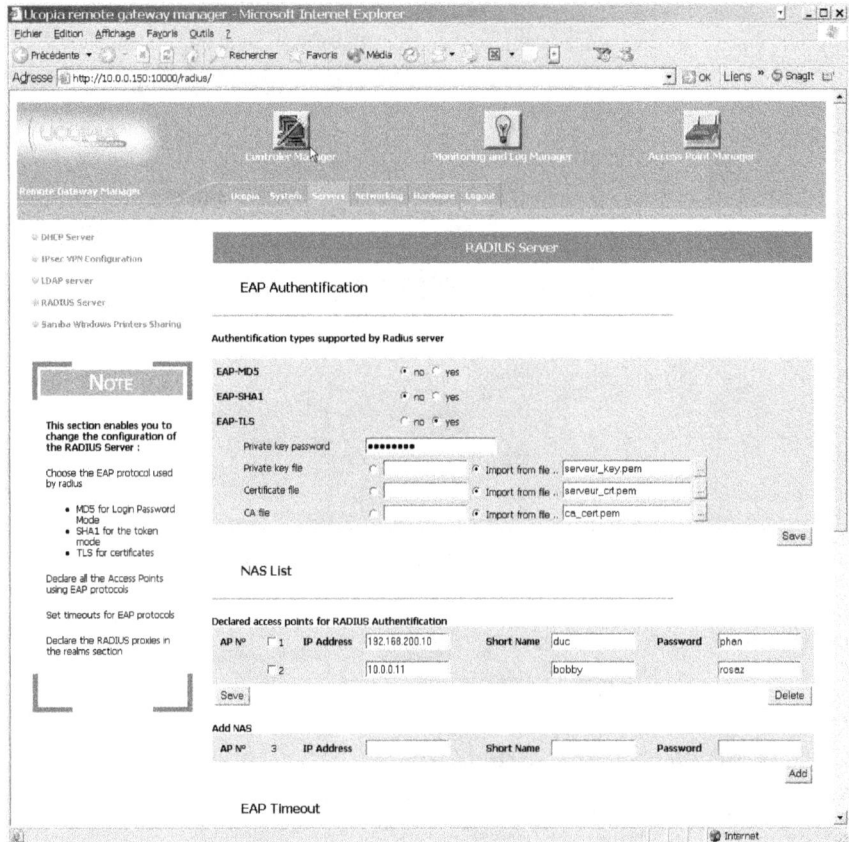

L'architecture UCOPIA

Les différents modules constituant l'architecture UCOPIA et les protocoles utilisés lors des interactions entre ces modules sont illustrés à la figure 9.13.

L'ensemble du trafic en provenance des utilisateurs Wi-Fi est redirigé vers le contrôleur. Les protocoles employés entre les postes des utilisateurs et le contrôleur sont soit 802.1x/EAP, pour l'authentification par carte à puce ou par certificat, et HTTPS, pour l'authentification par login et mot de passe.

Le serveur RADIUS et le Manager UCOPIA dialoguent avec l'annuaire LDAP à travers le protocole sécurisé LDAPS. Enfin, un VPN de type IPsec peut être établi entre les clients Wi-Fi et le contrôleur.

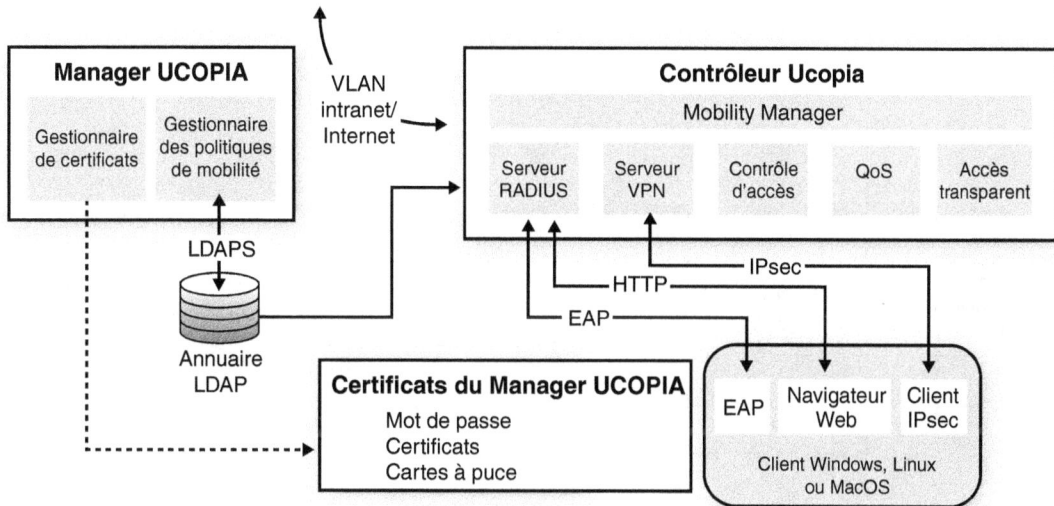

Figure 9.13
Architecture globale de l'environnement UCOPIA

Les points d'accès

Les points d'accès doivent supporter le protocole d'authentification 802.1x. Ils sont configurés avec plusieurs SSID, chaque SSID étant encapsulé dans un VLAN. À chaque VLAN est associée une plage d'adresses IP et un mode d'authentification (802.1x ou mot de passe) de manière à isoler les différentes populations d'utilisateurs Wi-Fi.

L'adresse du serveur RADIUS est spécifiée dans les points d'accès, ainsi que le secret partagé avec le serveur. L'adresse d'un serveur de sauvegardes peut être également précisée si l'on souhaite mettre en place une architecture de redondance.

Le contrôleur

Le contrôleur UCOPIA illustré à la figure 9.14 est le cœur de l'architecture UCOPIA. Responsable de la mise en œuvre des politiques de mobilité définies depuis le Manager, il comprend des modules d'authentification, de chiffrement, de contrôle d'accès par profil utilisateur, de qualité de service et d'accès transparent aux services.

Le module Mobility Manager orchestre l'ensemble de ces modules. Le contrôleur est implémenté sur une plate-forme Linux à partir du noyau 2.4.

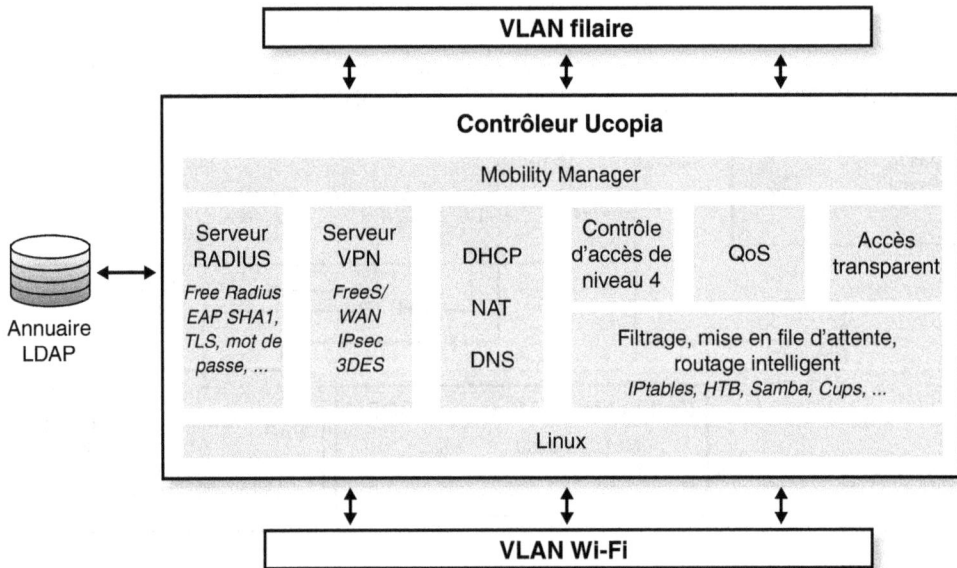

Figure 9.14
Architecture du contrôleur UCOPIA

- **Authentification.** Le contrôleur embarque un serveur RADIUS (FreeRADIUS), qui est le serveur d'authentification de l'architecture 802.1x. Ce serveur implémente différents algorithmes d'authentification (EAP-SHA1, EAP-TLS, login/mot de passe). Le serveur RADIUS interroge l'annuaire LDAP pour réaliser l'authentification.

- **Chiffrement.** Le contrôleur dispose de son propre serveur de VPN (FreeSWAN) pour réaliser un tunnel IPsec entre le poste de l'utilisateur et le contrôleur. Il implémente un algorithme de type 3DES fondé sur les certificats générés par le Manager UCOPIA. Les flux sont déchiffrés au niveau du contrôleur afin que les contrôles d'accès et la qualité de service puissent être appliqués. Côté client, c'est le client IPsec standard de Microsoft qui est utilisé.

- **Filtrage des flux et classification.** Le module Access Control permet de filtrer et de classifier les paquets afin de mettre en œuvre le contrôle d'accès par profil utilisateur et la qualité de service. Il assure également la détection des flux correspondant à des configurations erronées. Le filtrage est de niveau 2 à 4 et s'appuie sur les adresses IP et MAC des utilisateurs, ainsi que sur les numéros de ports, les types de protocoles, etc. Les règles de filtrage sont implémentées au-dessus du package standard Linux NetFilter- IPtables. IPtables est composé de trois tables (Filter, NAT et Mangle), qui permettent respectivement le filtrage, la translation d'adresse et la modification de paquets à la volée.

- **Contrôle d'accès.** Une fois l'utilisateur authentifié, le module Access Control recherche le profil de l'utilisateur dans l'annuaire LDAP et le compile en règles de filtrage, qu'il installe dynamiquement au niveau du contrôleur. Ces règles sont supprimées lorsque l'utilisateur se déconnecte.

- **Qualité de service.** Le contrôleur UCOPIA reconnaît les flots qui le traversent et marque les paquets des différents flots pour permettre le traitement spécifique de chaque flot. La classification des flots et la gestion des priorités sont implémentées par le module QoS. Les packages Linux Traffic Controller et HTB (Hierarchical Tocken Bucket) sont utilisés pour implémenter le mécanisme de qualité de service. HTB dispatche les paquets dans des files d'attente afin de mettre en œuvre la gestion des priorités.

- **Accès transparent.** Le module Seamless Access s'appuie sur le mécanisme de filtrage des flux pour rectifier dynamiquement les erreurs de configuration par rapport à l'environnement d'accueil. Les techniques utilisées vont de la redirection de flux vers les serveurs appropriés (mail ou proxy Web) à la mise à disposition automatique et transparente des composants nécessaires à l'exécution du service (driver d'imprimante, applet, etc.). Pour réaliser la mise à disposition des drivers d'imprimantes, un serveur d'impression construit au-dessus des outils Samba et Cups est intégré au module Seamless Access.

- **Adressage.** Le contrôleur embarque un serveur DHCP, un routeur NAT et un serveur DNS permettant de proposer différents modes de fonctionnement de l'adressage (nattage ou simple routage). En fonction du profil de l'utilisateur, les adresses IP peuvent être redirigées en sortie du contrôleur dans des VLAN sur le réseau filaire.

L'administration UCOPIA

L'administration UCOPIA est assurée par un ensemble d'outils d'administration, dont le principal est le Manager UCOPIA illustré à la figure 9.15.

Le Manager UCOPIA repose sur un modèle de mobilité permettant d'identifier les utilisateurs du réseau Wi-Fi, les services disponibles sur le réseau sans fil, les droits d'accès des utilisateurs, leur QoS, leur appartenance à un VLAN sur le réseau filaire, leur mode d'authentification, etc.

Ce modèle est implémenté dans le Manager sous la forme d'un ensemble de classes Java. Ces classes sont ensuite mises en correspondance avec le modèle LDAP afin d'assurer la persistance des informations.

Le module Mobility Policies Manager assure la correspondance entre les classes Java et les objets LDAP. La communication entre ce module et l'annuaire s'effectue au travers du protocole sécurisé LDAPS.

La génération des clés est réalisée par le module Credential Manager. Les protocoles utilisés dépendent du type de clé :

- **Carte à puce.** Les informations sont stockées dans la carte à puce (secret partagé, etc.) par le biais de la couche standard PC/SC de Windows. Dans le cas d'un client Linux, c'est la couche équivalente PC/SC lite qui est utilisée.

- **Certificats.** Les certificats sont de type X.509. Ils s'installent soit directement sur le poste de l'utilisateur, soit sur une carte à puce au format PKCS#12. Ce format permet notamment de stocker les clés privées.

- **Login et mot de passe.** Les mots de passe sont délivrés directement.

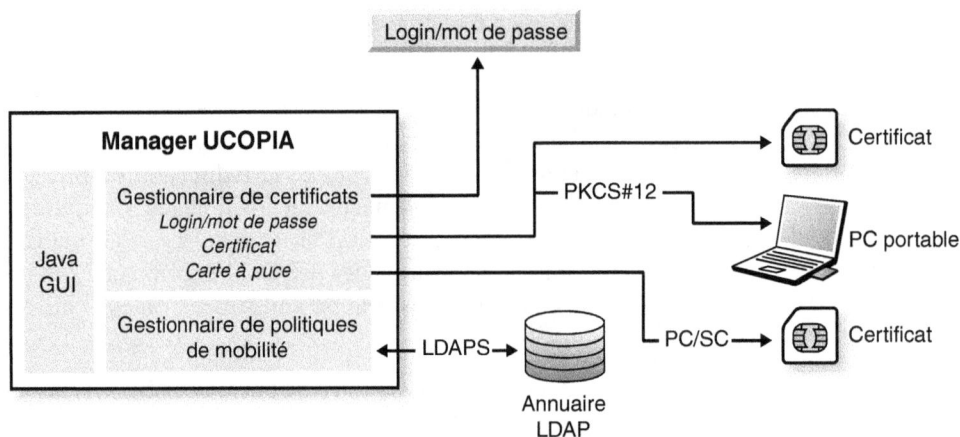

Figure 9.15
Architecture du Manager UCOPIA

Les autres outils d'administration sont accessibles depuis une interface Web. L'outil de supervision et de gestion des journaux stocke ses informations dans une base de données de type SQL. L'outil de configuration des points d'accès interagit avec les différents matériels à travers le protocole SNMP. Cet outil nécessite un agent SNMP dans le point d'accès et un manager SNMP embarqué sur le contrôleur. Il est possible d'utiliser une machine différente pour ce serveur SNMP. L'administration du contrôleur UCOPIA s'effectue au moyen du protocole HTTPS.

La figure 9.16 illustre l'architecture des outils d'administration distants.

La clé UCOPIA

UCOPIA utilise une clé USB intégrant une carte à puce. D'autres solutions sont possibles, comme l'utilisation d'un lecteur de carte à puce, mais l'emploi d'une petite clé USB est particulièrement confortable. La clé UCOPIA peut prendre différentes formes en

Figure 9.16
*Architecture des
outils
d'administration
distants*

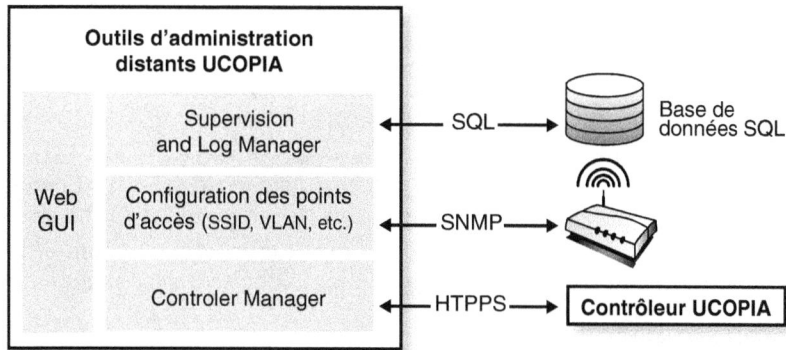

fonction du protocole d'authentification utilisé, EAP-SHA1 ou EAP-TLS. Son architecture est illustrée à la figure 9.17.

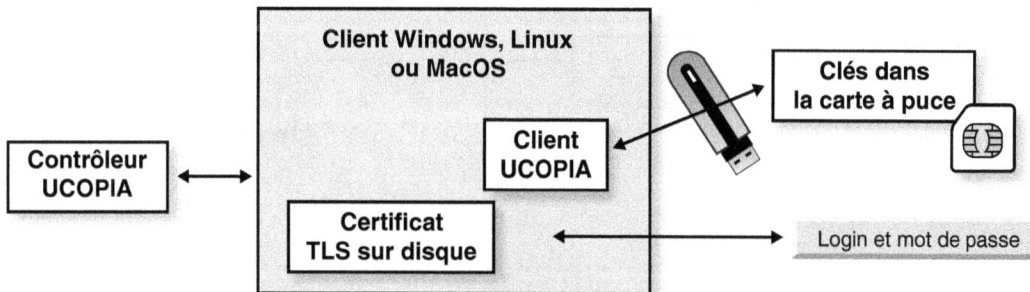

Figure 9.17
Architecture globale de la clé UCOPIA

EAP-SHA1

Le protocole d'authentification EAP-SHA1 s'appuie sur des clés secrètes partagées entre la carte à puce et le serveur d'authentification et utilise l'algorithme de hachage SHA1.

Contrairement au mécanisme MD5-CHAP, le protocole UCOPIA n'utilise pas de mot de passe alphanumérique, sujet à controverses, mais des mots (clés) plus longs et plus aléatoires, moins vulnérables aux attaques de dictionnaire. La clé UCOPIA est de 16 octets au minimum.

Une fois écrites dans la carte par l'outil d'administration au moment de la création des cartes à puce, les clés secrètes ne sortent jamais de la carte et ne transitent même pas par les machines des clients, puisque le mécanisme est exécuté dans la carte.

La carte à puce utilisée est conforme au standard ISO 7816. Il s'agit d'une carte Java e-gate d'Axalto, embarquée dans un connecteur USB. UCOPIA a notamment développé une applet Java dans la carte en charge de la partie cliente du protocole d'authentification EAP-SHA1.

Ce mode d'authentification requiert l'installation d'un logiciel client sur le poste de l'utilisateur. Ce logiciel s'appuie sur l'environnement 802.11 et 802.1x EAP de Microsoft, disponible à partir de Windows 2000 Service Pack 4. Il permet notamment la communication entre la carte à puce et la carte réseau Wi-Fi en utilisant la couche de communication PC/SC de Microsoft. Le logiciel UCOPIA met également en place un tunnel VPN IPsec quand celui-ci est demandé par l'administrateur et affiche les services autorisés. Une version du logiciel client est également disponible sur Linux et MacOS.

La figure 9.18 illustre l'architecture d'un client UCOPIA sous Windows (2000 SP 4 ou XP) pour l'authentification par carte à puce.

Figure 9.18
Architecture du client UCOPIA sous Windows (authentification EAP-SHA1)

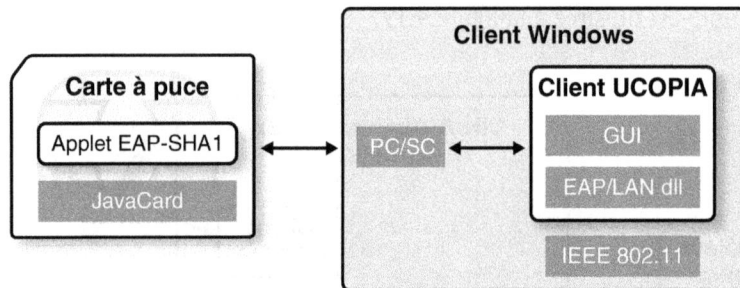

EAP-TLS

Le protocole d'authentification EAP-TLS est fondé sur une architecture PKI avec certificats. Il repose sur l'environnement EAP-TLS de Windows, disponible à partir de Windows 2000 Service Pack 3. Les certificats sont gérés par le Manager UCOPIA et sont enregistrés dans l'annuaire LDAP et sont ensuite installés sur les postes des utilisateurs.

Les certificats UCOPIA, de type X.509, sont installés au format PKCS#12 pour le stockage des clés privées. L'architecture s'appuie sur OpenSSL, qui offre de nombreuses fonctionnalités de cryptographie.

Ce mode d'authentification ne nécessite pas de logiciel client sur le poste de l'utilisateur.

Login et mot de passe

Le protocole d'authentification par login et mot de passe s'effectue depuis une page Web hébergée par le contrôleur, lequel inclut un serveur Apache, et à travers le protocole HTTPS.

La réauthentification périodique est assurée par un mécanisme de cookies sur le poste de l'utilisateur.

Vers un nomadisme généralisé

L'objectif à terme de la solution UCOPIA est de permettre une mobilité généralisée fondée sur l'utilisation de la carte à puce. La carte à puce garantira à la fois la sécurité des connexions Wi-Fi et le transport des éléments personnels de l'utilisateur, sans besoin de s'adresser à un serveur distant pour les retrouver.

La carte à puce est un élément important dans l'architecture UCOPIA. C'est elle qui permet le nomadisme dans des conditions simples de sécurité et de qualité de service. L'évolution des capacités de mémorisation et de puissance de l'unité centrale joue en faveur de cette solution. L'utilisateur ne transporte dans sa poche qu'un tout petit composant, qui assure la connexion de partout à un réseau d'entreprise, qu'il soit de sa propre entreprise ou d'une entreprise visitée utilisant la solution UCOPIA.

Les versions futures d'UCOPIA s'appuieront sur une architecture générique assurant les fonctionnalités suivantes :

- **Adaptation de la sécurité à la demande de l'utilisateur.** Au-delà de l'authentification, les flux sont filtrés sur les adresses MAC associées à l'authentification du client, ainsi que sur les adresses IP, les plages horaires et les services utilisés.

- **Déploiement d'un contrôle sur les flux traversant les points d'accès Wi-Fi.** Ce contrôle de base apporte une garantie de service aux applications. Des ressources peuvent être affectées aux applications afin de garantir leur exécution. Cela permettra, par exemple, d'assurer le transport de la parole téléphonique sur un réseau Wi-Fi, quelle que soit la charge de ce dernier.

- **Proposition aux utilisateurs de choix dynamiques de services.** Cette fonction est en partie déjà développée dans la version actuelle, mais les services offerts sont décidés à l'avance, de façon statique. Dans une future version, le client pourra choisir dynamiquement les services qu'il souhaite utiliser dans le cadre de son SLA (Service Level Agreement), c'est-à-dire de son contrat négocié avec le gestionnaire du réseau d'entreprise. L'accès à ces services s'effectuera dans la mesure du possible de façon automatique et immédiate, sans configuration préalable.

- **Proposition d'un mécanisme de détection des points d'accès pirates.** Ce mécanisme vise à permettre au contrôleur UCOPIA de détecter si, sur l'ensemble du réseau intranet de l'entreprise, un client a posé un point d'accès sans que les administrateurs le sachent. La section suivante est consacrée à ce problème qui est aujourd'hui très important.

Le système UCOPIA peut protéger les communications de différentes manières : choix d'un VPN, contrôle des accès vers le client, etc. Cette architecture sera étendue par la suite pour mettre en œuvre un filtrage applicatif sur des microflots, capable de stopper les applications portées par des microflots non désirés à partir de critères de sécurité et de qualité de service. Le filtrage applicatif sur microflots permet de découvrir les applications encapsulées dans d'autres applications. Par exemple, il est possible de contrôler les messages électroniques contenant des photos ou une séquence vidéo ou des applications diverses utilisant le port 80 de HTTP.

Les points d'accès pirates

Les points d'accès pirates, ou Rogue Access Points, présentent un danger énorme pour les entreprises car il est très difficile de les détecter. Un point d'accès pirate peut se voir de deux façons : soit il est externe à l'entreprise et est mis en place par un attaquant visant à ce que les employés de la société se connectent sur lui en croyant qu'il s'agit du point d'accès de l'entreprise, soit il est interne à l'entreprise et est connecté à son réseau intranet.

Il est assez facile d'éviter le premier cas si le mécanisme d'authentification est sûr et mutuel. Le client peut en effet se croire authentifié alors qu'il n'en est rien. Le point d'accès pirate peut, par exemple, pour faire semblant d'authentifier un client, envoyer un challenge. À la réception du challenge chiffré en retour, le point d'accès envoie un succès sans, bien sûr, avoir été capable de déchiffrer le retour chiffré du challenge. En revanche, le point d'accès ne peut pas s'authentifier auprès de l'utilisateur puisqu'il ne peut répondre à un challenge qui lui est envoyé.

La deuxième forme est plus insidieuse. Elle peut profiter d'une inattention d'un utilisateur, qui, par exemple, connecte un point d'accès à sa prise Ethernet afin de travailler tranquillement en tout point de son bureau, voire d'une salle de conférence ou même de l'extérieur. Il est en outre possible qu'un employé renvoyé dissimule un point d'accès dans un faux plafond afin de continuer à se connecter de l'extérieur.

Deux méthodes peuvent être mises en œuvre pour contrer ces attaques. La première consiste à demander aux points d'accès et aux cartes Wi-Fi d'écouter et d'essayer de détecter des ondes électromagnétiques provenant d'un point d'accès non contrôlé. Cette solution complexe et lourde à mettre en œuvre puisqu'il faut du matériel spécifique. De plus, si le point d'accès pirate émet faiblement dans un secteur non recouvert, il ne peut être détecté. Il est aussi possible de sonder régulièrement l'entreprise à l'aide d'un récepteur Wi-Fi et de détecter les ondes radio non prévues, mais cette solution est à la fois fastidieuse et peu sûre.

La deuxième solution, en cours de développement par UCOPIA, consiste à émettre en diffusion un Ping et de récupérer l'ensemble des résultats afin de détecter les machines non recensées dans la liste de l'entreprise. Tous les points d'accès étant munis d'un niveau 3, ils réagissent automatiquement à un Ping.

L'architecture future d'UCOPIA

UCOPIA Communications travaille à l'intégration de plusieurs technologies permettant de résoudre les problèmes posés par le nomadisme avec sécurité et qualité de service, telles que la carte à puce, le filtrage et la découverte de service. Ces trois technologies seront intégrées dans une même architecture globale permettant une automatisation de la configuration des ressources grâce à laquelle la qualité de service et la sécurité des communications des utilisateurs seront garanties.

La figure 9.19 illustre l'architecture globale du futur environnement d'UCOPIA.

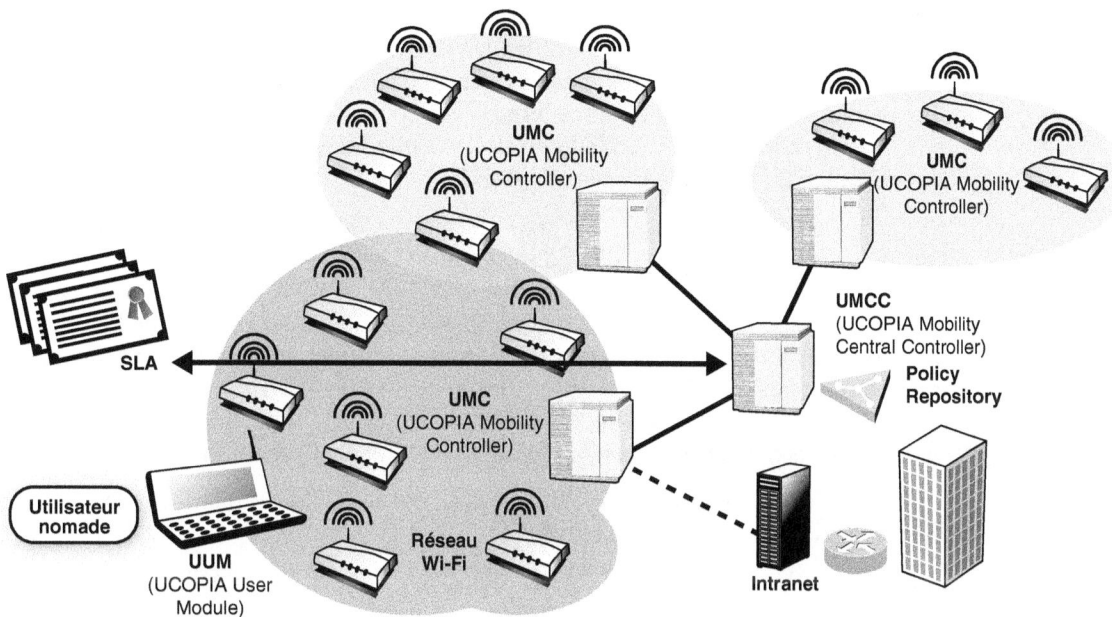

Figure 9.19
Architecture future d'UCOPIA

Cette architecture contient les quatre composants majeurs suivants :

- **UMCC (UCOPIA Mobility Central Controller).** Le contrôleur central de mobilité UCOPIA comporte un module de médiation et des serveurs. L'UMCC a pour fonction de piloter l'ensemble des opérations de sécurité et de qualité de service.

- **UMC (UCOPIA Mobility Controller).** Les contrôleurs de mobilité UCOPIA sont décrits dans les sections précédentes sous le nom de contrôleurs.

- **UUM (UCOPIA User Module).** Le module utilisateur UCOPIA a pour fonction d'appliquer les règles de contrôle au niveau du terminal utilisateur.

- **UMM (UCOPIA Mobility Manager).** Ce module n'a pas été indiqué à la figure 9.19 ; il se situe dans un serveur connecté au réseau ou même dans l'UMCC. Le module de gestion et d'administration de mobilité UCOPIA a été décrit précédemment sous le nom de Manager.

Ces quatre composants assurent les différents contrôles nécessaires pour obtenir la sécurité et la qualité de service correspondant aux SLA (Service Level Agreement) contractés par les clients ou décidés par l'administrateur du réseau, en tenant compte des contraintes de l'environnement Wi-Fi.

Les flots que s'échangent les composants UCOPIA forment le workflow du provisionne-ment, dont l'objectif est de configurer les UMC d'une entreprise pour rendre le réseau apte à procurer les services de nomadisme réclamés par les utilisateurs, et ce avec sécu-rité et qualité de service. En d'autres termes, ces composants provisionnent les ressour-ces du réseau Wi-Fi par l'intermédiaire de la configuration des UMC afin d'offrir les services demandés par les utilisateurs autorisés.

Cette architecture est composée de sous-réseaux UCOPIA connexes ou distants, eux même constitués de réseaux Wi-Fi. Un sous-réseau UCOPIA est un ensemble de réseaux Wi-Fi connectés à un contrôleur de mobilité UCOPIA, ou UMC. Les points d'accès sont reliés à l'UMC soit directement, soit par un VLAN sur un réseau Ethernet de l'entreprise, soit encore par plusieurs VLAN. Les UMC sont reliés à l'UMCC soit directement, soit par un ou plusieurs VLAN. L'avantage d'utiliser plusieurs VLAN est de partitionner les clients ou les points d'accès afin de réaliser des contrôles de sécurité supplémentaires. Tous les paquets qui entrent dans un réseau Wi-Fi transitent par l'UMC associé.

L'UMCC est le serveur qui gère les authentifications des clients et distribue aux UMC les règles de politique associées aux clients.

Les UMC sont les contrôleurs qui gèrent les droits d'accès et la qualité de service. Un UMC peut prendre en charge l'authentification et jouer une partie du rôle de l'UMCC par le biais d'une fonction d'authentification et de contrôle déléguée.

Les fonctions d'un UMC et de l'UMCC peuvent être regroupées pour les petits réseaux n'ayant besoin que d'un seul point UMC.

La figure 9.20 illustre ces différents composants et leurs relations.

L'UMCC, centre de contrôle de la mobilité UCOPIA

Le centre de contrôle de la mobilité UCOPIA, ou UMCC (UCOPIA Mobility Central Controller), a pour objectif de sécuriser l'accès des utilisateurs par une authentification. Il contrôle en outre le niveau de sécurité et la qualité de service requis pour les applica-tions déclarées dans le SLA et configure les ressources nécessaires pour le déroulement des services en tenant compte du SLA, du profil utilisateur et du profil des applications demandées. L'UMCC envoie pour cela les ordres de configuration vers les UMC et les UUM.

L'UMCC se compose d'un module de médiation et de nombreux serveurs ou répertoires nécessaires pour instancier la valeur des paramètres. Le module de médiation et ces serveurs ou répertoires sont les suivants :

- **Médiateur SRC (service, ressource et configuration).** Joue le rôle d'interface pour la définition du SLA de session avec un choix de services tels que accès Web, messa-gerie électronique, accès à une imprimante, VPN, WVoIP, vidéoconférence, etc. Comme indiqué précédemment, le SLA pris en compte par l'UMCC est le SLA de session, ou SLA courte durée. Le SLA longue durée, correspondant à l'abonnement de l'utilisateur, est effectué par le biais plus classique d'une discussion directe entre

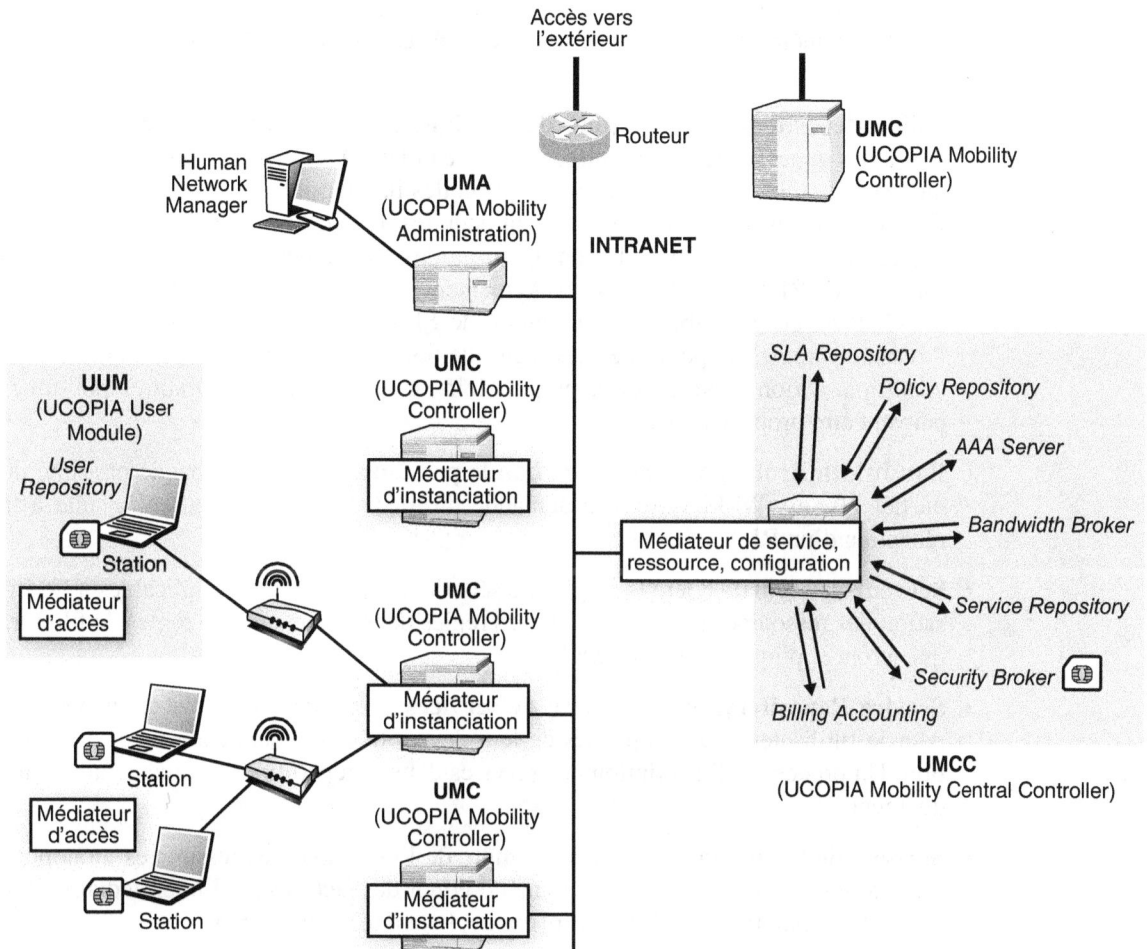

Figure 9.20
Relations entre composants et modules

l'utilisateur et le serveur de gestion de la mobilité UCOPIA (UMM). Le médiateur SRC en déduit les besoins de qualité de service et de sécurité. La partie configuration du médiateur transforme la demande en configuration des UMC. Le médiateur SRC négocie les mises en place de configuration dans les UMC par l'intermédiaire de règles de politique. Ce médiateur SRC correspond au PDP (Policy Decision Point) dans l'architecture classique PBM (Policy-Based Management). Il détermine les règles de configuration des filtres et du conditionneur de trafic des UMC.

- **Serveur AAA.** Réalise l'authentification des utilisateurs.

- **SLA Repository, ou répertoire de SLA.** Regroupe l'ensemble des SLA des clients dans un répertoire sécurisé. Les SLA sont déterminés par le travail du client dans l'entreprise et les politiques de l'entreprise. L'UMA est en charge de ce travail, et le résultat est mémorisé dans le répertoire de SLA. Les SLA sont exprimés sous forme de règles.

- **Policy Repository, ou répertoire de politiques.** Permet de stocker l'ensemble des politiques générées par le fournisseur de réseau UCOPIA pris en charge par l'UMA, que ce soit celles qui lui sont propres que celles relatives aux clients *(voir plus loin)*. Certaines de ces règles de politique sont déduites des SLS des utilisateurs et ont pour objectif ultime de permettre la configuration des équipements réseau. Ces politiques forment les RLA (Resource Level Agreement). Dans la version 3 de l'architecture d'UCOPIA, un ensemble préprogrammé de SLS aura une traduction déterminée à l'avance en règles de politique. Les règles de politique s'expriment sous la forme « si condition, action ». Nous revenons plus loin sur ces politiques. D'autres politiques peuvent être propres au réseau.

- **Bandwidth Broker, ou serveur de bande passante.** Distribue la bande passante du ou des réseaux Wi-Fi suivant la demande du médiateur de configuration suite à la réception d'un RLA.

- **Serveur de sécurité.** Gère les règles de sécurité supplémentaires applicables à l'utilisation des ressources dans le réseau. Ces règles débouchent sur des règles de filtrage, qui seront appliquées par les UMC.

- **Service Repository, ou répertoire de services.** Mémorise les services disponibles pour les utilisateurs, accompagnés de leur descriptif et de leurs contraintes d'utilisation. Un processus d'inscription des services dans le répertoire est effectué automatiquement.

- **Serveur de facturation.** En tenant compte de l'ensemble des ressources monopolisées par un utilisateur, ce serveur permet d'éditer des factures par l'intermédiaire d'un logiciel de comptabilité. Ce serveur sera déployé dans la version 5.

Le module utilisateur UUM (UCOPIA User Module) est intelligent et est capable de prendre des décisions locales en réponse à des problèmes locaux. L'UUM est composé d'un module de médiation et d'une base de données client :

- Le médiateur d'accès permet la discussion avec le médiateur SRC afin de déterminer le SLA de session, ou SLA courte durée, qui est ensuite mémorisé dans le répertoire *ad hoc*.

- La base de données client mémorise les profils utilisateur et les informations nécessaires à la connexion au réseau Wi-Fi. Ces éléments comprennent les éléments de sécurité et de qualité de service liés à l'utilisateur. La base de données client sert, entre autre, à négocier le SLA de session.

L'UUM est appelé à être modifié dans une future version en intégrant des éléments de filtrage et de conditionnement des flux, qui seront déportés de ce fait de l'UMC vers l'UUM.

L'UMC (UCOPIA Mobility Controller) se place à la sortie d'un sous-réseau Wi-Fi par lequel passe l'ensemble des flux du sous-réseau. L'UMC est configuré par les règles de politique en provenance de l'UMCC. Les UMC possèdent un module de médiation et une base de données utilisateur.

Le médiateur d'instanciation a pour objectif de configurer les filtres et les conditionneurs de trafic de l'UMC. Cet élément correspond au PEP (Policy Enforcement Point) de l'architecture PBM. Les filtres et le conditionneur de trafic de l'UMC ont pour objectifs de renforcer la sécurité et de réaliser la qualité de service demandée par les clients. Dans une future version, ce médiateur d'instanciation pourrait être déporté dans le module utilisateur UCOPIA, c'est-à-dire dans le terminal et la carte à puce.

Interactions entre l'UMCC et l'UUM

L'UMCC et l'UUM communiquent par une interface de haut niveau. Cette interface, qui concerne la définition du SLA de session pour la durée de la communication de l'utilisateur, permet de définir les règles de politique qui seront mises en place dans l'UMC. De façon plus précise, cette interface permet le passage de requêtes/réponses pour l'établissement des règles de politiques pour configurer les UMC. Elle s'exerce de façon plus formelle entre le médiateur d'accès situé dans l'UUM et le médiateur de service du SLA de session situé dans l'UMCC.

Le protocole utilisé pour réaliser la définition du SLA de session est COPS-SLS (Common Open Policy Service-Service Level Specification), qui a été proposé à l'IETF par le LIP6 de l'université Paris-VI, ainsi que par plusieurs industriels (Alcatel, Nortel, etc.).

Dans la version qui intégrera cet environnement de contrôle par politique, une interface de bas niveau sera ajoutée pour la configuration des filtres et du conditionneur de trafic, qui seront déportés dans la carte à puce et le terminal utilisateur, c'est-à-dire dans l'UUM. L'interface de bas niveau est dédiée à la négociation entre le médiateur de configuration et le médiateur d'instanciation, qui est déporté dans le terminal utilisateur et sa carte à puce.

Interactions entre l'UMCC et l'UMC

L'interface entre l'UMCC et l'UMC concerne la configuration des filtres et du conditionneur de trafic de l'UMC à partir de la compilation des règles de politique déterminées par l'UMCC après interaction entre l'UUM et l'UMCC.

L'interaction qui a lieu entre ces deux médiateurs permet le provisionnement de ressources que le médiateur SRC prescrit dans le RLS. Dans la version de démonstration actuelle, le protocole de configuration et de transport des RLS est COPS-PR (Common Open Policy Service-PRovisioning), qui permet de transporter classiquement les configurations et les remontées d'informations entre un PDP (Policy Decision Point) et un PEP (Policy Enforcement Point).

Interactions entre l'UUM et l'UMC

Les interactions entre le module utilisateur représenté dans le cas général par la carte à puce et le contrôleur sont similaires à celles qui ont été décrites dans la première partie de ce chapitre. Il peut y avoir une authentification directe entre l'UUM et l'UMC si le contrôleur possède une délégation. Sinon l'UMC ne joue qu'un rôle d'intermédiaire renvoyant les requêtes vers l'UMCC ou vers la machine terminale. Une relation forte est toujours assurée par le mécanisme RFS (Fair Radio Sharing), qui nécessite une connaissance des vitesses de transmission et du nombre d'utilisateurs actifs ainsi que des politiques à appliquer aux utilisateurs et aux applications.

Les ordres de configuration des paramètres du mécanisme RFS proviennent de l'UMCC. Dans les versions ultérieures, qui commencent à être testées, de plus en plus de fonctions se trouvant dans l'UMCC et dans les UMC seront décentralisées dans les UUM. Cette évolution sera rendue possible par la montée en puissance de la carte à puce.

Conclusion

Ce chapitre a exposé les solutions de gestion de la mobilité et du nomadisme avec sécurité proposées par la société UCOPIA Communications, qui est l'une des seules sociétés au monde à mettre au premier plan la gestion de la mobilité et à adapter la sécurité afin que le client ait une garantie à la fois de sécurité de ses données et de qualité de service. Les nombreuses entreprises concurrentes s'intéressent à la sécurité sans se préoccuper de la mobilité des utilisateurs.

Même si de nombreuses solutions sont aujourd'hui disponibles sur le marché de la sécurité des réseaux sans fil pour entreprise, bien des problèmes ne sont pas réglés et demanderont de nombreuses années de travail et de recherche. Un de ces problèmes concerne les flux chiffrés qui partent de plus en plus souvent de la machine terminale en recourant à un tunnel IPsec ou SSL. Ces flux chiffrés sont illisibles et incompréhensibles par les contrôleurs et les filtres situés entre le réseau sans fil et l'intranet de l'entreprise. UCOPIA s'efforce de mettre au point des algorithmes qui seront implémentées dans ses futurs produits afin de permettre aux filtres et autres contrôleurs de continuer à effectuer leur travail sur les flux chiffrés.

Des extensions des mécanismes décrits dans ce chapitre peuvent s'appliquer à d'autres technologies de réseau sans fil. À terme, il sera possible de réaliser des handovers verticaux, c'est-à-dire de passer d'un réseau sans fil de technologie x à un réseau sans fil de technologie y, tout en maintenant la sécurité et la qualité de service.

10

Perspectives

La sécurité dans les réseaux Wi-Fi est certainement l'un des sujets les plus complexes. Les environnements à développer demandent à la fois une excellente connaissance de la sécurité et une compréhension parfaite des réseaux Wi-Fi. De nombreux pièges doivent être déjoués afin de se prémunir réellement de tout risque d'attaque. Il n'est que de voir le nombre de releases et de Service Packs diffusés par les éditeurs pour se convaincre que plus on fortifie la sécurité des réseaux, plus se développent de nouvelles attaques.

Cet ouvrage ne se veut pas exhaustif, loin s'en faut. Il souhaite simplement transmettre l'expérience provenant de la compétence des ingénieurs et chercheurs de la société UCOPIA qui ont testé de nombreux mécanismes et recherché les trous de sécurité.

La sécurité absolue n'existe pas dès lors qu'intervient un branchement vers un réseau. Même en accumulant les couches de sécurité, le coût induit par l'émission d'un octet risque vite de devenir prohibitif. Il faut donc se résoudre à trouver un compromis optimal entre une bonne sécurité et une sécurité excessive. Le service de confidentialité assuré par le WEP, par exemple, fait perdre en moyenne 25 p. 100 de performances. Quant à TKIP et WPA, ils induisent entre 30 et 35 p. 100 de baisse des performances. WPA2 améliore un peu les performances mais engendre une perte de 25 p. 100 de bande passante.

Les progrès des pare-feu applicatifs, inclus dans les contrôleurs de communication, permettent de parer les attaques sur les ports ouverts. Comme il n'est pas possible de fermer tous les ports, sauf à interdire à l'entreprise de développer de nouveaux services, la direction prise par les filtres consiste à reconnaître les flux en examinant non pas les numéros de port mais les flots d'octets. En déterminant les microflots cachés à l'intérieur de tunnels, ces filtres peuvent déterminer l'application qui entre ou sort du réseau.

Cette reconnaissance n'est toutefois pas suffisante. Il faut aussi vérifier que l'ensemble de la syntaxe du flot est conforme à l'application et plus précisément à la norme ou RFC associée. Ce travail est complexe mais devrait aboutir à la mise au point de pare-feu puissants capables d'arrêter les flots dangereux.

Un autre danger, évoqué au chapitre précédent, concerne le chiffrement automatique de tous les flots à partir de la machine terminale. Dans IPv6, par exemple, le protocole IPsec est implémenté de manière native, et il suffit d'indiquer à son équipement terminal d'utiliser la pile TCP/IPv6 avec l'option de sécurité. Cette nouvelle donne nécessite des architectures adaptées, aptes à mettre en œuvre des mécanismes de sécurité implantés dans les machines extrémité sous forme de pare-feu. Une autre possibilité consiste à implanter les contrôles dans des middle box intermédiaires, avec des clés permettant de déchiffrer les champs de contrôle des trames.

Ces mécanismes de sécurité, adaptés à l'apparition d'une généralisation du chiffrement, ne peuvent être implantés que dans la machine terminale, puisque c'est seulement à cet endroit que les flots, qui ne sont pas encore chiffrés, sont lisibles. La technologie UCOPIA est bien préparée à cette modification importante puisque la carte à puce, bientôt aussi puissante qu'un petit ordinateur, sera capable d'effectuer le tri et de ne laisser passer que les paquets acceptés par le contrôleur. La carte à puce deviendra de fait une partie du contrôleur, lequel pourra être distribué dans les extrémités du réseau. La carte à puce inclura un pare-feu doté de filtres contrôlés par l'opérateur du réseau sans fil. Par le biais d'un dialogue chiffré avec les contrôleurs, elle permettra de continuer à obtenir de la qualité de service.

Un autre avantage de la carte à puce concerne la parade aux attaques par déni de service sur un point d'accès. Aujourd'hui, rien ne peut empêcher un utilisateur de faire autant d'accès qu'il le souhaite à un point d'accès d'un réseau Wi-Fi afin de le saturer. La seule solution à ce problème est que la carte de communication Wi-Fi soit interdite de communication dès lors qu'un déni de service est détecté. Pour cela, la carte Wi-Fi doit pouvoir être contrôlée par l'opérateur du réseau. De plus, la configuration du filtre local, déterminée à distance par l'opérateur, ne doit pas pouvoir être modifiée par le client. Une carte à puce associée à la carte Wi-Fi rend possible le blocage de la carte de transmission. Beaucoup de chemin reste toutefois à accomplir avant d'y parvenir.

La mobilité sécurisée

Des questions importantes n'ont pas été abordées dans le cours de cet ouvrage. Nous allons examiner quelques-unes d'entre elles, à commencer par la mobilité avec sécurité, avant de regarder le futur un peu plus lointain de la sécurité dans les réseaux sans fil.

La plupart des réseaux sans fil pourront bientôt jouer le rôle de réseaux de mobiles, bien qu'avec des vitesses de handover relativement faibles. La plupart des équipementiers commercialisant des réseaux Wi-Fi proposent des handovers, c'est-à-dire la possibilité de passer d'une cellule à une autre sans interruption de la communication. La normalisation IEEE 802.11f finalisée en ce sens s'appuie sur une technologie développée par Lucent Technology.

La figure 10.1 illustre un handover dans un réseau Wi-Fi. La station mobile connectée au point d'accès 1 doit, à un moment donné, s'associer au point d'accès 2. En d'autres termes, la communication qui passait par le point d'accès 1 doit, à un instant donné, passer par le nouveau point d'accès. La gestion du handover recouvre les mécanismes à mettre en œuvre pour réaliser la continuité de la communication, de sorte que le récepteur ne s'aperçoive pas que l'émetteur a changé de cellule.

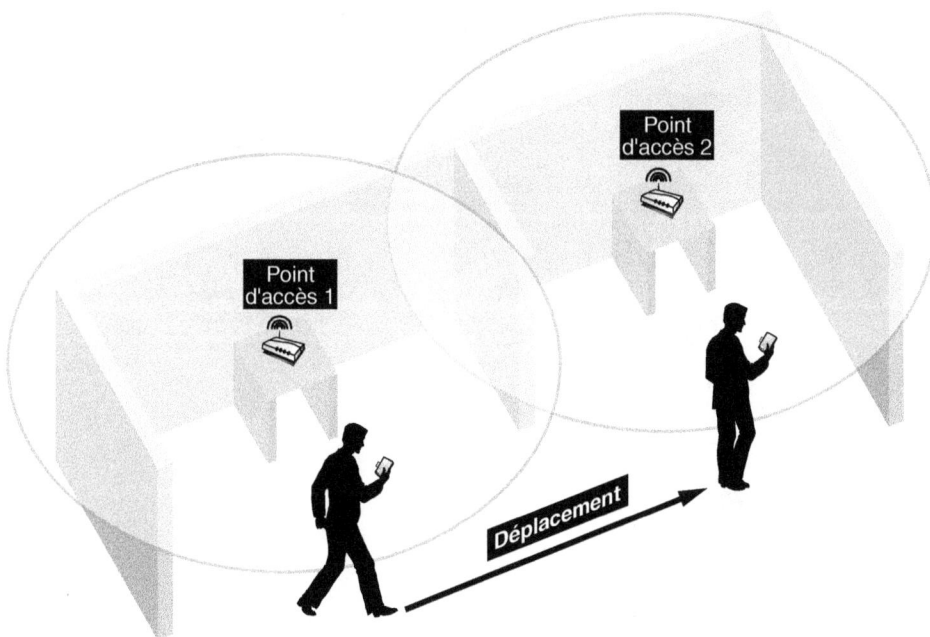

Figure 10.1
Handover dans un réseau sans fil

Le protocole retenu par le groupe de travail 802.11f est IAPP (Inter-Access Point Protocol), développé à l'origine par Lucent. IAPP fait communiquer les différents points d'accès d'un même réseau de façon à permettre à un utilisateur mobile de passer d'une cellule à une autre sans perte de connexion. Le seul lien entre les points d'accès du réseau étant le réseau Ethernet de l'entreprise, c'est à ce niveau qu'est utilisé IAPP. Le fonctionnement d'IAPP est illustré à la figure 10.2.

Une caractéristique d'IAPP est qu'il définit l'utilisation du protocole client-serveur d'authentification RADIUS afin d'offrir des handovers sécurisés. L'utilisation de ce protocole demande la présence d'un serveur centralisé ayant une vue globale du réseau.

Le serveur RADIUS connaît la correspondance d'adresse entre l'adresse MAC des points d'accès et leur adresse IP. Par ailleurs, ce protocole permet de distribuer des clés de chiffrement entre points d'accès.

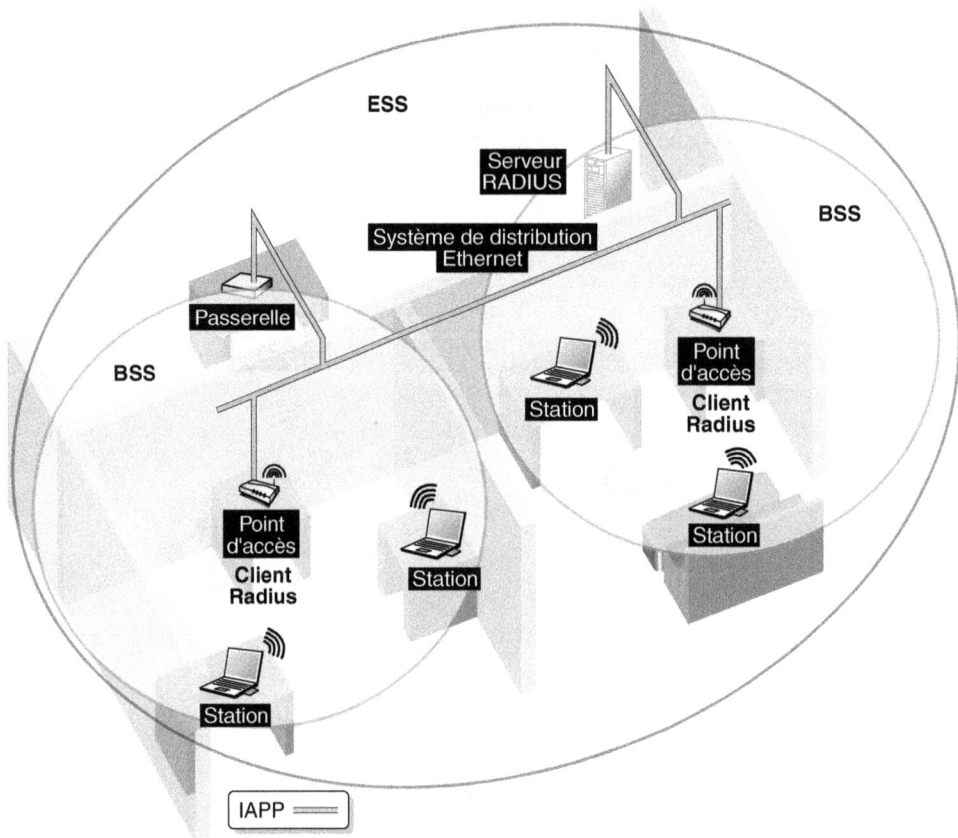

Figure 10.2
Fonctionnement d'IAPP (Inter-Access Point Protocol)

Un handover se produit chaque fois qu'une station passe d'une cellule à une autre. Pour cela, elle doit se réassocier avec le point d'accès contrôlant cette cellule. C'est la réassociation qui initie le mécanisme de handover. La figure 10.3 illustre le mécanisme de handover d'IAPP.

Dans les échanges d'information entre le nouveau point d'accès et la station, le nouveau point d'accès connaît l'adresse de l'ancien. Il peut dès lors commencer à dialoguer avec celui-ci.

Avant de démarrer tout handover, une nouvelle authentification est nécessaire, une attaque classique consistant à prendre la place d'un utilisateur au moment de son passage

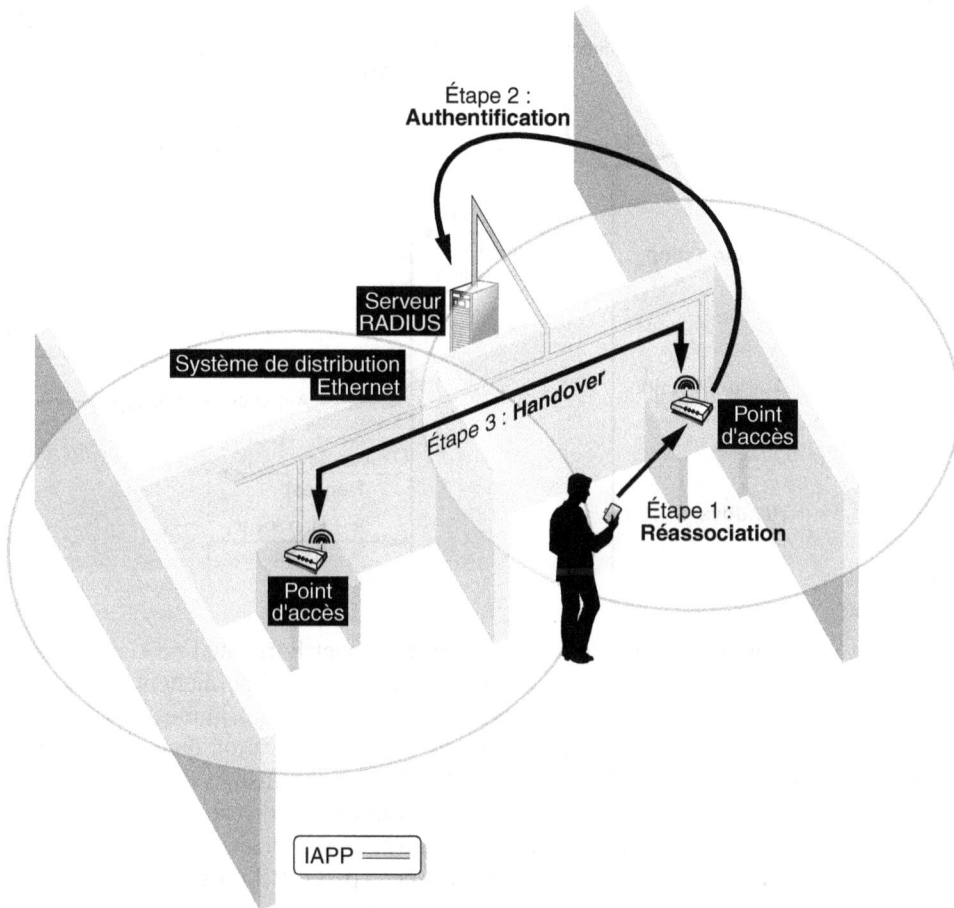

Figure 10.3
Le mécanisme de handover d'IAPP

d'une cellule vers une autre. Comme expliqué précédemment, il est possible d'utiliser un serveur RADIUS pour réaliser l'authentification après la réassociation avec le nouveau point d'accès. La station envoie pour cela des informations au serveur par l'intermédiaire du point d'accès. Le serveur les vérifie, et, si les données sont correctes, authentifie la station auprès de ce point d'accès. Une fois authentifié, le nouveau point d'accès entre dans la phase de handover.

Pendant cette phase, le nouveau point d'accès envoie une requête à l'ancien pour lui transmettre toutes les informations nécessaires sur l'utilisateur en cours de handover. Ce processus est illustré à la figure 10.4.

Une fois cette phase terminée, la station possède les paramètres réseau corrects et peut de la sorte continuer sa communication.

Figure 10.4
*La phase
de négociation
du handover*

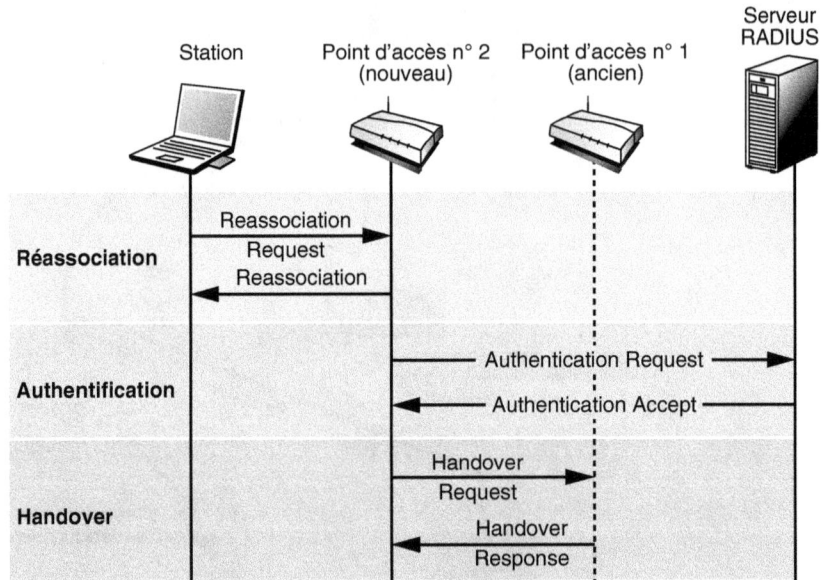

Ce que nous venons d'examiner concerne un handover horizontal ne s'appliquant qu'à des cellules de même type. Sur les handovers verticaux, qui permettent le passage d'un réseau vers un autre réseau de technologie différente, les algorithmes à mettre en place sont du même type. Les handovers verticaux et leur implication dans le domaine de la sécurité sont étudiés dans la norme IEEE 802.21. Les mécanismes de handover diagonal, qui demandent un changement de technologie à la fois au niveau physique et au niveau paquet, sont encore plus complexes. Ces handovers concernent, par exemple, le passage d'un réseau Wi-Fi vers un réseau de mobiles de type GPRS ou UMTS. La sécurité est encore mal étudiée dans ce cas mais devrait progresser rapidement avec l'apparition de premiers produits permettant les handovers diagonaux.

La section suivante se penche sur les mécanismes de sécurité mis en place dans les différentes technologies de réseau sans fil, les réseaux personnels, les réseaux locaux, les réseaux métropolitains et les réseaux étendus.

La sécurité dans les réseaux personnels

Les environnements de sécurité des produits provenant de la norme IEEE 802.15, appelés réseaux personnels, n'ont pas tous été bien étudiés.

Trois niveaux de sécurité ont été définis dans Bluetooth (IEEE 802.15.1). Le premier niveau n'a pas de gestion de sécurité. Le deuxième niveau instaure une sécurité à l'échelon applicatif en introduisant un processus d'identification lors de l'accès au service. Le troisième niveau introduit une sécurité plus importante en travaillant sur la liaison Bluetooth. Un processus d'authentification est mis en place, qui peut être suivi par un chiffrement à l'aide de clés privées pouvant atteindre 64 bits ‾ la norme cite 128 bits comme future extension.

La principale technique d'authentification provient d'un programme automatique mis en place dans les terminaux Bluetooth, qui permet l'authentification et le chiffrement par une génération de clés par session. Chaque connexion peut utiliser ou non le mécanisme de chiffrement dans un sens seulement ou dans les deux sens simultanément. Seules des clés de 40 ou 64 bits peuvent être utilisées, ce qui confère une sécurité relativement faible, quoique suffisante pour le type de communication transitant entre deux terminaux Bluetooth. Si une sécurité supplémentaire doit être obtenue, il est nécessaire d'utiliser un chiffrement au niveau de l'application.

L'algorithme de sécurité utilise le numéro d'identité du terminal, ainsi qu'une clé privée et un générateur aléatoire interne à la puce Bluetooth. Pour chaque transaction, un nouveau numéro aléatoire est tiré pour chiffrer les données à transmettre. La gestion des clés est prise en charge par l'utilisateur sur les terminaux qui doivent s'interconnecter.

En utilisant le même procédé pour réaliser le chiffrement dans un scatternet (connexion de plusieurs réseaux Bluetooth), il est nécessaire de procéder, au début de la mise en relation, à un échange de clés privées entre les possesseurs de piconets (réseau Bluetooth d'un utilisateur) indépendants.

Dans un piconet, un système de gestion est nécessaire pour réaliser les fonctions classiques de mise en œuvre des communications. Le processus de gestion des liaisons prend en charge les procédures classiques d'identification ainsi que la négociation des paramètres d'authentification. Il prend également à sa charge la configuration de la liaison, c'est-à-dire la définition des paramètres de fonctionnement. Ce processus de gestion s'effectue par un échange de requêtes-réponses entre les deux extrémités de la liaison.

Dans les réseaux 802.15.3 de type UWB (Ultra-Wide Band), une boîte à outils de sécurité permet à l'utilisateur de choisir lui-même les outils dont il a besoin pour mettre en place un environnement de sécurité adapté à ses besoins. L'algorithme retenu utilise la technologie CCMP, que nous avons déjà rencontrée dans Wi-Fi avec WPA2, associée à l'algorithme AES et à une clé de 128 bits pour assurer à la fois la confidentialité et la signature des messages.

Dans la technologie ZigBee (IEEE 802.15.4), une couche de sécurité a été ajoutée entre la couche MAC et la couche application *(voir figure 10.5)*. Cette couche est en cours de finalisation par la ZigBee Alliance. ZigBee propose également une boîte à outils de sécurité, offrant notamment des outils de contrôle par liste d'accès, des temporisateurs de vérification de la durée depuis le départ du paquet chez l'émetteur et de chiffrement avec des clés de 128 bits.

L'initiative WiMedia, qui regroupe un grand nombre d'industriels autour de la solution UWB, est à l'origine de plusieurs groupes de travail en matière de sécurité. En particulier, la découverte de service, qui permet à un utilisateur de découvrir les services dont il peut se servir dans son entourage ou dans le réseau auquel il se connecte, est étudiée du point de vue de la sécurité.

Figure 10.5
Couches de protocoles de l'architecture ZigBee

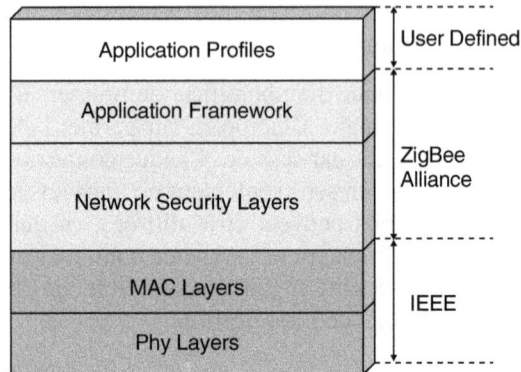

WiMax

La suite des normes IEEE 802.16 définit les réseaux métropolitains qui s'étendent jusqu'à plusieurs dizaines de kilomètres. La boucle locale radio fait partie de cet environnement. Comme les normes WiMax sont destinées aux opérateurs de télécommunications pour la boucle locale radio, elles ont été bien étudiées du point de vue de la sécurité. Les premières normes datent de 2001 et devraient être encore améliorées dans les années qui viennent.

La sécurité de ces réseaux est fondée sur deux mécanismes principaux :

• L'encapsulation des trames MAC chiffrées dans un paquet spécifique. Le chiffrement peut s'effectuer par un ensemble d'algorithmes de chiffrement (*cryptographic suites)* et d'authentification entre les deux extrémités de la communication.

• Un protocole de gestion des clés PKM (Privacy Key Management), permettant une distribution sécurisée des clés entre les deux extrémités de la communication. Ce protocole a pour fonction de définir les clés nécessaires à l'authentification et aux réauthentifications ainsi qu'au chiffrement avec modification régulière des clés. Le protocole de gestion des clés utilise des certificats X.509 et l'algorithme de chiffrement à clé publique PKCS#1 de RSA.

Les documents de normalisation d'IEEE 802.16 définissent également une association de sécurité, ou SA (Security Association), correspondant à l'ensemble des éléments de sécurité que le point d'accès, appelé Base Station, et les clients se partagent.

Wi-Mobile

Les réseaux Wi-Mobile (IEEE 802.20) pourraient devenir une des grandes normes du futur du fait de l'association du mobile et du sans-fil qu'ils proposent, avec un réseau de mobiles aussi simple qu'un réseau sans fil Wi-Fi.

Il est trop tôt pour se faire une idée précise de la technologie qui sera utilisée. Cependant, plusieurs études montrent que la solution EAP-TLS avec carte à puce et exécution de

TLS dans la carte elle-même pourrait être retenue. Cette solution présente l'avantage d'être compatible avec de nombreux produits de sécurité. Les grands atouts de la carte à puce sont son inviolabilité et sa capacité à résister le mieux au temps. La solution développée par UCOPIA pour la carte à puce et le développement complet du protocole EAT-TLS, en cours de spécification par le WLANSmartCard, pourraient ouvrir la voie de l'avenir des réseaux sans fil.

Conclusion

Le domaine de la sécurité dans les réseaux Wi-Fi et les autres réseaux sans fil est particulièrement complexe. Cela tient à la difficulté de formaliser les attaques et les défenses. L'avenir de la sécurité des ces réseaux consistera sans doute à mettre en œuvre à la fois des règles de sécurité et des centres de sécurité capables d'intégrer facilement des algorithmes supplémentaires. En parallèle de ces centres de sécurité, une forte décentralisation des algorithmes et des mécanismes de sécurité sera de mise dans les équipements terminaux.

Annexes

Sigles et acronymes

AAA (Authentication, Authorization, Accounting)

AAD (Additional Authentication Data)

ACD (Access Control Device)

ACL (Access Control List)

AES (Advanced Encryption Standard)

AH (Authentication Header)

AODF (Authentication Object Directory Files)

AP (Access Point)

APDU (Agent Protocol Data Unit)

AS (Authentication Server)

ATM (Automated Teller Machine)

AuC (Authentication Center)

AVP (Attribute-Value Pairs)

BSS (Basic Service Set)

CA (Certificate Authority)

CAD (Card Acceptance Device)

CAPI (Crypto-API)

CCMP (Counter with Cipher Block Chaining Message Authentication Code Protocol)

CDF (Certificate Directory Files)

CDR (Charging Data Record)

CFI (Canonical Format Indicator)

CHAP (Challenge Handshake Authentication Protocol)

COPS (Common Open Policy Service)

CPU (Central Processing Unit)

CRC (Cyclic Redundancy Check)

Cryptoki (Cryptographic Token Interface)

CSMA/CA (Carrier Sense Multiple Access/ Collision Avoidance)

CSMA/CD (Carrier Sense Multiple Access/ Collision Detection)

CSP (Communications Support Processor)

CSP (Cryptographic Service Provider)

DCF (Distributed Coordination Function)

DES (Data Encryption Standard)

DODF (Data Object Directory Files)

DoS (Denial of Service)

DS (Distribution System)

DSS (Digital Signature Standard)

DTIM (Delivery Traffic Information Map)

EAP (Extensible Authentication Protocol)

EAPoL (EAP over LAN)

EEPROM (Electrically Erasable Programmable Read Only Memory)

EMV (Eurocard-MasterCard-VISA)

ESP (Encapsulating Security Protocol)

ESS (Extended Service Set)

ETSI (European Telecommunications Standards Institute)

FCS (Frame Check Sequence)

GTK (Group Transient Key)

HiperLAN (High Performance Local Area Network)

HLR (Home Location Register)

HMAC (Hashed Message Authentication Code)

HTB (Hierarchical Token Bucket)

IBSS (Independent BSS)

ICMP (Internet Control Message Protocol)

ICV (Integrity Check Value)

IDEA (International Data Encryption Algorithm)

IE (Information Element)

IEEE (Institute of Electrical and Electronics Engineers)

IFD (InterFace Device)

IFD (Interface Functional Description)

IGC (infrastructure de gestion des clés)

IKE (Internet Key Exchange)

IMSI (International Mobile Subscriber Identity)

IPCP (Internet Protocol Control Protocol)

ISM (Industrial, Scientific and Medical)

ISO (International Standardization Organization)

IV (Initialization Vector)

KDF (Key Directory Files)

LAN (Local Area Network)

LCP (Link Control Protocol)

LLC (Logical Link Control)

LQR (Link Quality Report)

MAA (Message Authenticator Algorithm)

MAC (Medium Access Control)

MAN (Metropolitan Area Network)

MBWA (Mobile Broadband Wireless Access)

MD5 (Message Digest #5)

MIC (Message Integrity Code)

MIM (Man In the Middle)

MIPS (million d'instructions par seconde)

MPDU (MAC Protocol Data Unit)

MPPE (Microsoft Point-To-Point Encryption)

MSDU (MAC Service Data Unit)

MSK (Master Session Key)

MTU (Maximum Transfer Unit)

NAAP (Network Authentication and Accounting Protocol)

NAI (Network Access Identifier)

NAS (Network Access Server)

NCP (Network Control Protocol)

NIST (National Institute for Standards and Technology)

NTP (Network Time Protocol)

ODF (Object Directory Files)

OTP (One Time Password)

OWLAN (Operator Wireless Local Area Network)

PAE (Port Access Entity)

PAP (Password Authentication Protocol)

PBM (Policy-Based Management)

PC/SC (Personal Computer/Smart Card)

PDP (Policy Decision Point)

PEAP (Protected Extensible Authentication Protocol)

PEP (Policy Enforcement Point)

PIN (Personal Identification Number)

PKCS (Public Key Cryptography Standards)

PKI (Public Key Infrastructure)

PKIX (Public Key Infrastructure X.509)

PKM (Privacy Key Management)

PMK (Pairwise Master Key)

POP (Point Of Presence)

PPP (Point-to-Point Protocol)

PRF (Pseudo-Random Function)

PRNG (Pseudo-Random Number Generator)

PSK (Pre Shared Key)

PTK (Pairwise Transient Key)

QoS (Quality of Service)

RADIUS (Remote Authentication Dial-In User Server)

RAM (Read Access Memory)

RISC (Reduced Instruction Set Computer)

RLA (Resource Level Agreement)

RPC (Remote Procedure Call)

RSA (Rivest, Shamir, Adleman)

RSC (Receive Sequence Counter)

RSN (Robust Security Network)

SA (Security Association)

SAD (Security Association Database)

SASL (Simple Authentication and Security Layer)

SDU (Service Data Unit)

SHA (Secure Hash Algorithm)

S-HTTP (Secure HTTP)

SIM (Subscriber Identity Module)

SLS (Service Level Specification)

SNAP (SubNetwork Access Protocol)

SPD (Security Policy Database)

SRC (service, ressource et configuration)

SSID (Service Set ID)

SSL (Secure Sockets Layer)

SSP (Smart card Service Provider)

TCDF (Trusted Certificate Directory Files)

TCI (Tag Control Information)

TCP (Transport Control Protocol)

TDMA (Time Division Multiple Access)

TGS (Ticket Granting Server)

TIM (Traffic Information Map)

TK (Temporal Key)

TKIP (Temporal Key Integrity Protocol)

TLS (Transport Layer Security)

TPID (Tag Protocol IDentifier)

TSC (Transmit Sequence Counter)

TSN (Transition Security Network)

TTAK (TKIP mixed Transmit Address and Key)

TTLS (Tunneled Transport Layer Security)

MA (UCOPIA Mobility Administration)

UMC (UCOPIA Mobility Controller)

UMCC (UCOPIA Mobility Central Controller)

USB (Universal Serial Bus)

UUM (UCOPIA User Module)

UWB (Ultra-WIde Band)

VLAN (Virtual LAN)

VLR (Visited Location Register)

VPN (Virtual Private Network)

WAN (Wide Area Network)

WEP (Wired Equivalent Privacy)

WFG (Wireless Firewall Gateway)

Wi-Fi (Wireless-Fidelity)

WISP (Wireless Internet Service Provider)

WPA (Wi-Fi Protected Access)

WPAN (Wireless Personal Area Network)

WUSB (Wireless USB)

Références

K. AL AGHA, G. PUJOLLE, G. VIVIER, *Réseaux de mobiles et réseaux sans fil,* Eyrolles, 2ᵉ édition, 2005

P. C. ALBRECHT, *Virtual Private Network Handbook,* McGraw-Hill, 2000

W. ARBAUGH, N. SHANKAR, J. Y. C. WAN, *Your 802.11 Wireless Network has No Clothes, http://www.cs.umd.edu/~waa/wireless.pdf*

B. CARTER, R. SHUMWAY, *Wireless Security End to End*, Wiley, 2002

J. CHIRILLO, *Hack Attacks Testing: How to Conduct Your Own Security Audit*, Wiley, 2002

S. CONVERY, *Network Security Architectures*, Pearson Education, 2004

H. DAVIS, R. MANSFIELD, *The Wi-Fi Experience: Everyone's Guide to 802.11b Wireless Networking,* Que, 2001

N. DORASWAMY, D. HARKINS, *IPsec: The New Security Standard for the Internet, Intranets, and Virtual Private Networks,* Prentice Hall, 1999

J. EDNEY, W. A. Arbaugh, *Real 802.11 Security: Wi-Fi Protected Access and 802.11i,* Addison Wesley, 2003*

R. FLICKENGER, *Building Wireless Community Networks,* O'Reilly, 2001

S. FLUHRER, I. MANTIN, A. SHAMIR, *Weakness in the Key Scheduling Algorithm of RC4, 8th Annual Workshop on Selected Areas in Cryptography,* 2001.

D. FOWLER, *Virtual Private Networks: Making the Right Connection,* Morgan Kaufmann Publishers, 1999

M. S. GAST, *802.11 Wireless Networks: The Definitive Guide,* O'Reilly, 2002

J. GUICHARD, I. PEPELNJAK, *MPLS and VPN Architectures: a Practical Guide to Understanding, Designing and Deploying MPLS and MPLS-Enabled VPNs,* Cisco Press, 2000

IEEE 802.11, *Wireless LAN Medium Access Control (MAC) and Physical Layer (PHY) specifications,* 1999.

IEEE 802.1x, *Standards for Local and Metropolitan Area Networks: Port-Based Access Control,* juin, 2001

J. JASON, L. RAFALOW, E. VYNCKE, *Internet Draft: IPsec Configuration Policy Model, draft-ietf-policy-pcim-ext-08.txt,* novembre 2001

O. KOLESNIKOV, B. HATCH, *Building Linux Virtual Private Networks,* New Riders Publishing, 2002

D. KOSIUR, *Building & Managing Virtual Private Networks,* Wiley, 1998

J. LA ROCCA, *802.11 Demystified: Wi-Fi Made Easy,* McGraw-Hill, 2002

C. LLORENS, L. LEVIER, *Tableaux de bord de la sécurité réseau,* Eyrolles, 2003

E. MAIWALD, W. SIEGLEIN, *Security Planning and Disaster Recovery,* McGraw-Hill, 2002

E. MAIWALD, *Network Security: A Beginner's Guide*, McGraw-Hill, 2003

D. MALES, G. PUJOLLE, *Wi-Fi par la pratique,* Eyrolles, 2e édition, 2004

M. MAXIM, D. POLLINO, *Wireless Security,* McGraw-Hill, 2002

D. E. McDYSAN, *VPN Applications Guide: Real Solutions for Enterprise Networks,* Wiley, 2000

C. McNAB, *Network Security Assessment,* O'Reilly, 2004

A. J. MENEZES, P. C. VAN OORSCHOT, S. A. VANSTONE, *Handbook of Applied Cryptography,* CRC Press, 1997

P. MÜHLETHALER, *802.11 et les réseaux sans fil,* Eyrolles, 2002

P.-E. MULLER, P. FONTAINE, *Sécurisez votre réseau*, Micro-Application, 2004

M. MURHAMMER, T. A. BOURNE, T. GAIDOSH, C. KUNZINGER, *Guide to Virtual Private Networks,* Prentice Hall, 2000

P. NICOPOLITIDIS, *et al., Wireless Networks,* Wiley, 2003

S. NORTHCUTT, S. WINTERS, L. ZELTSER, *Inside Network Perimeter Security: the Definitive Guide to Firewalls, VPNs, Routers, and Network Intrusion Detection,* New Riders Publishing, 2002

C. PERKINS, *Ad Hoc Networking,* Addison Wesley, 2000

B. PERLMUTTER, J. L. ZARKOWER, *Virtual Private Networking: a View from the Trenches,* Prentice Hall, 2000

B. POTTER, B. FLECK, *802.11 Security,* O'Reilly, 2002

K. S. RAJESH, *Cisco Security Bible,* Wiley, 2002

K. T. Reynolds, *An It and Security Comparison Decision Support System for Wireless LANs: 802.11 Infosec and Wifi LAN Comparison*, Universal Publishers, 2004

M. RHODES-OUSLEY, R. BRAGG, K. STRASSBERG, *Network Security: The Complete Reference*, McGraw-Hill, 2003

K. SANKAR, S. SUNDARALINGAM, D. MILLER, A. BALINSKY, *Cisco Wireless LAN Security*, Pearson Education, 2004

C. SCOTT, P. WOLFE, M. ERWIN, A. ORAM, *Virtual Private Networks, 2nd Edition,* O'Reilly, 1998

T. M. THOMAS, *Network Security First-Step*, Pearson Education, 2004

JA. S. TILLER, JI. S. TILLER, *A Technical Guide to IPsec Virtual Private Networks,* Auerbach Publications, 2000

P. URIEN, A. J. FARRUGIA, G. PUJOLLE, M. GROOT, *EAP Support in Smartcards, draft-urien-eap-smartcard-02.txt,* mars 2004

P. URIEN, M. LOUTREL, K. LU, *Introducing Smartcard in Wireless LAN Security, 10th International Conference on Telecommunication Systems,* octobre 2002, Monterey, Californie

P. URIEN, G. PUJOLLE, *Architecture sécurisée par cartes à puces, pour des réseaux sans fil sûrs et économiquement viables,* GRES'2003, février 2003, Fortaleza, Brésil

P. URIEN, M. LOUTREL, *The EAP Smartcard, a Tamper Resistant Device Dedicated to 802.11 Wireless Networks, ASWN 2003, Third Workshop on Applications and Services in Wireless Networks,* Berne, Suisse, juillet 2003

J. VIEGA, M. MESSIER, P. CHANDRA, *Network Security with OpenSSL,* O'Reilly, 2002

G. WIEHLER, *Mobility, Security, Web Services*, Wiley, 2004

C. WILSON, P. DOAK, *Creating and Implementing Virtual Private Networks: the All-Encompassing Resource for Implementing VPNs,* The Coriolis Group, 2000

R. YUAN, W. T. STRAYER, *Virtual Private Networks: Technologies and Solutions,* Addison Wesley, 2001

Index

www.ingramcontent.com/pod-product-compliance
Lightning Source LLC
Chambersburg PA
CBHW061406210326
41598CB00035B/6112